教育部高职高专规划教材

电 实训

第三版

张惠敏 主 编
陈志红 副主编
薛 波 主 审

化学工业出版社
·北京·

本书是根据高职高专学校电子信息类专业电子技术、模拟电子技术、数字电子技术课程的基本要求编写的配套实训指导教材，也可作为独立设课的电子技术实训“教、学、做”一体化教学的教材。本书共分五章：第一章模拟电路实训基本知识与技能，介绍电量测量的基本方法与测量误差，常用电子仪器、常用电子元器件检测和电子产品焊装与调试基本方法；第二章模拟电路基础实训包含十二个实训项目，重点培养模拟电路的电路调整、指标测试、常用仪器仪表使用、应用电路的搭接测试和故障排除等能力；第三章数字电路实训基本知识与技能，介绍常用数字集成电路的功能检测、数字系统故障排除以及干扰抑制等；第四章数字电路基础实训包含十个实训项目，重点培养数字集成部件的识别、检测和应用，典型数字应用电路的搭接和功能检测；第五章电子技术综合实训，包含七个综合实训项目，重在培养实用电子产品的读图、装配、功能检测与整机调试及故障检测能力。

本书可作为高职高专院校相关专业的实训教材，适合高职高专电子信息类及其他工科类专业使用。

图书在版编目（CIP）数据

电子技术实训/张惠敏主编．—3版．—北京：化学工业出版社，2016.6（2021.8重印）

教育部高职高专规划教材

ISBN 978-7-122-26906-5

Ⅰ．①电…　Ⅱ．①张…　Ⅲ．①电子技术-高等职业教育-教材　Ⅳ．①TN

中国版本图书馆CIP数据核字（2016）第087559号

责任编辑：潘新文　张建茹　　装帧设计：关　飞

责任校对：吴　静

出版发行：化学工业出版社（北京市东城区青年湖南街13号　邮政编码100011）

印　　装：三河市双峰印刷装订有限公司

787mm×1092mm　1/16　印张13　字数318千字　　2021年8月北京第3版第8次印刷

购书咨询：010-64518888　　售后服务：010-64518899

网　　址：http://www.cip.com.cn

凡购买本书，如有缺损质量问题，本社销售中心负责调换。

定　　价：39.00元

前　言

随着高职高专教育的蓬勃发展以及教育部高职高专教育教学改革的要求，电子技术实训课程的一体化教学与教材改革也在不断深入和优化。《教育部关于深化职业教育教学改革全面提高人才培养质量的若干意见》(教职成[2015]6 号)明确高职高专人才培养定位目标为技术技能型人才，对职业教育提出“增强学生就业创业能力为核心，加强人文素养教育和技术技能培养，全面提高人才培养质量”新的要求。本教材兼顾电子电气大类和信息通信大类各专业的技术基础课程的公共服务特性，按照突出能力体系、兼顾课程知识体系的原则编写。在第二版的基础上，本版进一步优化体系结构，以应用为导向实现知识的简约重组，对接最新职业标准、行业标准和岗位规范。

本教材注重突出以下特点。

1. 教材案例选取紧贴技术进步和生产实际，贯彻国家与行业的技术标准、职业标准及岗位规范，使学生掌握企业先进技术工艺和操作规程，培养严格执行产业技术标准的人才。

2. 构建了新颖的实践教学一体化教材结构体系，注重教育与生产劳动、社会实践相结合。突出做中学、做中教，强化教育教学实践性和职业性，促进学以致用、用以促学、学用相长。

3. 适应新技术、新模式、新动态发展实际。新版教材以先进的数字仪器仪表取代原有的模拟仪器仪表，贴紧技术进步。以 Multisim 替代了原有 EWB 进行的电路仿真实训，体现了应用性、实用性、综合性和先进性。

全书主要内容包括模拟电路实训基本知识与技能、模拟电路基础实训、数字电路实训基本知识与技能、数字电路基础实训、电子技术综合实训。

本教材推荐学时 80 小时左右，可作为模拟电子技术、数字电子技术、电子技术课程配套的实训教材，也可作为“教、学、做”一体化的教材独立使用；适用于高职高专、中等职业教育、职业技术培训、企业员工培训等用书。其中技能训练内容可根据各校具体情况自行增减。

与本教材配套的教学课件与教学资源请登录 http://bb.zzrvtc.edu.cn/webapps/login/

本书具体编写分工如下：朱立宏编写第一章的第一节至第三节；冯笑编写第一章的第四节；陈志红编写第一章的第五节和第五章的实训二十五、实训二十六和实训二十九；刘海燕编写第二章的实训三、四、五、七、八和实训九；赵新颖编写第二章的实训一、二和实训六；马蕾编写第二章的实训十和实训十二；刘素芳编写第二章的实训十一；张惠敏编写第三章和第四章的实训十三至实训十九和实训二十二；黄根岭编写第四章的实训二十和实训二十一；韦成杰编写第五章的实训二十三至二十四；吴昕编写第五章的实训二十七至二十八。

本书由张惠敏任主编，负责全书的规划与统稿；陈志红任副主编，郑州铁路局信息技术处高级工程师薛波任主审。

本书编写过程中得到了郑州铁路职业技术学院及化学工业出版社的热情支持和帮助，各参编单位的领导和同行们都给予了极大的关怀和鼓励，在此表示衷心的感谢。限于作者水平，书中难免有不妥之处，敬请读者提出宝贵意见。

编　者

2016.2

第一版前言

本书是根据高职高专学校电子信息类专业“电子技术”、“模拟电子技术”、“数字电子技术”课程的基本要求编写的配套实训教材，也可作为独立设课的实训教材。

根据高职高专的培养目标要求，本书着重于对学生进行常用仪器仪表的使用、基本实训技能以及应用电路的组装测试等方面的训练，在传统实训内容的基础上进行了适当的内容扩充，大部分实训项目要求学生自己搭接电路，培养器件识别、检测能力和电子技术应用能力。

《电子技术实训》实践教学为60～70学时，内容编排上突出了以下特点。

(1) 技能训练由浅入深、循序渐进，有针对性地加强实际应用能力的培养。

(2) 内容齐全。涵盖了模拟和数字电路的内容，既有基本实训项目，也有扩展实训和综合应用。

(3) 适用面宽。本教材作为高职高专电子技术课程的配套技能训练教材，适用于高职高专以及中专及成人大、中专教育。

(4) 突出应用性，强化集成器件的检测及应用。

(5) 通用性强。本教材采用多功能模拟和数学实验系统完成，系统配有常用元器件和常用实验电路，可采用学生自己搭接电路或选用已有电路进行训练，方式灵活，适应不同层次和不同需求的学生。

本教材的实训一、十二和附录由朱小娟编写；实训二～五、七～九、二十六、二十八、二十九由孙建设编写；实训六、十和十三由王瑞琴编写；实训十一由刘素芳编写；数字电路实训指导和实训十五～二十一、二十四由张惠敏编写；实训二十二、二十三由马蕾编写；实训二十五由王桂馨编写；实训十四、二十七、三十、三十一由朱彤编写；全书由张惠敏负责统稿，担任主编；孙建设，朱小娟担任副主编；王学力担任主审。

由于编者水平有限，书中的不妥之处在所难免，敬请广大读者批评指正。

编　者

2001.12

第二版前言

在教育部高等教育司的领导和支持下，《电子技术实训》教材在2001年作为第一批“教育部高职高专规划教材”由化学工业出版社正式出版。几年来，本书在全国高职高专教育教学中发挥了积极的作用，得到了全国各兄弟院校及同行们的大力支持和帮助。在此，编者向大家表示由衷的感谢。

随着高职高专教育的蓬勃发展以及教育部高职高专教育教学改革的要求，《电子技术实训》课程的教学与教材改革也在不断深入和优化，探索基于工作过程的案例驱动、项目教学，已经成为共识。为此教材编写组全体成员根据现阶段高职高专教育的特点及多年的教学实践积累，重新组织修订了电子技术实训教材的体系结构和内容，删减了部分验证性实验的内容、整合了部分单元实训内容；增加了模拟电路实训基本知识和技能、电子产品组装与调试的综合实训项目，力求适应现代高职高专教育的发展需要，在学生认知的基础上逐步向工艺和操作的规范化、标准化上靠近，探究故障原因及解决方法，凸显高职教育的内涵。

本教材突出电子技术的实践性和实用性特点，着重以电子元器件的检测、实用电路的组装、调试以及故障处理为主线，全部采用实例案例，内容编排由浅入深、循序渐进，涵盖了模拟电子技术和数字电子技术的实训项目，并辅以电子产品制作的综合项目，旨在培养学生的综合应用能力。

本教材推荐学时80左右，可作为《模拟电子技术》、《数字电子技术》、《电子技术》课程配套的实训教材，也可作为《电子技术实训》“教、学、做”一体化教学的教材，适用于高职高专、中等职业教育、职业技能培训、企业员工培训等用书。其中技能训练内容可根据各校具体情况自行增减。

参编人员具体编写分工如下：

朱立宏编写第一章的第一节至第三节；马丽娟编写第一章的第四节；陈志红编写第一章的第五节和第五章的实训二十五、实训二十六与实训二十九；刘海燕编写第二章的实训三、四、五、七、八和实训九；赵新颖编写第二章的实训一、二和实训六；马蕾编写第二章的实训十和实训十二；刘素芳编写第二章的实训十一；张惠敏编写第三章和第四章的实训十三至实训十九和实训二十二；黄根岭编写第四章的实训二十和实训二十一；韦成杰编写第五章的实训二十三至二十四；吴昕编写第五章的实训二十七至二十八。

本书由张惠敏任主编，负责全书的规划与统稿；陈志红任副主编，王学力任主审。

随着科学技术的发展，集成电路工艺水平、集成度以及器件功能不断完善和提高，电子技术应用也更为广泛，教材内容的更新势在必行，教材编写组全体成员诚恳希望社会各界多提改进意见，以便进一步修改和完善，以共同促进高职高专教育的发展。限于作者水平，书中难免有不妥之处，敬请使用者提出宝贵意见。

本书编写过程中得到了教育部高等教育司领导及化学工业出版社领导的热情支持和帮助，各参编学院的领导和同行们都给予了极大的关怀和鼓励，在此表示衷心感谢。

编　者

2009.6

目　录

第一章 模拟电路实训基本知识与技能

电子技术包含模拟电子技术和数字电子技术，简称模拟电路和数字电路。模拟电路主要研究模拟信号的产生、放大和传输；数字电路主要研究数字信号的产生、传输和变换，重在输入变量和输出变量间的逻辑关系。电子技术是一门实践性很强的课程，完成电子技术的实训内容，是掌握实用电子技术的重要途径。

进行模拟电路实训，需要具备电子测量的基本知识与初步的操作技能。本章主要介绍电子测量与测量误差、常用电子仪器的使用、电子元器件检测及实训操作技能等基本知识。

第一节 电子测量与测量误差

电子测量是以电子技术的理论为依据，以电子测量仪器和设备为手段，以电量或非电量为对象的一种测量技术。与其他测量技术相比，电子测量具有测量频率范围宽、精确度高、速度快、功能多、使用灵活方便等优点。随着计算机技术在电子测量仪器中的应用，电子测量日益智能化，不仅可以进行自动测试和自动记录，而且可以实现数据的分析和处理。

电子测量的对象分为电量和非电量两大类，非电量的测量一般可以通过传感装置转化为电量的测量，例如，温度的测量，可以通过温度传感器转化为电压的测量。因此，电子测量的主要内容是各种电量的测量。

一、测量方法的分类

测量方法有多种分类方式。

（1）按数据取得的过程　可分为直接测量法和间接测量法。

① 直接测量法：可以直接测量得到测量值的方法。例如，用电压表测量稳压电源的输出电压。

② 间接测量法：利用欲测量值与其他测量值之间的关系，得到欲测量值的方法。例如，欲测量放大器的电压放大倍数 A_u，先测量输出电压 U_o 和输入电压 U_i，然后由 $A_u=U_o/U_i$ 计算得到 A_u。

（2）按被测量的性质　可分为时域测量、频域测量、数据域测量等。

① 时域测量：被测量值随时间的变化规律，用于研究电路的瞬态特性。如用示波器观察正弦信号的波形，脉冲信号的上升沿、下降沿等参数。

② 频域测量：被测量值随频率的变化规律，而与时间因素无关。如使用扫频仪，测量放大器的频率特性曲线。用频谱仪测量放大器的幅频特性、相频特性等。

③ 数据域测量：用逻辑分析仪对数字量或电路的逻辑状态进行测量的方法。

（3）按测量方式　可分为接触测量和非接触测量、动态测量和静态测量等。

二、电子测量的基本要求

电子电路具有频带宽，输入阻抗高和灵敏度高的特点，因此，测量时要注意以下三点基本要求。

1. 测量仪器的频率响应要和被测电路的频率相适应

被测电路和测量仪器都有频率响应，如果测量仪器的带宽小于被测电路的带宽，会产生很大的测量误差甚至错误的测量结果。

2. 测量仪器的阻抗要和被测电路的阻抗相匹配

电子电路测量时一般阻抗较高，相应的测量仪器的阻抗也应较高，否则会产生很大的测量误差甚至错误的测量结果。一般毫伏表的输入阻抗可达兆欧级，是测量电子电路交流电压较理想的仪器。

3. 注意仪器的“共地”问题

在电工测量中，测量交流电压时可以互换电极，通常不会影响测量读数。但是在电子电路中，由于工作频率和电路阻抗较高，信号功率较低，容易引入干扰信号。因此，大多数仪器是采用单端输入、单端输出的形式。即：仪器的两个测量端总有一个与仪器外壳相连，并与电缆的外屏蔽线连接在一起，这一端子用符号“⊥”表示，另一端则作为信号的输入或输出端。在测量过程中，为防止可能引入的干扰，必须将所有的“⊥”端点连接在一起，通过带有接地线的电源插头接入实验室的地线，“⊥”端点也称为“接地端”。这样的连接方式称为“共地”。

因此，仪器的接地端与非接地端应严格区别，不能任意互换。各仪器之间的接地端与非接地端也决不可接在一起，否则，将使信号短路，严重时会烧坏电路的元器件。（在电子实验、实训中，用“Q_9—双夹线”作为测量仪器的连接线，其中，红夹线是信号线，黑夹线是接地端，连接时应注意区别。）

三、基本电量的测量

1. 电压测量

电压测量包括直流电压测量和交流电压测量。

（1）直流电压测量　一般用电压表或万用表的直流电压挡进行。将电压表或万用表并联于被测电路两端。

用直流电压挡测直流电压时，应注意电压挡内阻与被测两端电阻值的大小关系。要求直流电压挡内阻远大于被测电路两端的电阻值，以减小对被测电路的分流作用，不致影响电路工作状态、并有较高测量精度。

（2）交流电压的测量　由于万用表的交流电压挡的灵敏度较低，仅为5kΩ/V，测量误差较大，故一般用毫伏表来进行交流电压的测量。

直流电压、交流电压也可以用示波器测量。测量方法见本章第二节“常用电子仪器的基本原理与使用”。

2. 电流测量

电流的测量一般用电流表或万用表电流挡进行。直接测量法是将万用表或电流表串联到被测电路中。

如果被测电路中有已知电阻 R，常采用间接测量法。通过测量电阻两端的电压，利用欧姆定律计算其电流值。如图 1-1 所示。如果该支路没有已知电阻，可在被测电路中串入一个适当的取样电阻，通过测量其两端电压而得到其电流值。

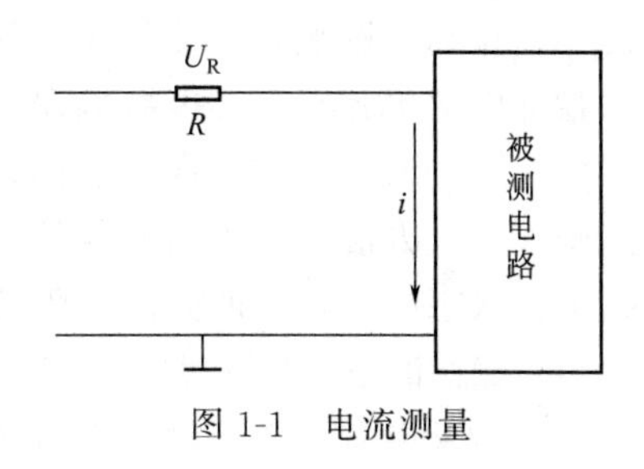

图 1-1　电流测量

直接测量法精度较高，其缺点是要断开电路，比较麻烦。间接测量法较为方便，但要求电压挡内阻远大于电路电阻值。

3. 输入阻抗的测量

输入阻抗的测量一般用间接测量法测量，如图 1-2 所示，在信号发生器与放大器的输入端之间接入一已知的串联电阻 R，用毫伏表分别测量 A 点和 B 点对地的电压 U_S、U_i 的值，则输入电阻。

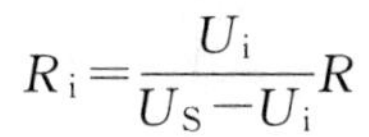

$$R_i=\frac{U_i}{U_S-U_i}R$$

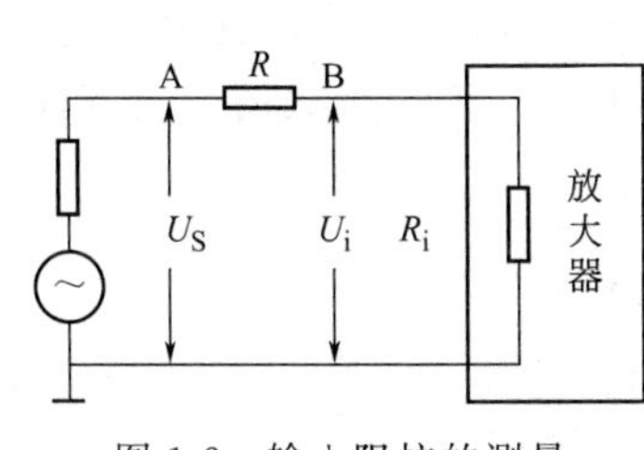

图 1-2　输入阻抗的测量

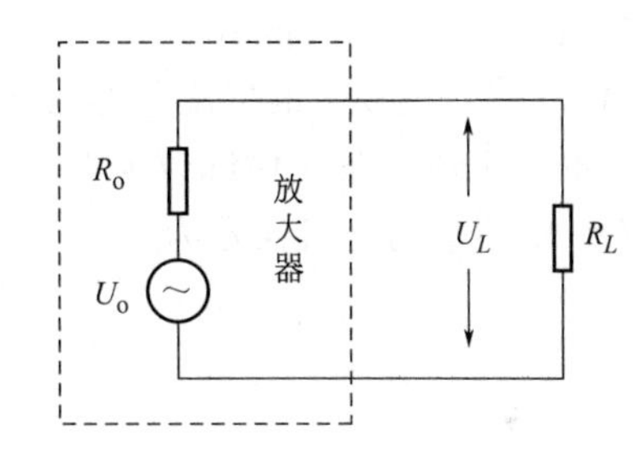

图 1-3　输出阻抗的测量

4. 输出阻抗的测量

输出阻抗的测量也用间接测量法测量，如图 1-3 所示。当放大器电路没有接负载时，用毫伏表测得的数值为放大器的开路输出电压 U_o，当放大电路接上负载 R_L 时，用毫伏表测量其带载输出电压 U_L，然后计算输出阻抗

$$R_o=\left(\frac{U_o-U_L}{U_L}\right)R_L$$

5. 电阻、电容、相位差及频率的测量

这部分内容将在“常用电子仪器的基本原理与使用”中介绍。

四、测量误差

测量的目的是得到被测量本身所具有的真实数据，即真值。由于各种因素的影响，不论采用什么样的测量方法，测量结果与被测量的真值之间都会存在差异，这种差异称为测量误差。

1. 误差产生的原因

误差产生的原因是多方面的，主要包括以下几方面。

（1）仪器误差　在测量仪器正常工作的条件下，由于测量仪器本身结构或制造工艺的限制而引起的误差，例如由于仪器零点漂移引起的误差。

（2）影响误差　影响误差又称为环境误差。是由于测量仪器受到环境温度、湿度、外界电磁场、振动等影响，使测量仪器偏离了正常工作条件，产生了影响误差。如在数字电压表技术指标中常单独给出温度影响误差。

（3）方法误差　方法误差也称为理论误差。是由于测量时使用的方法不妥当、理论依据不严密、测量方法不合理而造成的误差。例如用伏安法测电阻时，如果不考虑仪表的内阻对电路工作状态的影响，所测的电阻值中便含有方法误差。

（4）操作误差　在使用测量仪器过程中，由于安装、调节、使用不当等原因引起的误差。

（5）人身误差　由于测量人员的分辨能力、反应速度、固有习惯等原因，导致数据读取错误，现象判断失误而产生的误差。

2. 误差的表示法

常用的误差表示方法有绝对误差和相对误差。

（1）绝对误差　测量仪表的指示值 A_x 与被测量的真值 A_0 之差，称为绝对误差。用 ΔX 表示，即

$$\Delta X = A_x - A_0$$

真值 A_0 是变量本身的真实值，它是一个理想的概念。真值一般是无法得到的，通常用实际值 A_x（高一级以上的标准仪器或计量器具所测得的测量值）来代替真值。例如，用两块电压表测量电压，第一块读数为102V，第二块读数为97V，而标准表的读数（视为真值）为100V，则测量的绝对误差为：

$$\Delta X_1 = (102 - 100) = 2\text{V}$$

$$\Delta X_2 = (97 - 100) = -3\text{V}$$

可见，绝对误差的单位与被测量相同，符号有正负之分。测量同一个被测量时，用绝对误差表示测量误差的大小比较直观。

（2）相对误差　相对误差是绝对误差 ΔX 与被测量的真值 A_0 之比。通常用百分数表示即

$$\gamma = \frac{\Delta X}{A_0} \times 100\%$$

例如，用两块电压表测量电压，一个测量100V（真值）电压时，指示为101V，绝对误差 ΔX_1 为1V，另一个测12V（真值）电压时，指示为12.6V，绝对误差 ΔX_2 为0.6V。

但相对误差分别为

$$\gamma_1 = \frac{1}{100} \times 100\% = 1\%$$

$$\gamma_2 = \frac{0.6}{12} \times 100\% = 5\%$$

前者的绝对误差大于后者，但相对误差却比后者的小，显然前者测量的准确度更高一些。由此可见测量不同的被测量时，绝对误差难以直接比较测量结果的准确度，而相对误差便于对不同的测量结果的测量误差进行比较。因此，一般都用相对误差表示测量误差。

3. 测量仪器的准确度

在指针式仪表中，用仪表在测量量限内的最大绝对误差与仪表满刻度值 X_m 之比，来反

映仪表的准确程度。即

$$\alpha_{nm}=\frac{\Delta X_m}{X_m}\times 100\%$$

这个比值称为最大引用误差。

按最大引用误差的不同，指针式电工仪表的准确度 α 通常分为 0.1、0.2、0.5、1.0、1.5、2.5、5.0 共七个等级。准确度为 0.1 级的仪表，其最大引用误差小于或等于 0.1%。0.2 级的仪表，其最大引用误差在 0.1%到 0.2%之间，但不超过 0.2%，依次类推。

如果使用准确度为 α 的仪表进行测量，由最大引用误差的概念得

$$\Delta X_m \leqslant \alpha\% X_m$$

测量结果的相对误差

$$\gamma \leqslant \frac{\alpha\% X_m}{A_0}\times 100\%$$

$\left(\text{注：如果比 } \alpha \text{ 高一级的准确度为 } \alpha_1\text{，则同时 } \gamma \geqslant \frac{\alpha_1\% X_m}{A_0}\times 100\%\right)$

上式反映了测量结果的相对误差与仪表的准确度、量程及被测量大小之间的关系。由此可知

① 仪表的准确度直接影响测量结果的准确程度。α 值越小，仪表的准确度等级越高，测量结果的相对误差越小。选择仪表时，要根据测量精度要求，考虑仪表的准确度等级。

② 仪表在使用过程中，要根据被测量的大小，选择合适的量程。所选的量程 X_m 越接近被测量 A_0 的大小，测量结果相对误差越小。一般情况下应尽量选择合理的较小量程，使指针处于仪表满刻度值的三分之二以上区域。对于万用表电阻挡等非线性刻度的电工仪表，应尽量使用指针处于满刻度的二分之一区域。

对于结构较复杂的电子测量仪器来说，由某一部分产生极小的误差，就有可能由于累积或放大等原因而产生很大的误差，因此不能用准确度的等级表示它的准确度，而用容许误差来表示它的准确度。一般在产品说明中标有容许误差。

五、 测量结果的处理

测量结果一般以数字方式或图形方式表示。测量结果的数据处理通常包括测量数据的有效数字处理和图形处理。

1. 测量数据的有效数字处理

（1）有效数字的概念　测量过程中，通常要在最小刻度的基础上多估读一位数字作为测量值的最后一位，所以测量的数据总是近似值。例如用一块刻度为 50 分度，量程为 50V 的电压表测量电压时，指针在 45～46V，可记录为 45.5V，其中“45”是准确的，称为可靠数字，“5”是根据最小刻度估读的数字，称为欠准数字。两者合称有效数字。欠准数字后的数字是无意义的，不必记入。由此得出测量记录值 45.5V 为三位有效数字。

（2）有效数字的正确表示法　有效数字是指从左边第一个非零数字开始，直到右边最后一个数字为止的所有数字。例如，测得的频率为 0.0146MHz，它是由 1、4、6 三个有效数字组成的频率值，而左边的两个 0 不是有效数字，因而它可以通过单位变换写成 14.6kHz，这时有效数字仍为 3 位，6 是欠准数字未变。

有效数字的末位是根据最小刻度估读的，末位的“0”是不能任意增减的，是由测量设备的准确度决定的。上例中，不能将 0.0146MHz 写成 14600Hz，因为后者的有效数字变为5位，最右边的零为欠准数字，两者意义完全不同。

大数值与小数值都要用幂的乘积形式表示，上例中，测得的频率为 0.0146MHz，可以写成 1.46×10^{-2}MHz。

(3) 有效数字的运算规则　运算结果只保留一位欠准数字。舍去多余的欠准数字时，近似地可采用四舍五入法。

若计算式中出现如 e、π、$\sqrt{3}$等常数时，可根据具体情况来决定它们应取的位数，不加限制。

(4) 有效数字的基本运算　当几个数据进行加、减运算时，在各数据中（采用同一计量单位），以小数点后位数最少的那一个数据为准，其余各数均舍入至比该数多一位，而计算结果所保留的小数点后的位数，应与各数据中小数点后位数最少者的位数相同。

乘、除运算时，以有效数字位数最少的为准，所得积或商的有效数字的位数应与此相同。

2. 测量结果的图形处理

在分析两个（或多个）物理量之间的关系时，用曲线比用数字、公式表示常常更形象和直观。因此，测量结果常要用曲线来表示。

(1) 曲线的修正　在实际测量过程中，由于各种误差的影响，测量数据将出现离散现象，如将测量点直接连接起来，将呈波动的折线。运用有关的误差理论，可以把各种随机因素引起的曲线波动抹平，使其成为一条光滑均匀的曲线。这个过程称为曲线的修正。

(2) 用分组平均法来修匀曲线　在要求不太高的测量中，常采用一种简便、可行的工程方法——分组平均法来修匀曲线。这种方法是将各数据点分成若干组，每组含 2～4 个数据点，然后分别估取各组的几何重心，再将这些重心连接起来，由于进行了数据平均，在一定程度上减少了偶然误差的影响，使之较符合实际情况。

3. 电子技术实验误差分析与数据处理

实验前尽量做到心中有数，以便发现测量结果的谬误。

对实验中使用的测量仪器仪表能熟练操作，正确读数。防止出现疏失误差。

要注意测量仪器仪表、元器件的误差范围对测量的影响，根据它们的误差范围，正确记录有效数字。

每个测量数据多测几次，分析产生误差的原因，判断误差的类别。尽可能减小测量误差，提高测量的准确度。

正确估计方法误差的影响。电子技术常采用近似公式，会带来方法误差，计算公式中元件的参数一般用标称值（而不是真值），由于元件参数的离散性，会带来随机性的系统误差。因此要考虑理论计算值的误差范围。

第二节　常用电子仪器的基本原理与使用

在模拟电路实训中，正确的选择和使用电子仪器是非常重要的，如果使用不当，将影响实验、实训的正常进行，使实验数据误差增大，严重时还会损坏实验设备。因此应具备正确使用电子仪器的知识和技能。

一、 常用电子仪器的基本知识

常用电子仪器主要有直流稳压电源和电子测量仪器。电子测量仪器种类繁多，性能各异。

1. 电子测量仪器的分类

测量中用到的各种电子仪表、电子仪器及辅助设备统称为电子测量仪器。按照电子测量仪器的不同功能，常用电子测量仪器分为以下几类。

（1）信号发生器（信号源） 用于产生、提供电信号的仪器，如正弦信号发生器、函数信号发生器。

（2）电压测量仪器 用于测量信号电压的仪器，如毫伏表、数字电压表等。

（3）示波器 用于显示信号波形的仪器，如通用示波器、记忆存储示波器等。

（4）频率测量仪器 用于测量信号频率、周期等的仪器，如频率计。

（5）电路参数测量仪器 用于测量电阻、电感、晶体管放大倍数等电路参数的仪器，如晶体管特性图示仪。

测量时应根据测量要求，参考被测量与测量仪器的有关指标，尽量选用功能相符、使用方便的仪器。

2. 测量仪器的主要技术指标

电子测量仪器的技术指标主要包括频率范围、准确度、量程与分辨力、环境条件以及输入输出特性等。

（1）频率范围 是指能保证仪器各项指标正常工作的有效频率范围。

（2）准确度 测量准确度通常以容许误差形式给出。

（3）量程与分辨力 量程是指测量仪器的测量范围。分辨力是指通过仪器所能直接反映出的被测量变化的最小值。

（4）环境条件 即保证测量仪器正常工作的工作环境，例如额定工作条件。

（5）输入特性与输出特性 输入特性主要包括测量仪器的输入阻抗、输入形式等。输出特性主要包括测量结果的指示方式、输出电平、输出阻抗、输出功率、输出形式等。

除了以上的技术指标外，通常还有稳定性与可靠性、响应特性等指标。不同的电子仪器具有不同的功能和技术指标，只有在其技术指标允许的范围内使用，才能得到正确的测量结果。

二、 常用电子仪器的使用注意事项

1. 使用仪器仪表前，要了解其功能及主要技术指标

使用仪器仪表前，应通过阅读产品说明书，了解仪器仪表的功能，分清仪器类别。了解主要技术指标。熟悉仪器面板上旋钮、开关的名称，作用和调节方法。

2. 正确选择仪器的功能和量程

当使用仪器对电路进行测量前，必须将面板上各种控制旋钮、开关选择到合适的功能和量程挡位，操作切忌用力过猛。一般选择“量程”时应先置于较大挡位，以免仪器过载而损坏，然后根据指针偏转的角度逐步将挡位降至合适位置，并尽量使指针的偏转在满刻度的

2/3 以上为好。对于采用数码显示的仪器，其测量数据应在测试仪器接入后，数码不再闪烁时再读取数值。

3. 严格遵守实验规则和操作程序

使用仪器时，一定要了解仪器各控制旋钮的改动对被测电路的影响，然后正确使用仪器才能测到准确的数据，避免损坏仪器和器件。例如，使用直流稳压电源时，一般应先调整好输出电压，而后关闭直流稳压电源，待检查全部电路的元件及线路正确无误后，再将直流电源接上并启动。

三、 直流稳压电源

直流稳压电源是能够提供稳定直流电压的电源设备，当电网电压波动或负载变化时，直流稳压电源的输出电压基本稳定不变。

直流稳压电源的种类和型号很多，采用的稳压技术不尽相同，但是，都是由电源变压器、整流、滤波、稳压四个主要部分组成。使用方法基本相同。下面以 DPS6330U 直流稳压电源为例说明。

1. 概述

(1) DPS6330U 直流稳压电源有三路输出：其中两路输出电压连续可调，分别是主路 CH1 和从路 CH2，均可输出 0～32V，0～3A。第三路 CH3 为固定输出，通过按键切换方式，可输出 2. 5V 、 3. 3V 、 5V ，0～3A。不能连续可调。

(2) 主路 CH1 和从路 CH2 的输出有四种模式。

独立模式：主路 CH1 和从路 CH2 互不影响，为两个独立的输出端。分别输出电压。

串联模式：主路 CH1 和从路 CH2 的输出端串联（电源内部自动切换）。输出电压是两通道的电压之和。可输出 0～64V，0～3A。

串联跟踪模式：从路 CH2 输出电压跟随主路 CH1 输出电压的变化而变化。且从路 CH2 的输出电压与主路 CH1 的输出电压相等。在需要对称且可调的双极性电源的场合特别适用。串联跟踪工作时可输出 0～64V，0～3A。

并联模式：主路 CH1 和从路 CH2 的输出端并联（电源内部自动切换）。输出电流是两通道的电流之和。可输出 0～32V，0～6A。

(3) 主路 CH1 和从路 CH2 都有恒压、恒流功能且这两种模式可随负载变化而自动转换。

(4) 具有启动输出功能：在调整电压值和电流值的过程中，CH1 、 CH2 两个输出端均与外电路处于断开状态。按下启动输出键 OUTPUT 以后，才能向外电路输出电压。

2. 技术指标

主路输出：0～32V，波纹及噪声≤5mV（5Hz～1MHz），0～3A

从路输出：0～32V，波纹及噪声≤5mV（5Hz～1MHz），0～3A

固定输出：2. 5V、3. 3V、5V，一键式切换，波纹及噪声：≤5mVrms，0～3A

跟踪误差：≤0. 5%±30mV

3. DPS6330U 可编程直流稳压电源前面板示意图

直流稳压电源前面板如图 1-4 所示，各功能键如表 1-1 所示。

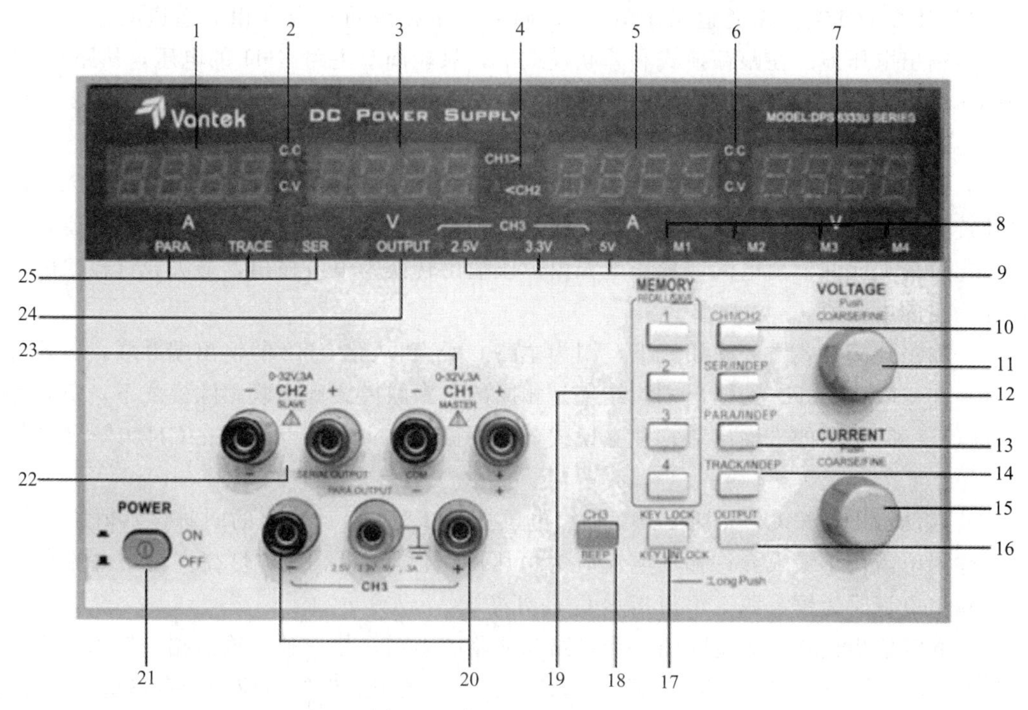

图 1-4　稳压电源面板示意图

表 1-1　稳压电源各功能键

序号	功 能	序号	功 能
1	CH2 输出电流显示	14	跟踪/独立模式选择键
2	CH2 恒流恒压状态指示	15	电流旋钮 按下：粗调/细调转换
3	CH2 输出电压显示	16	输出控制键
4	工作通道指示	17	面板功能锁定键
5	CH1 输出电流显示	18	固定输出电压选择键/蜂鸣器开关
6	CH1 恒流恒压状态指示	19	输出参数存储和选择键
7	CH1 输出电压显示	20	固定电压输出端子
8	存储指示	21	电源开关
9	固定输出状态指示	22	CH2 从路电压输出端子
10	工作通道选择键	23	CH1 主路电压输出端子
11	电压旋钮 按下：粗调/细调转换	24	输出状态指示灯
12	串联/独立模式选择键	25	工作模式指示
13	并联/独立模式选择键		

4. 使用方法

（1）确定工作模式　分别按下 PARA/INDEP（并联/独立）、TRACE/INDEP（跟踪/独立）、SEC/INDEP（串联独立）三个按键，当 PARA 指示灯亮时，为并联模式；当 TRACE 指示灯亮时，为跟踪模式；当 SEC 指示灯亮时，为串联模式；以上三指示灯同时关闭时，为独立模式。

（2）调节输出电压　使用 CH1/CH2 按键，选择工作通道为 CH1（CH1 工作通道指示灯亮）或 CH2（CH2 工作通道指示灯亮），调节电压旋钮同时观察相应通道的输出电压指示，确定输出电压值。在跟踪模式和并联模式下，只能调节主路 CH1 的电压，从路 CH2 电压跟随主路 CH1 的电压而变化，两通道的输出电压相同。且并联模式下从路 CH2 电压不显示。

（3）调节最大允许输出电流　使用 CH1/CH2 按键，选择工作通道为 CH1 或 CH2，调节电流旋钮同时观察相应通道的输出电流指示，确定最大允许输出电流。如果负载变化，输出电流超过最大允许输出电流，稳压电源由恒压输出转换为恒流输出，最大允许输出电流就是恒流输出的电流值。

（4）输出连接方式　并联模式下，因为主路 CH1 和从路 CH2 的输出端并联，负载可以任意连接在 CH1 或 CH2 的输出端，结果是相同的；串联模式和串联跟踪模式下，负载连接在 CH1 的＋和 CH2 的－输出端；独立模式下，根据需要负载可以连接在 CH1 或 CH2 的输出端。

（5）启动输出　按 OUTPUT 键，输出电压指示灯亮，启动输出的同时显示恒压 / 恒流模式（输出电流低于最大允许输出电流时为恒压源，恒压指示 C.V 灯亮。输出电流高于最大允许输出电流时为恒流源，恒流指示 C.C 灯亮）。

（6）固定输出模式　固定输出不受主路和从路的影响，是一独立输出端。使用固定输出选择键 CH3 可选择输出电压为 2.5V 、3.3V 或 5V。选中后电压对应的固定输出指示灯亮。此时电压自动输出。负载连接到固定输出端 CH3 的＋/－。如果负载变化，当输出电流达到 3A，电压对应的指示灯闪烁，固定输出将从恒压源转化为恒流源。

（7）存储/调出设置　预设存储以存储 1 为例，操作步骤如下：按 CH1/CH2 按键选择工作通道，长按存储 1 可将当前通道数据存入 M1，此时蜂鸣器报警并且 M1 灯亮表示存储成功。其他各组预设存储的方法与存储 1 相同。调出操作：按 CH1/CH2 键选择存储通道，按存储 1 显示 M1 预存参数，按 OUTPUT 键，输出预存参数。

（8）蜂鸣器　长按“固定输出选择键/蜂鸣器开关”键可以打开或着关闭蜂鸣器。

（9）面板按键锁定　按下“面板功能锁定”键，显示-LOC，表示面板键盘已被锁定。键盘被锁定后，操作所有按键均不起作用，解锁时长按“面板功能锁定”键，即可回到正常状态。

5. 注意事项

（1）使用直流稳压电源应该“先调准，再接入”。改变被测电路（负载）时，须关闭稳压电源，被测电路（负载）调整完毕后，再打开电源。

（2）使用过程中，当输出端发生短路时，电源保护功能启动，须关闭稳压电源，待短路故障排除后，再打开电源恢复输出。

四、 函数信号发生器

函数信号发生器是广泛使用的通用信号源，能够产生正弦波、三角波、方波等多种波形。下面以 CA1642 DDS 函数信号发生器为例说明。

1. 概述

该仪器采用直接数字频率合成技术产生数据流，再经数模转换产生模拟信号。具有连续信号、扫描信号、函数信号、脉冲信号多种信号输出和外部扫描、计数功能。

2. 技术指标

波形

主波：正弦波、方波、三角波、TTL 波、任意波

　　　正弦波失真<0.3%

　　　占空比可调（1%～99%）

副波：正弦波、方波、三角波。

频率特性

主波：频率范围：1μHz～20MHz　频率误差：±5×10⁻⁶

副波：频率范围：10mHz～200kH　　　　频率误差：±5×10⁻⁶

幅度特性

主波：输出阻抗：50Ω±10%

　　　幅度范围：10mV～20V　幅度误差：±1%+2mV

　　　衰减方式：0dB、10dB、20dB、30dB、40dB、50dB、60dB

副波：输出阻抗：600Ω±10%

　　　幅度范围：10mV～20V　幅度误差：±5%+10mV

　　　衰减方式：0dB、20dB

频率/计数器：

　　　频率测量范围：1Hz～60 MHz

　　　最大允许输入电压：20V

　　　测量闸门时间：0.1s(快速)、1s(慢速)

　　　内部低通特性：截止频率 100 kHz

3. CA1642 DDS 信号发生器面板示意图

信号发生器面板示意图如图 1-5 所示，各功能键如表 1-2 所示。

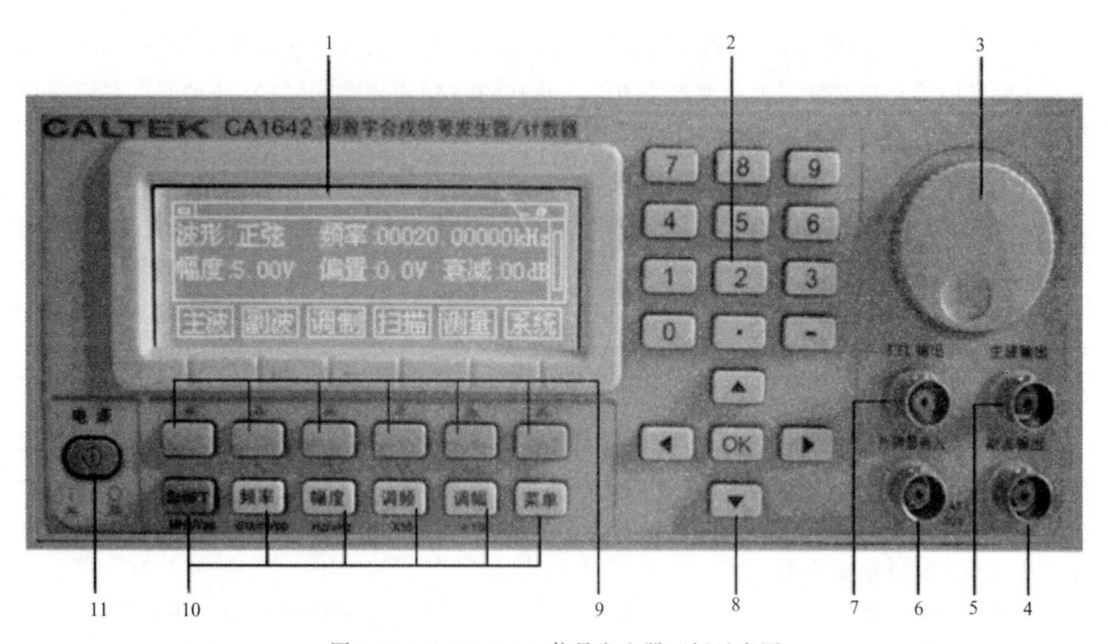

图 1-5　CA1642 DDS 信号发生器面板示意图

表 1-2 函数信号发生器功能键

序号	功能	序号	功能
1	菜单显示屏幕	7	TTL 输出端子
2	数字键	8	方向键
3	编码开关	9	屏幕键
4	副波输出端子	10	快捷键
5	主波输出端子	11	电源开关
6	外测量输入端		

注：屏幕键从左至右分别为 F1、F2、F3、F4、F5、F6。显示菜单为主菜单，如图 1-5 所示时，分别对应屏幕的虚拟按键 主波 、 副波 、 调制 、 扫描 、 测量 、 系统 。快捷键从左至右分别为 SHIFE、频率、幅度、调频、调幅、菜单。

4. 使用方法

(1) 打开电源开关，屏幕显示主菜单，如图 1-6 所示。显示为主菜单时，分别按下快捷键“频率”“幅度”“调频”“调幅”可以快速进入对应的功能设置，同时屏幕显示对应的子菜单；按快捷键“SHIFE”后，再按快捷键“频率”“幅度”“调频”“调幅”可以快速进入“正弦波”、“方波”、“三角波”、“任意波”的输出，即为按键上方字符所示。

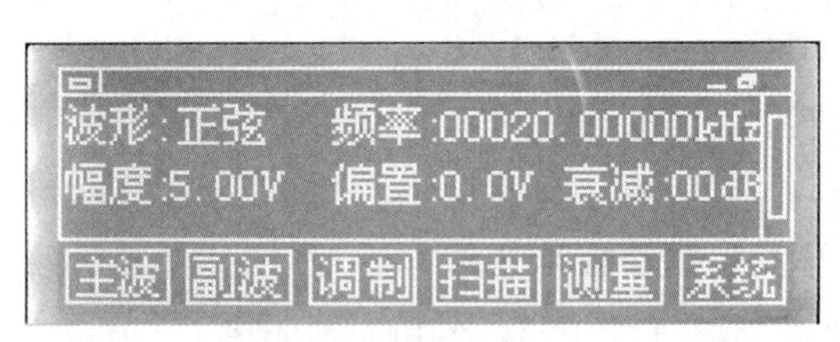

图 1-6 主菜单

(2) 按下 主波 对应的屏幕键 F1，进入主波参数设置，首先显示波形子菜单，如图 1-7 所示。默认波形是正弦波（如果要产生方波，需按右方向键即可）。选择波形时，只需按方向键进行选择，反白显示的波形表示已经选定，不需要再按 OK 键确认。

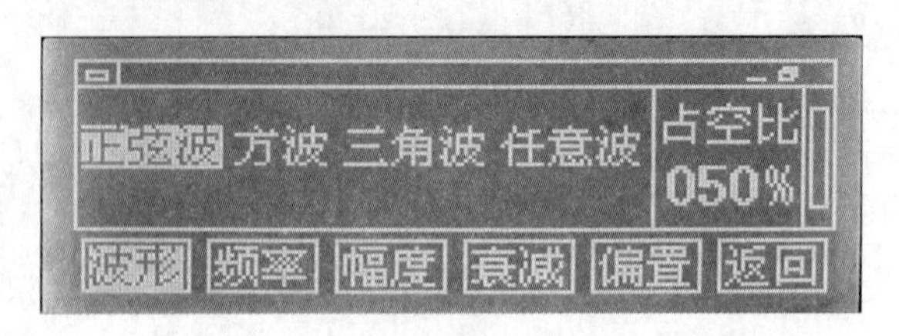

图 1-7 波形子菜单

(3) 频率的设置 按下 频率 对应的屏幕键 F2，显示频率子菜单，如图 1-8 所示，系统默认开机频率为 20kHz，显示菜单为频率子菜单时，快捷键“SHIFE”、“频率”、“幅度”对应的功能是设置频率的单位，即按键下方字符 MHz、kHz、Hz。设定频率的单位后，可用下面三种方法设置频率值。

方法一：通过数字键盘输入。按下数字键后，屏幕显示一对话框 ，按 OK 键输入。例如，设置频率 1kHz，首先设置频率的单位为 kHz，按下数字键 1 后，屏幕显示一对话框 ，

图 1-8　频率子菜单

如图 1-9 所示，按 OK 键输入。输入结束后结果如图 1-10 所示。

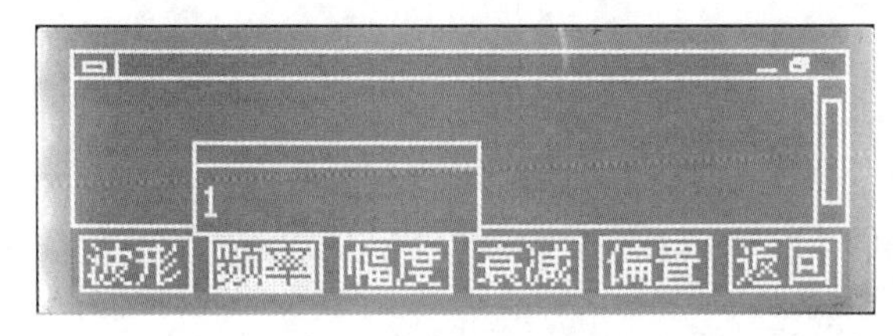

图 1-9　设置频率 1kHz

图 1-10　设置频率结束

方法二：通过方向键◀、▶移动选择光标位置，再通过▲、▼增加、减少频率值。

方法三：通过方向键◀、▶移动选择光标，再通过“编码开关”的顺时针、逆时针旋转来增加、减少频率值。

（4）幅度的设置　按下幅度对应的屏幕键 F3，进入幅度设置，显示幅度子菜单。菜单为幅度子菜单时，按键“SHIFE”、“频率”对应的功能是设置幅度的单位，即为按键下方字符 Vpp、mVpp。设置幅度值的方法与设置频率值的方法一样。按键“调频”、“调幅”对应的功能为改变设置幅度的大小。即为按键下方字符×10、÷10 所示。

（5）衰减的设置　如果幅度设置为最小值，输出信号的幅度 V_{P-P} 仍然大于要求，可进行衰减设置，每衰减 20dB，输出信号的幅度衰减为原输出信号的 1/10。

按下衰减对应的屏幕键 F4，进入衰减设置，显示衰减子菜单。设置衰减值的方法与设置频率值的方法一样。

（6）偏置的设置　如果输出的交流信号需要有直流偏置，可进行偏置设置，

按下偏置对应的屏幕键 F5，进入偏置设置，显示偏置子菜单。偏置值的设置与设置频率值的方法一样。

（7）最后按快捷键“菜单”，屏幕返回主菜单，主菜单显示由主波输出通道输出波形的参数。

通过以上过程可以看到，用屏幕键对主菜单及不同的子菜单进行操作，即可完成相应的设置，实现相应的功能。副波、调制、扫描、测量、系统的设置过程与主波设置类似。

5. 使用注意事项

（1）快捷键上、下方所标字符在主菜单、频率子菜单、幅度子菜单下有效，其他菜单下均无效。同一个快捷键在上述三种不同的菜单下，对应的功能不同。

（2）按“菜单”快捷键，在任何情况下强制从各种设置状态进入主菜单。

（3）作为信号发生器接入电路时，应确认与其他电源（如直流电源）没有直接并联连接。以免造成信号发生器元器件损坏。

五、毫伏表

毫伏表是常用的电子测量仪表，主要用来测量正弦交流电压的有效值。它的特点是测量频率范围宽、有较高的测量灵敏度和足够高的输入阻抗。下面以CA2172D全自动数字交流毫伏表为例说明。

1. 概述

CA2172D全自动数字交流毫伏表是双通道输入交流电压表，采用单片机控制，是通用型的全自动数字交流毫伏表。

2. 技术性能

交流电压测量范围：100μV～300V。

量程：3mV，30mV，300mV，3V，30V，300V。

频率范围：10Hz～2MHz。

电压测量误差（以1kHz满量程输入信号为基准，20℃环境温度下）10Hz～2MHz ±4. 0%。

输入电阻：10MΩ±1%。

输入电容：不大于30pF。

噪声：输入短路时显示为零。

3. CA2172D全自动数字交流毫伏表面板示意图

毫伏表面板示意图如图1-11所示，各功能键见表1-3。

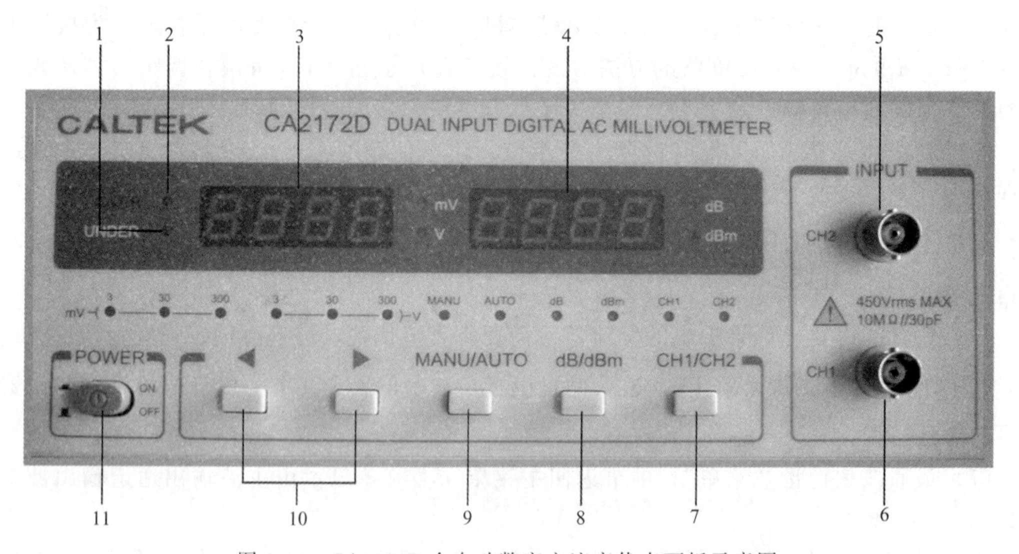

图1-11　CA2172D全自动数字交流毫伏表面板示意图

表1-3　数字交流毫伏表功能键

序号	功能	序号	功能
1	欠量程指示灯	7	测量通道选择按键
2	过量程指示灯	8	dB/dBm选择按键
3	电压显示屏	9	自动/手动选择按键
4	电平显示屏	10	量程切换按键
5	输入通道2	11	电源开关
6	输入通道1		

4. 使用方法

(1) 打开电源开关进入自检状态，自检通过后即进入测量状态。

(2) 选择测量通道　如果同时测量两路信号，把被测信号分别接入 CH1、CH2。按 CH1/CH2 测量通道选择按键。选择测量通道（被选中的测量通道的指示灯亮）。分别对两个测量通道的信号进行测量。如果只测量一路信号，把被测信号接入 CH1 或 CH2。选择对应的测量通道对信号进行测量。在选择测量通道的过程中，两个通道均保持各自的测量方式和测量量程，选择测量通道时不会更改原通道的设置。

(3) 选择测量方式　按 AUTO/MANU 自动/手动测量选择按键。选择测量方式。当仪器设置为自动测量方式时，仪器能根据被测信号的大小自动选择测量量程。当仪器设置为手动测量方式时，应根据仪器的提示设置量程。若 OVER 灯亮表示过量程，此时，电压显示为 HHHH(V)，dB 显示为 HHIIH(dB)，应该手动切换到较大量程。若 UNDER 灯亮表示欠量程，应该手动切换到较小量程。采用手动测量方式时，先选择合适的量程。

(4) 读取测量数据　从电压显示屏读取测量数据，电压显示屏右侧显示测量电压的单位(V 或 mV)。测量电压的单位由毫伏表根据被测信号的大小自动转换。

5. 注意事项

(1) 仪器在使用过程中，不应进行频繁的开机和关机，时间间隔应大于 5s 以上。

(2) 仪器在使用过程中，不要长时间输入过量程电压。

(3) 在使用自动测量方式过程中，进行量程切换时会出现瞬态过量程现象，只要输入电压不超过最大量程，片刻后读数即可稳定下来。

六、 示波器

示波器是用途广泛的电子测量仪器，用于显示信号波形，测量信号的幅度、频率、相位差及脉冲信号的脉冲宽度等参数。

1. 数字示波器的结构和原理

下面以数字存储示波器为例，简述数字示波器的结构和原理。

数字存储示波器原理框图如图 1-12 所示，被测信号通过 CH1、CH2 输入，经过前置放大器适当地放大或衰减，然后进行数字化。数字化过程包括“采样”和“量化”。采样是获得输入信号(模拟信号)的离散值，而量化是通过 A/D 转换，把每个离散值转换成二进制数字信号。数字信号在逻辑电路的控制下依次写入到存储器(RAM)中，完成波形的采集。CPU 从存储器中把数字信号读出并在显示屏上显示相应的信号波形。CPU 还可以实现多种波形参数的自动测量与显示。

为了实时稳定地显示信号波形，示波器必须重复地从存储器中读取数据并显示。输入信号经衰减、放大后分送至 A/D 转换器的同时也分送至触发电路，触发电路根据一定的触发条件（如信号电压达到某值并处于上升沿）产生触发信号，控制电路一旦接收到来自触发电路的触发信号，就启动一次数据采集与 RAM 写入循环。触发决定了示波器何时开始采集数据和显示波形，触发被正确设定后，每次显示的曲线和前一次重合，可以把不稳定的显示或黑屏转换成有意义的波形。

对比模拟示波器，数字示波器具有以下特点：①具有自动测试功能和很强的波形信息处

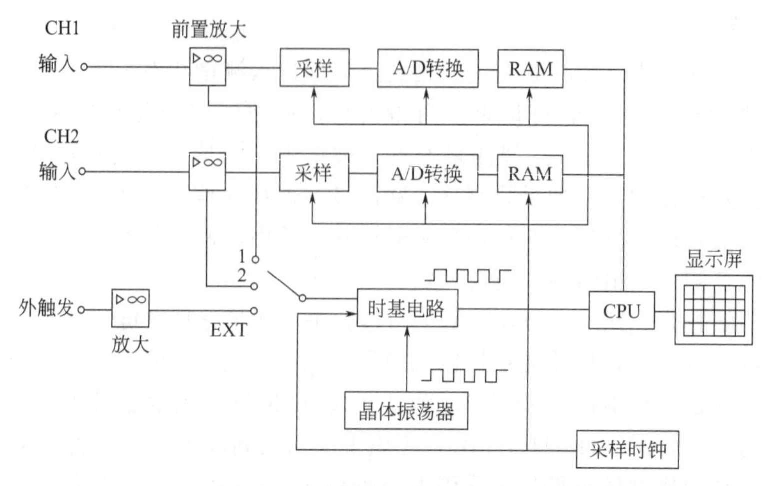

图 1-12 数字示波器的原理框图

理能力。②能长时间地保存信号。③可以无闪烁地观察频率很低的信号。④具有数字信号的输入/输出功能。上述特点给数字示波器的使用带来很大的便利。随着技术的发展和成本的下降，其应用越来越广泛，已成为常用的测试工具。下面以 RIGOL-DS1052E 为例介绍数字示波器的使用方法。

2. DS1052E 数字示波器前面板介绍

前面板如图 1-13 所示。包括旋钮和功能按键，通过它们，可以进入不同的功能菜单或直接获得特定的功能应用。显示屏右侧的 5 个灰色按键为菜单操作键（自上而下定义为 1 号至 5 号）。使用它们可以设置当前菜单的不同选项。

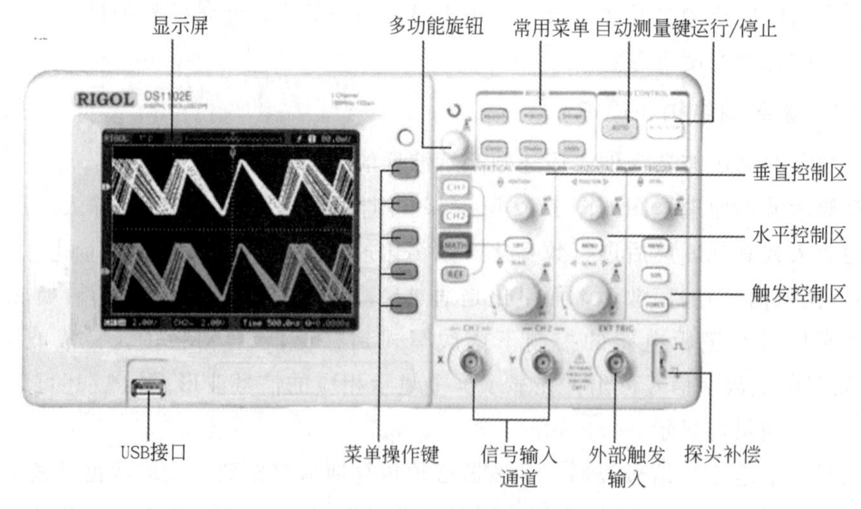

图 1-13 DS1052E 数字示波器前面板示意图

(1) 垂直控制区(VERTICAL) 垂直控制区共有两个旋钮五个按键。

垂直 POSITION 旋钮：控制信号的垂直显示位置，按该旋钮，垂直显示位置恢复到零点。

垂直 SCALE 旋钮：改变“Volt/div(伏/格)”垂直挡位，按下垂直 SCALE 旋钮作为粗调/微调状态的快捷键，调节该旋钮即可粗调/微调垂直挡位。

CH1 、CH2 、MATH 、REF 按键：屏幕显示对应通道的操作菜单、标志、波形和挡位状态信息。

OFF 按键：关闭当前选择的通道。

(2) 水平控制区(HORIZONTAL)　水平控制区共有两个旋钮一个按键。

水平 POSITION 旋钮：调整信号在波形窗口的水平位置。按下该键使触发位移（或延迟扫描位移）恢复到水平零点处。

水平 SCALE 旋钮：改变“s/div(秒/格)”水平挡位，水平扫描速度从 2ns 至 50s，以 1—2—5 的形式步进。也可以作为 Delayed(延迟扫描)快捷键，按下此按钮切换到延迟扫描状态。

MENU 按键：屏幕显示 TIME 菜单。在此菜单下，可以开启/关闭延迟扫描或切换 Y—T、X—Y 和 ROLL 模式，还可以将水平触发位移复位。

(3) 触发控制区(TRIGGER)　触发控制区共有一个旋钮三个按键。

LEVEL 旋钮：改变触发电平设置。转动该旋钮，屏幕上出现一条橘红色的触发线以及触发标志，随旋钮转动而上下移动。停止转动旋钮，触发线和触发标志会在约 5s 后消失。在移动触发线的同时，在屏幕上触发电平的数值发生了变化，按下该旋钮触发电平恢复到零点。

MENU 按键：调出触发操作菜单。

50% 按键：设定触发电平在触发信号幅值的垂直中点。

FORCE 按键：强制产生一个触发信号。

(4) 常用菜单区　如图 1-14 所示：常用菜单区共有六个按键。

Measure ：(自动测量)功能按键。
Acquire ：(采样系统)功能按键。
Cursor ：(光标测量)功能按键。
Storage ：(存储系统)功能按键。
Display ：(显示系统)功能按键。
Utility ：(辅助系统)功能按键。

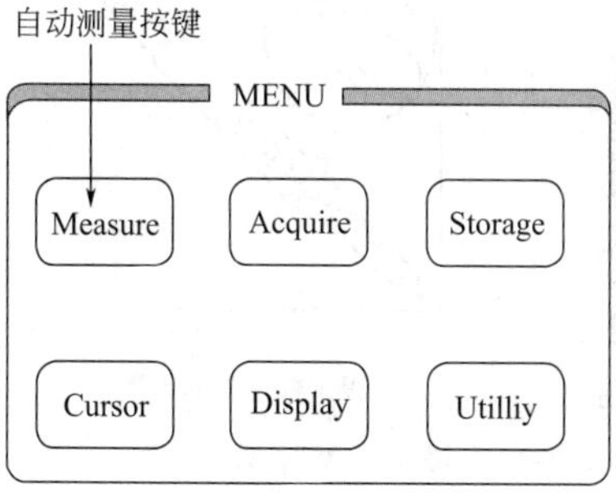

自动测量按键
MENU
Measure　Acquire　Storage
Cursor　Display　Utilliy

图 1-14　常用菜单区

(5) 运行控制按键

AUTO 按键：自动测量功能。

RUN/STOP：运行/停止按键。

3. DS1052E 数字示波器显示界面

DS1052E 数字示波器显示界面如图 1-15 所示。图中的操作菜单是垂直控制区 CH2 键对应的垂直操作菜单，对应不同的功能键，菜单会有所不同。

4. 测试前准备工作

(1) 开机自检　按下电源开关接通电源。仪器将执行所有自检项目，自检通过后出现开机画面。

(2) 设定的衰减系数　按 CH1 功能键显示通道 1 的操作菜单，如图 1-16 所示，选择与

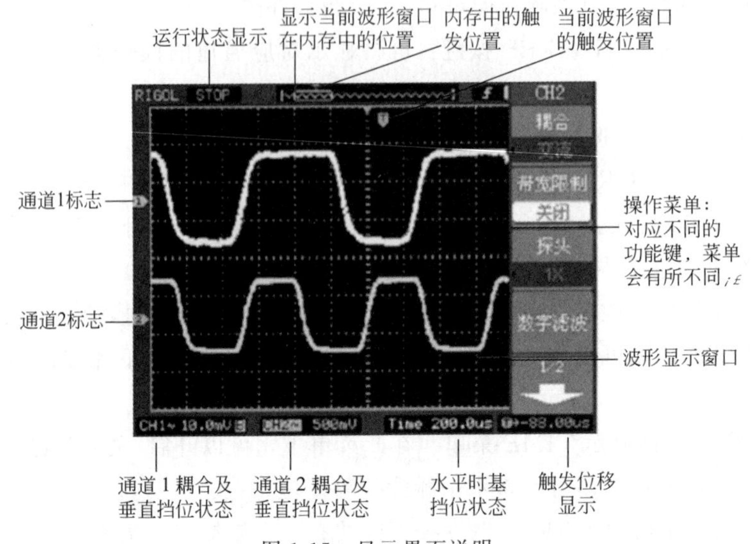

图 1-15 显示界面说明

使用的探头同比例的衰减系数。探头比例为 10×，此时设定的衰减系数为 10×。衰减系数将改变仪器的垂直档位比例，选择与使用的探头同比例的衰减系数。以使得测量结果正确反映被测信号的电平。如果采用 Q9 同轴电缆时，其衰减系数为 1×，因此操作菜单的衰减系数应设定为 1×。

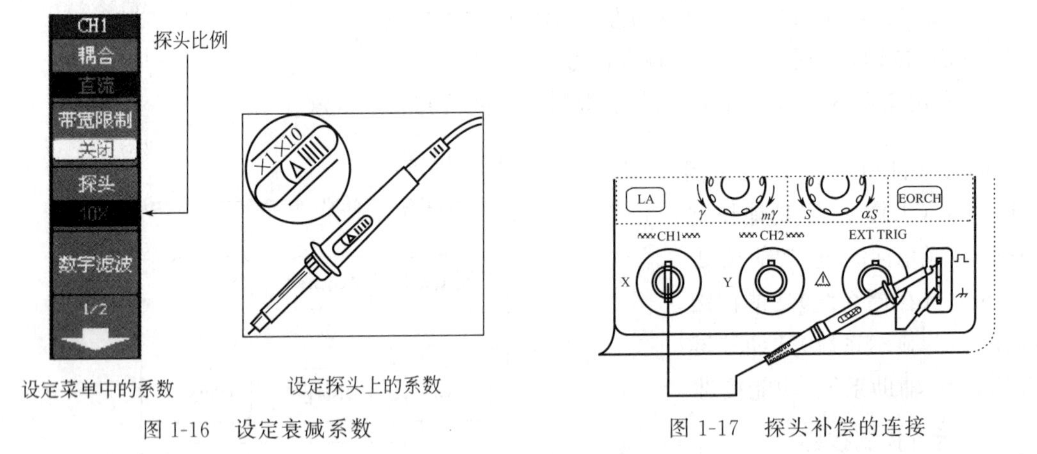

图 1-16 设定衰减系数

图 1-17 探头补偿的连接

（3）探头补偿 把探头端部和接地夹接到探头补偿器的连接器上，如图 1-17 所示。按 AUTO（自动设置）按钮，可见到方波显示。检查所显示波形的形状，如图 1-18 所示。如过补偿或欠补偿，用非金属质地的改锥调整探头上的可变电容，如图 1-19 所示，调整至补偿适中。

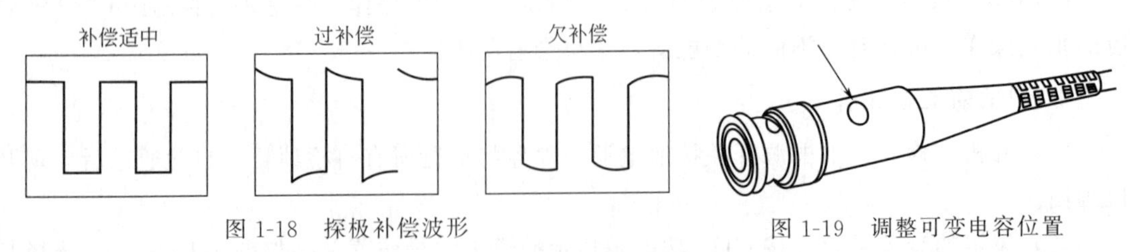

图 1-18 探极补偿波形

图 1-19 调整可变电容位置

5. 基本测试技术

（1）自动测试信号波形　将被测信号连接到输入通道 CH1 或 CH2；按 AUTO（自动测试）键，仪器自动设定各项控制值，产生适宜观察的波形。同时在显示屏右侧显示自动设置菜单及说明如图 1-20 所示。可用显示屏右侧的 5 个灰色菜单操作键设置菜单的不同选项。还可用垂直 SCALE 旋钮和水平 SCALE 旋钮，对波形垂直挡位和水平时基在一定的范围内调整，相当于对信号进行水平或垂直方向上的扩展。

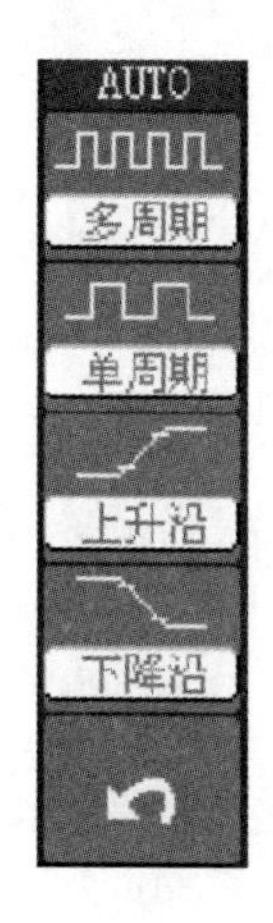

自动设置菜单说明

功能菜单	设定	说明
多周期		设置屏幕自动显示多个周期信号
单周期		设置屏幕自动显示单个周期信号
上升沿		自动设置并显示上升时间
下降沿		自动设置并显示下降时间
(撤消)		撤消自动设置,返回前一状态

图 1-20　自动设置菜单及菜单说明

（2）自动测试波形参数　当被测信号波形稳定显示在屏幕上的时候，使用菜单区的自动测量（Measure）按键（如图 1-21 所示），可以测试波形的参数。方法如下。

按下 Measure 功能键，屏幕右侧将显示自动测量操作菜单及说明如图 1-21 所示。

测量功能菜单说明

功能菜单	显示	说明
信源选择	CH1 CH2	设置被测信号的输入通道
电压测量		选择测量电压参数
时间测量		选择测量时间参数
清除测量		清除测量结果
全部测量	关闭 打开	关闭全部测量显示 打开全部测量显示

图 1-21　自动测量操作菜单及菜单说明

信源选择：按“信源选择”对应的 1 号菜单操作键，每按动一次，CH1 与 CH2 交替变化一次。根据测量需要选择被测信号的输入通道。（如图 1-22 中选择的为 CH1）。

电压测量：按“电压测量”对应的 2 号菜单操作键，屏幕上出现电压测量子菜单，如图 1-22 所示。通过旋转多功能旋钮（ ↺ ）选择被测参数。选定被测电压参数后，再按“电压测量”对应的 2 号菜单操作键，自动测量的结果显示在屏幕下方。

时间测量：按“时间测量”对应的 3 号菜单操作键，屏幕上出现时间测量子菜单如图 1-

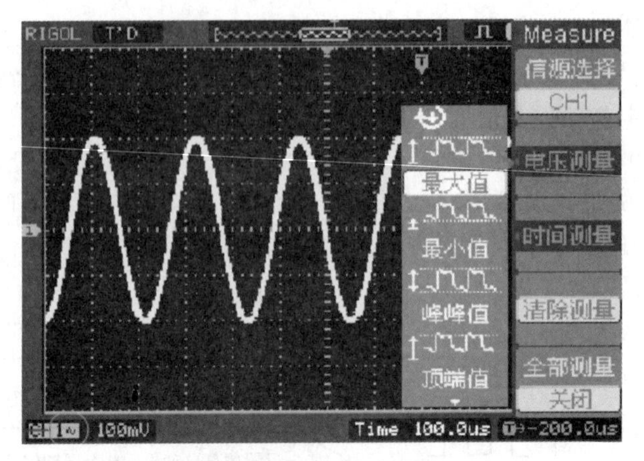

图 1-22　电压测量子菜单

23 所示。通过旋转多功能旋钮（ ◡ ）选择被测参数。选定被测时间参数后，再按“时间测量”对应的 3 号菜单操作键，自动测量的结果显示在屏幕下方。

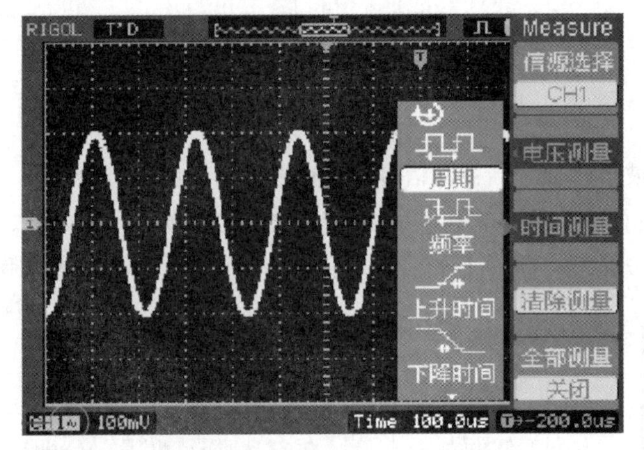

图 1-23　时间测量子菜单

电压、时间测量的结果显示在屏幕下方，最多可同时显示 3 个。当显示已满时，新的测量结果会导致原结果左移，从而将原屏幕最左端的结果挤出屏幕之外。

全部测量：按 Measure 功能键→全部测量，直接提供 22 种自动测量的波形参数，包括 10 种电压参数和 12 种时间参数，全部显示在屏幕下方。

清除测量：按 Measure 功能键→清除测量，所有的测量结果全部从屏幕上清除。

常用菜单区的其他五个功能按键，其操作过程与 Measure 功能键的操作类似，按不同的功能键，可调出对应的操作菜单，用 1～5 菜单操作键进行操作，以实现其对应的功能。

以上内容是 DS1052E 数字示波器的自动测试方法。对于不是很复杂的被测信号，能够稳定的显示其波形。基本上能够满足电子技术实训的课堂需要。是“电子技术实训”课程要求掌握的基本技能。

当按下 AUTO（自动测试）键，显示的波形不能满足观测要求时，需要对垂直系统、水平系统、触发系统进行设置。以下内容对于初次使用数字示波器的学生，仅作为一般性的了解，或作为以后学习的内容。

（3）垂直系统设置　DS1000E 示波器提供双通道输入。每个通道都有独立的垂直菜单。按 CH1 或 CH2 功能键，屏幕将显示 CH1 或 CH2 通道的操作菜单，以 CH1 为例，垂直通道操作菜单及说明如图 1-24 所示。用显示屏右侧的 5 个灰色菜单操作键设置菜单的不同选项。例如，按下与“耦合”对应的 1 号菜单操作键，可调出子菜单，其中有直流、交流、接地三个选项，通过旋转多功能旋钮（ ↻ ）选择。

功能菜单	设定	说明
耦合	直流 交流 接地	通过输入信号的交流和直流成分 阻挡输入信号的直流成分 断开输入信号
带宽限制	打开 关闭	限制带宽至20MHz，以减少显示噪声 满带宽
探头	1× 5× 10× 50× 100× 500× 1000×	根据探头衰减因数选取相应数值，确保垂直标尺读数准确
数字滤波		设置数字滤波
（下一页）	1/2	进入下一页菜单（以下均同，不再说明）

功能菜单	设定	说明
（上一页）	2/2	返回上一页菜单（以下均同，不再说明）
挡位调节	粗调 微调	粗调按1-2-5进制设定垂直灵敏度 微调是指在粗调设置范围之内以更小的增量改变垂直挡位
反相	打开 关闭	打开波形反向功能 波形正常显示

图 1-24　CH1 垂直通道操作菜单及菜单说明

如需关闭 CH1 的垂直菜单，先按一下 CH1 功能键（相当于选中该功能菜单），再按一下 OFF 按键即可关闭。其他的功能菜单用同样的方法关闭。

（4）水平系统设置　按水平 MENU 功能键，系统将显示水平系统的操作菜单及说明见图 1-25。用菜单操作键设置对应的选项。例如：按“时基”对应的 3 号菜单操作键，调出“时基”的子菜单，其中有 Y-T、X-Y、Roll。

（5）触发系统设置　触发决定了示波器何时开始采集数据和显示波形。一旦触发被正确设定，它可以将不稳定的显示转换成有意义的波形。DS1000E 数字示波器具有的触发模式包括：边沿触发（当触发输入沿给定方向通过某一给定电平时，边沿触发发生）。脉宽触发（设定脉宽条件捕捉特定脉冲）。斜率触发（根据信号的上升或下降速率进行触发）。视频触发（对标准视频信号进行场或行视频触发）。交替触发（稳定触发双通道不同步信号）。

下面以边沿触发模式为例，了解触发模式的设置过程。

功能菜单	设定	说明
延迟扫描	打开 关闭	进入Delayed波形延迟扫描 关闭延迟扫描
时基	Y-T X-Y Roll	Y-T 方式显示垂直电压与水平时间的相对关系 X-Y 方式在水平轴上显示通道1 幅值，在垂直轴上显示通道2幅值 Roll 方式下示波器从屏幕右侧到左侧滚动更新波形采样点
采样率		显示系统采样率
触发位移复位		调整触发位置至中心零点

图 1-25　水平系统操作菜单及菜单说明

按触发系统的 MENU 功能键，调出触发系统菜单，按“触发模式”对应的 1 号菜单操作键，调出触发模式子菜单，其中有边沿触发、脉宽触发、斜率触发、视频触发、交替触发五个选项，旋动多功能旋钮(∪)选中边沿触发，再按 1 号菜单操作键确认，进入边沿触发菜单，边沿触发菜单及说明如图 1-26 所示。其他触发模式的设置过程与此相似。

功能菜单	设定	说明
信源选择	CH1 CH2 EXT ACLine	设置通道1作为信源触发信号 设置通道2作为信源触发信号 设置外触发输入通道作为信源触发信号 设置市电触发
边沿类型	(上升沿) (下降沿) (上升&下降沿)	设置在信号上升边沿触发 设置在信号下降边沿触发 设置在信号上升沿和下降沿触发
触发方式	自动 普通 单次	在没有检测到触发条件下也能采集波形 设置只有满足触发条件时才采集波形 设置当检测到一次触发时采样一个波形，然后停止
触发设置		进入触发设置菜单

图 1-26　边沿触发操作菜单及菜单说明

当测量复杂的波形时，使用触发释抑可稳定触发复杂的波形。释抑时间是指示波器重新启用触发电路所等待的时间。在释抑期间，示波器不会触发，直至释抑时间结束。旋动多功能旋钮(∪)改变释抑时间，直至波形稳定触发。设置过程如下。

按触发系统的 MENU 功能键，调出触发系统菜单，按“触发设置”对应的 5 号菜单操作键。进入触发设置菜单和说明如图 1-27 所示。

数字示波器是常用的电子测量仪器，应用非常广泛。在不同的测试环境下，运用不同的测试手段，可以完成比较复杂的测试工作。因此，数字示波器的使用方法涉及的内容非常多。基于“电子技术实训”课程的需要。本节内容仅对数字示波器的使用方法做了部分介绍。从以上内容中可以看到，DS1000E 数字示波器的基本操作方法就是用不同的功能按键，进入不同的功能菜单。再通过显示屏右侧的 5 个菜单操作键，设置当前菜单的选项。实现特

功能菜单	设定	说明
耦合	交流 直流 低频抑制 高频抑制	设置阻止直流分量通过 设置允许所有分量通过 阻止信号的低频部分通过，只允许高频分量通过 阻止信号的高频部分通过，只允许低频分量通过
灵敏度	↻ ＜灵敏度设置＞	设置触发灵敏度，范围为：0.1diV~1diV
触发释抑	↻ ＜触发释抑设置＞	设置重新启动触发电路的时间间隔，时间范围为：500ns~1.5s
触发释抑	复位	使触发释抑复位到500ns

图 1-27 触发设置菜单及菜单说明

定的测量功能。同时，利用不同的旋钮直接获得特定的功能应用。稳定的显示被测信号的波形，完成测试工作。

七、 万用表

万用表是一种多功能、多量程、便于携带的电气测量仪表。它可以用来测量电流、电压、电阻、音频电平和晶体管直流放大倍数等电量。万用表可以分为模拟式和数字式万用表。

（一） 模拟式万用表

模拟式万用表是由磁电式测量机构作为核心，用指针来显示被测量数值。

下面以图 1-28 所示的 47 型万用表为例，简述其使用方法。

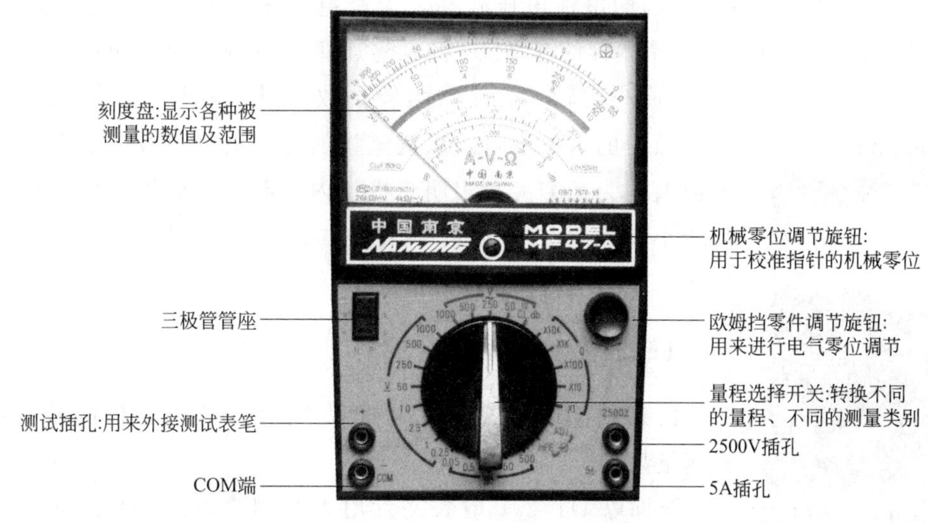

图 1-28 模拟式万用表面板图

1. 机械零点调整

使用前指针应在零点，否则，可由机械零位调节旋钮调准零点。

2. 交、直流电压测量

测量电压时万用表必须与被测电路并联连接。

在测量直流电压时，红色表笔接被测电压的正极，黑色表笔接被测电压的负极。如无法区分正负极时，应先将一支表笔触牢，另一支表笔轻轻碰触，若指针反向偏转，应调换表笔进行测量。

应根据被测电压值选择合适的电压量程挡位，被测电压值无法估计时，应选用最大电压量程挡进行粗测，再变换量程进行测量。

测量高电压时（2500V）应将量程选择开关置于1000V挡，表笔接于2500V插孔。戴绝缘手套，站在绝缘垫上进行，并使用高压测试表笔，防止触电。

指针应指在刻度尺满刻度的2/3处左右为宜，即指示值越接近满刻度测量结果越准确。

3. 直流电流测量

测量电流时万用表必须与被测电路串联连接。

测量直流电流时，如无法区分被测电流方向和大小，参照测量电压的方法处理。测量大电流时（5A）应将量程选择开关置于500mA挡，表笔接于5A插孔。

4. 电阻的测量

开始测量及测量过程中每变换一次量程挡位，都应重新进行欧姆调零。

应根据被测电阻估测值选择量程合适的挡位，指针应指在刻度尺中心两侧，不宜偏向两端。

测量完毕，应将转换开关旋至交流电压最大挡，防止在欧姆挡上电池通过内电路放电损耗。注意：万用表在欧姆挡时，红表笔为表内电池负极，黑表笔为表内电池正极。

5. 二极管的测试

用万用表在欧姆挡，选择R×100或者R×1k的倍率挡（这是因为低倍率挡的内阻较小，电流较大，而高倍率挡的电池电压较高，为避免损坏晶体管，一般不适宜用低倍率挡或者高倍率挡去测量晶体管的参数。）将表笔连接到被测二极管两端，红、黑表笔交换测量。当所测得的数值一次较大、一次为较小数值时，表明二极管完好；测得较小数值的这次测量，黑表笔接的是二极管正极。如果两次测得的数值均为无穷大，表明二极管内部断路；如果两次测得的数值均较小，表明二极管内部短路，这两种情况均表明二极管已损坏。

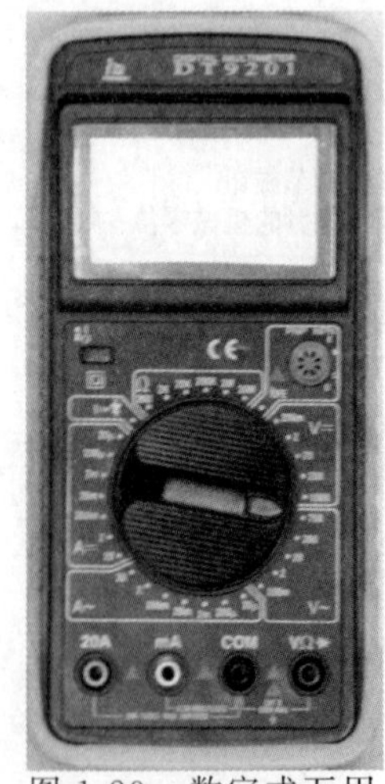

图1-29 数字式万用表面板图

（二）数字式万用表

由数字电压表作为核心，配以不同转换器，用液晶显示器显示被测量数值。

下面以DT9201型数字万用表为例，如图1-29，简述其使用方法。

1. 直流电压与交流电压测量

黑表笔插入COM插孔，红表笔插入V/Ω插孔。

将功能开关置于直流 V —或交流 V ～量程范围，将测试笔并接到待测电源或负载两端。

注意：

① 未知被测电压范围时，将功能开关置于最大量程并根据需用逐渐下降。

② 如果显示屏只在左边显示“1”表示过量程，需将功能开关置于更高量程。

③ 测直流电压时，无负号表示红表笔接的是正极，有负号则相反。

2. 直流电流与交流电流测量

将黑表笔插入 COM 插孔，当测量最大值为 200mA 电流时，红表笔插入 mA 插孔，当测量 200mA～20A 的电流时，红表笔插入 20A 插孔。

将功能开关置于 A —或 A ～量程，并将表笔串联接入待测电路。

注意：

① 如果不知道被测电流范围，将功能开关置于最大量程并逐渐下降。

② 如果只显示“1”表示过量程，需将功能开关置于更高量程，过载将会烧坏保险丝。

③ 强调：测电流时一定要将表笔串联接入待测电路，否则可能损坏万用表或电路元器件。

④ 测直流电流时，无负号表示电流由红表笔流向黑表笔，有负号则相反。

3. 电阻测量

将黑表笔插入 COM 插孔，红表笔插入 V/Ω 插孔。(注意：红表笔极性为“＋”)。

将功能开关置于 Ω 量程，将测试笔跨接到待测电阻两端，直接从显示屏上读出数值即可。

注意：

① 如果被测电阻值超出所选择量程，将显示“1”，需选择更大量程。对于大于 1MΩ 的电阻，要几秒后读数才能稳定。

② 无输入时，即开路时，显示为“1”

③ 检测在线电阻时，需确定被测电阻已去电源，同时电容已放完电，方能测量。

④ 200 MΩ 挡短路时有 1M 显示，测量后应从读数中减去 1M。

4. 二极管及蜂鸣器测试

将黑表笔插入 COM 插孔，红表笔插入 V/Ω 插孔。(注意：红表笔极性为“＋”)。

将功能开关置于“━▶┣━”挡，并将表笔连接到被测二极管两端，红、黑表笔交换测量。当所测得的数值一次为无穷大（显示为“1”），一次为较小数值时，表明二极管完好；测得较小数值的这次测量，红表笔接的是二极管正极（如果被测的是质量完好的发光二极管此时会发出微弱的光）。如果两次测得的数值均为无穷大，表明二极管内部断路。如果两次测得的数值均较小，表明二极管内部短路，这两种情况均表明二极管已损坏。

测得的较小数值即为二极管的正向压降近似值（毫伏），并根据此值的大小可判断管材，测量值为 0.6～0.7V 时为硅管；0.2～3V 时为锗管；1.2～3V 间为发光二极管。

将表笔连接到待测线路的两点，如果两点之间的电阻值小于一定值（一般是 30Ω），内置蜂鸣器发声，万用表上的发光二极管亮。

5. 三极管 h_{FE} 测试

将开关置于 h_{FE} 量程。确定待测三极管是 NPN 或 PNP 型，将基极、发射极和集电极分别插入相应的插孔。万用表将显示 h_{FE} 的近似值。

第三节 常用电子元器件及检测

电子电路是由电子元器件组成的，常用的是电阻器、电容器、电感器和各种半导体器件（如二极管、三极管、场效应管以及集成电路）。熟悉和掌握常用电子元器件的型号、规格、结构与性能，对正确地识别、选用电子元器件构成实用电路有着重要的作用。

一、电阻器

电阻器在电路中的主要作用为分流、限流、分压、偏置、滤波（与电容器组合使用）和阻抗匹配等。电阻在电路中一般用“R”表示。

（一）电阻器的分类

电阻有多种分类方式，按阻值特性可分为固定电阻器、可调电阻器、特种电阻器（敏感电阻）。按制造工艺、材料可分为碳膜电阻器、金属膜电阻器、线绕电阻器等。按安装方式可分为插件电阻器（通孔安装 THT）、贴片电阻器（表面安装 SMT）。（参见附录：电阻器的型号命名方法）

1. 固定电阻器

固定电阻器简称电阻，常用的电阻有以下几种。

① 碳膜电阻（型号：RT） 将结晶碳沉积在陶瓷棒骨架上，表面形成碳结晶导电膜。碳膜电阻价格低廉，阻值范围宽。在一般电子产品中大量使用，绿、蓝色较多。

② 金属膜电阻（型号：RJ） 用真空蒸发的方法将合金材料蒸镀于陶瓷棒骨架表面。其特点是：精度高、稳定性好、噪声低、体积小、高频特性好。是仪器仪表及通信设备中应用最广泛的电阻之一。

③ 实芯电阻（型号：RS） 用有机树脂和碳粉合成电阻率不同的材料后热压而成。体积与相同功率的金属膜电阻相当，但噪声比金属膜电阻大。

④ 金属氧化膜电阻（型号：RY） 在玻璃、瓷器等材料上，通过高温以化学反应形式生成以二氧化锡为主体的金属氧化层。该电阻器由于氧化膜膜层比较厚，耐磨、耐腐蚀、化学性能稳定。

⑤ 线绕电阻（型号：RX） 将康铜丝或镍铬合金丝绕在磁管上，外层涂以保护层。线绕电阻具有高稳定性、高精度、大功率等特点。最大功率可达 200W。但线绕电阻的缺点是自身电感和分布电容比较大，不适合在高频电路中使用。

2. 可调电阻器

可调电阻分为滑线变阻器和电位器，其中电位器是电子电路中用途最广泛的元器件之一。电位器是带滑动端的可调电阻，常用来改变电位，故称电位器。电位器有三个引出端：一个滑动端，两个固定端。调节电位器的转动轴，其滑动端与固定端之间的电阻将发生变化。

电位器种类很多，按结构分为单圈、多圈电位器。按调节方式分为旋转式、直滑式电位器。按有无开关分为带开关和不带开关电位器。按用途分为普通电位器、精密电位器、专用电位器等。按输出特性的函数关系，分为线性电位器和非线性电位器。

3. 特种电阻（敏感电阻）

敏感电阻是指阻值特性对温度，电压，湿度，光照，气体，磁场，压力等作用敏感的电阻器。有光敏电阻、热敏电阻、压敏电阻和湿敏电阻等。

4. 贴片电阻 SMT

贴状电阻是用印刷烧结工艺在陶瓷基体上形成电阻膜，加玻璃釉保护层和端头电极组成的无引线结构电阻，精度高，稳定性好，由于其为片状元件，所以高频性能好。

5. 厚膜电阻网络（电阻排）

它是以高铝瓷做基体，综合掩膜、光刻、烧结等工艺，在一块基片上制成多个参数性能一致的电阻，连接成电阻网络，也叫集成电阻。集成电阻的特点是温度系数小，阻值范围宽，参数对称性好。目前已越来越多地被应用在各种电子设备中。

常见电阻的外形如图 1-30 所示。

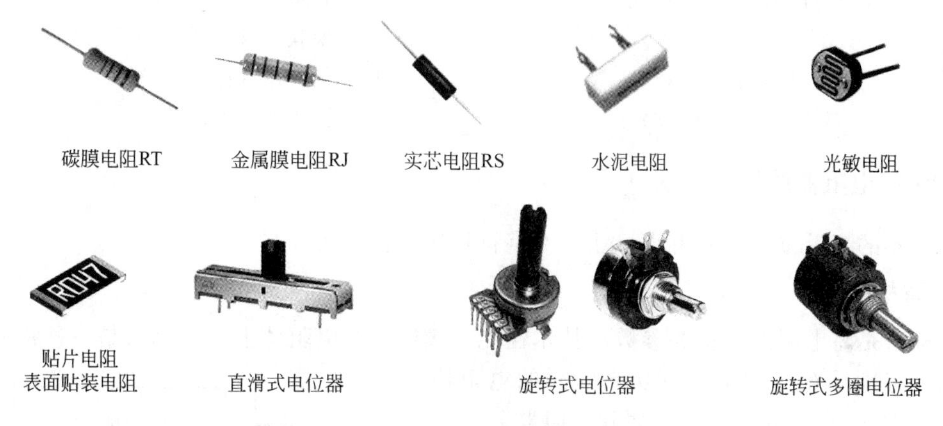

图 1-30　各种电阻

（二）电阻器的主要参数

1. 标称阻值及允许误差

标称阻值是指电阻器上标记的阻值。标称值是根据国家制定的标准系列标注的，任何电阻器的标称阻值都应符合规定的标称值系列。见表 1-4。

表 1-4　电阻器标称值系列表

系列	允许误差	电阻器的标称值（可乘以 10^n）
E24	Ⅰ级±5%	1.0　1.1　1.2　1.3　1.5　1.6　1.8　2.0　2.2　2.4　2.7　3.0　3.3　3.6　3.9　4.3　4.7　5.1　5.6　6.2　6.8　7.5　8.2　9.1
E12	Ⅱ级±10%	1.0　1.2　1.5　1.8　2.2　2.7　3.3　3.9　4.7　5.6　6.8　8.2
E6	Ⅲ级±20%	1.0　1.5　2.2　3.3　4.7　6.8

电阻器的实际阻值与标称值通常都有一定的偏差，这个偏差与实际阻值的百分比称为电阻器的阻值误差。电阻器最大允许误差范围称为允许误差。普通电阻器的允许误差分为三个等级，允许误差≤±5%称为Ⅰ级，允许误差≤±10%称为Ⅱ级，允许误差≤±20%称为Ⅲ级。

2. 额定功率

额定功率指在规定的环境温度下，长期连续工作而不损坏的前提下，电阻器上允许消耗的最大功率。常见的有 1/16W 、1/8W 、1/4W 、1/2W 、1W 、2W 、5W 、10W。为保证安全工作，使用时，一般选额定功率大于其在电路中消耗功率的 2～3 倍。

（三）电阻器的型号命名

根据国标，国产电阻器的型号命名由四部分组成。

第一部分用字母为产品主称。“R”表示电阻器，“W”表示电位器。

第二部分用字母表示电阻器的电阻体材料。

第三部分通常用数字或字母表示电阻器的类别，也有的电阻器用该部分的数字来表示额定功率。

第四部分用数字表示生产序号，以区别该电阻器的外形尺寸及性能指标。

例如：RJ75 精密金属膜电阻器

R—电阻器（第一部分）

J—金属膜（第二部分）

7—精密（第三部分）

5—序号（第四部分）

RT10（普通碳膜电阻器）

R—电阻器（第一部分）

T—碳膜（第二部分）

1—普通型（第三部分）

0—序号（第四部分）

（四）电阻器的标示方法

电阻器的标示方法主要有直标法、文字符号法、色标法等。

1. 直标法

直标法是将电阻器的主要参数和技术性能直接标注在电阻体上。直标法是一种常见的标注方法，特别是在体积较大（功率大）的电阻器上采用。如图 1-31 所示为 100kΩ 精密金属膜电阻器。

RJ7 100k±1%

图 1-31 直标法

2. 文字符号法

文字符号法是将数字和单位两者组合起来表示电阻器的标称阻值。文字符号法和直标法相同，也是直接将有关参数印制在电阻体上。如图 1-32 所示为碳膜电阻。阻值分别为 1.8kΩ（其中 k 既作单位，又作小数点）、4.7MΩ。用级别符号Ⅱ表示允许误差≤±10%。

图 1-32 文字符号法

3. 色标法

色标法是用不同颜色的色环来表示电阻器的阻值及误差等级。

普通型电阻一般用四条色环表示，其中前两条色环表示阻值，第三条色环表示有效数字后面 0 的个数，第四条色环表示误差。如图 1-33 所示。

精密型电阻用五条色环表示。前三条表示阻值，第四条表示有效数字后面 0 的个数，最后一条表示误差。如图 1-34 所示。

表 1-5 为普通型电阻和精密型电阻的标称阻值及允许误差的色环标准。

根据色环正确读出电阻标称阻值及允许误差，应注意确定色环电阻的第一环。靠近电阻器端头的色环为第一环，四环电阻因表示误差的色环只有金色或银色，色环中的金色或银色环一定是第四环。

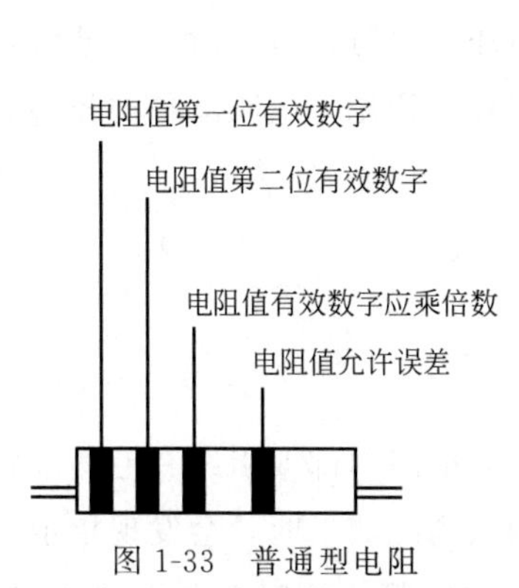

图 1-33　普通型电阻

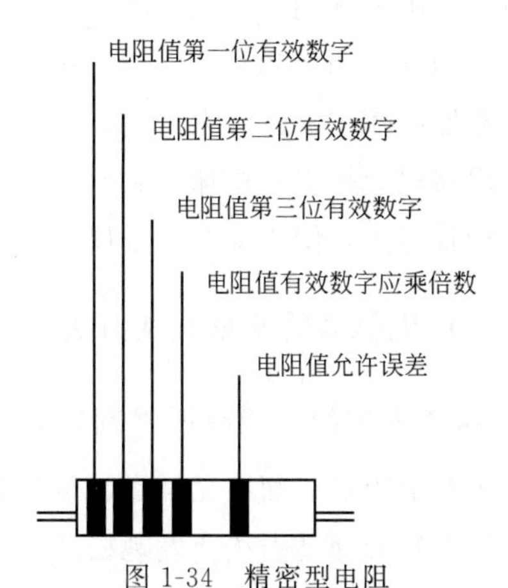

图 1-34　精密型电阻

表 1-5(a)　普通型电阻标称阻值及允许误差的色环（四环）

颜色	第一色环 第一位数	第二色环 第二位数	第三色环 倍　数	第四色环 允许误差
黑	0	0	10^0	
棕	1	1	10^1	
红	2	2	10^2	
橙	3	3	10^3	
黄	4	4	10^4	
绿	5	5	10^5	
蓝	6	6	10^6	
紫	7	7	10^7	
灰	8	8	10^8	
白	9	9	10^9	
金			10^{-1}	±5%
银			10^{-2}	±10%
无色				±20%

表 1-5(b)　精密型电阻标称阻值及允许误差的色环（五环）

颜色	第一色环 第一位数	第二色环 第二位数	第三色环 第三位数	第四色环 倍　数	第五色环 允许误差
黑	0	0	0	10^0	
棕	1	1	1	10^1	±1%
红	2	2	2	10^2	±2%
橙	3	3	3	10^3	
黄	4	4	4	10^4	
绿	5	5	5	10^5	±0.5%
蓝	6	6	6	10^6	±0.25%
紫	7	7	7	10^7	±0.1%
灰	8	8	8	10^8	
白	9	9	9	10^9	
金				10^{-1}	
银				10^{-2}	

贴片电阻阻值大小也可用色环表示，其中前两条色环表示阻值，第三条色环表示倍数，但没有误差色环，色环标志同普通色环电阻。

（五）电阻器的选用常识

1. 根据电路要求选择电阻器种类

一般低频电路：绕线电阻、碳膜电阻都适用；高频电路：分布参数越小越好，应选用金属膜电阻、金属氧化膜电阻等高频电阻；功率放大电路、偏置电路、取样电路等对稳定性要求比较高，应选温度系数小的电阻器；滤波电路对阻值变化没有严格要求，任何类型电阻器都适用。

2. 根据电路参数选择电阻器型号

首先按阻值选用，所用电阻器的标称阻值与所需电阻器阻值误差越小越好。还要考虑电阻器的额定功率和额定电压，所选电阻器的额定功率应大于实际承受功率的两倍以上，所选电阻器的额定电压应大于实际工作电压，当实际电压超过额定电压时，即便满足功率要求，电阻器也会被击穿损坏。其次，尽量选通用型电阻器，通用型电阻器种类较多、规格齐全、生产批量大，便于采购、维修。

（六）电阻器的质量判别方法

1. 阻值固定的电阻器质量判别方法

首先看电阻器表面有无烧焦、引线有无折断现象。若电阻内部或引线有毛病以致接触不良时，用手轻轻摇动引线会发现松动现象；用万用表的欧姆挡测量时，会发现指示不稳定。

再用万用表电阻挡测量电阻器的阻值，合格电阻器的电阻值稳定在允许的误差范围内，如果万用表测得的结果超出误差范围或阻值不稳定，则不能选用。

使用电阻噪声测量仪测量电阻噪声，如果噪声电压很小，则可判别电阻质量为好。

2. 电位器的质量判别

电位器就是可调电阻器加上一个开关，做成同轴联动形式，如收音机中的音量旋钮和电源开关就是一个电位器，一个 4.7kΩ 的小型带开关电位器，符号和外形如图 1-35 所示。

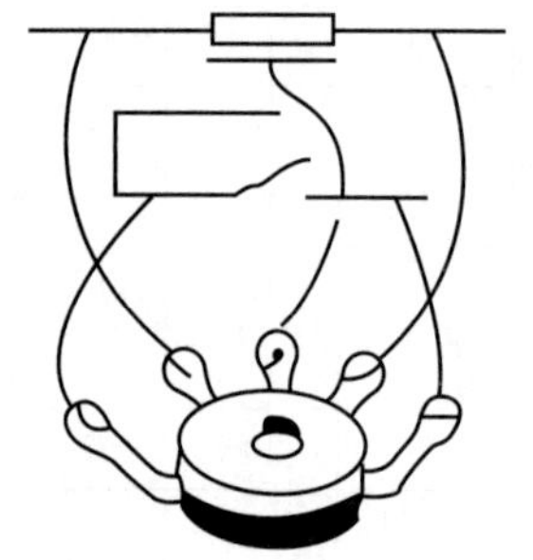

图 1-35 带开关的电位器

用万用表欧姆挡测量电位器的两个固定端的电阻，并与标称值核对阻值。如果万用表指示的阻值比标称值大得多，表明电位器已坏；如果指示的数值来回摆动，则表明电位器内部接触不良。

测量滑动端与固定端的阻值变化情况。移动滑动端，如果阻值从最小到最大之间连续变化时，最小值接近 0 甚至为 0，最大值接近标称值，则说明电位器是好的；如果万用表指示的阻值变化是间断的或不连续的，则说明电位器滑动端接触不良，应不选用。

二、电容器

两个金属电极板中间隔着绝缘介质就构成了一个电容器。电容器用于存储电场能量。在电路中，通常用于调谐、滤波、耦合、隔直、延时等方面，是电路常用元件之一。电容在电路中一般用“C”表示。

（一）电容器的分类

电容器按电容量是否可以调整，分为固定电容器、可变电容器、半可变电容器。按所用介质的不同，分为瓷片电容、涤纶电容、金属化纸介电容、电解电容等(参见附录:电容器的型号命名方法)。

常见电容的外形如图 1-36 所示。

图 1-36 常见的电容

1. 固定电容

电容量固定不可调的电容器为固定电容器，常用的电容有以下几种。

（1）瓷介电容器（型号：CC） 瓷介电容器的主要特点是介质损耗较低，电容量对温度、频率、电压和时间的稳定性都比较高，且价格低廉，应用极为广泛。常见的低压小功率电容器有瓷片、瓷管电容器，主要用于高频电路、低频电路中。

（2）有机薄膜电容器（型号：CB 或 CL） 最常见有涤纶电容器和聚丙烯电容器。涤纶电容器的体积小，容量范围大，耐热、耐潮性能好。

（3）云母电容器（型号：CY） 云母电容器以云母为介质。具有耐压范围宽、可靠性高、性能稳定、容量精度高等优点，可广泛用于高温、高频、脉冲、高稳定性的电路中。但云母电容器的生产工艺复杂，成本高、体积大、容量有限，这使它的使用范围受到了限制。

（4）铝电解电容器（型号：CD） 电解电容器有正极和负极之分。铝电解电容器价格便宜，容量大，耐压高。但绝缘电阻低，漏电流大，寿命短（存储寿命小于 5 年）。一般使用在要求不高的去耦、耦合和电源滤波电路中。

2. 可变电容器

电容器可以在一定范围内调节的电容器为可变电容器。可变电容器按其使用的介质材料可分主空气介质可变电容器和固体介质可变电容器。

空气介质可变电容器是由若干形状相同的金属片接成电极。固定不变的电极为定片，能转动的电极为动片，动片与定片之间以空气作为介质。动片通过转轴转动，改变旋进定片的面积，从而改变电容量。

固体介质可变电容器是在其动片与定片之间加入固体介质（云母片或塑料薄膜），用塑料外壳密封。其优点是体积小、质量轻；缺点是杂声大、易磨损。

3. 半可变电容器

半可变电容器也称微调电容器，在各种调谐及振荡电路中作为补偿电容器或校正电容器使用，可变电容器主要用于不需要经常调节电容量的场合。

（二）电容器的主要参数

1. 标称容量及允许误差

标称容量是指标注在电容器上的电容量值，任何电容器的标称容量都应符合规定的标称值系列。见表 1-6。

电容器的实际电容量与标称容量通常都有一定的偏差，这个偏差与实际电容量的百分比称为电容器的误差。电容器最大允许误差范围称为允许误差。电容器的允许误差分八级，见表 1-7。

表 1-6 常用电容器电容量的表称值系列

电容器类别	标称值系列(可乘以 10^n)
高频纸介质、云母纸介质、玻璃釉纸介质、高频(无机性)有机薄膜介质	1.1 1.2 1.3 1.5 1.6 1.8 2.0 2.2 2.4 2.7 3.0 3.3 3.6 3.9 4.3 4.7 5.1 5.6 6.2 6.8 7.5 8.2 9.1
纸介质、金属纸介质、复合介质、低频(有机性)有机薄膜介质	1.0 1.5 2.0 2.2 3.3 4.0 4.7 5.0 6.0 6.8 8.0
电解电容器	1.0 1.5 2.2 3.3 4.7 6.8

表 1-7 电容器的允许误差级别

精度级别	00(01)	0(02)	Ⅰ	Ⅱ	Ⅲ	Ⅳ	Ⅴ	Ⅵ
允许误差/%	±1	±2	±5	10	±20	+20/−10	+50/−20	+50/−30

一般电容器常用Ⅰ、Ⅱ、Ⅲ级，电解电容器常用Ⅳ、Ⅴ、Ⅵ级。

2. 额定工作电压

额定工作电压又称耐压值，是电容器在规定的工作范围内，长期连续可靠的工作而不被击穿所能承受的最高工作电压。使用时绝对不允许超过这个耐压值，否则电容器就要损坏或被击穿。常用电容器的直流工作电压系列为 6.3V、10V、16V、25V、40V、63V、100V、250V、400V。

3. 绝缘电阻

绝缘电阻是指电容器两极之间的电阻，也叫漏电电阻。绝缘电阻的大小决定于电容器介质性能的好坏，绝缘电阻越大，表明电容器的质量越好。绝缘电阻一般应在 5000MΩ 以上。电解电容器的绝缘电阻较小，一般用漏电流表示。

4. 损耗因数

电容器是储能元件，理想的电容器应该没有能量损耗。但是，电容器在工作过程中总有一部分电能转化为热能。这部分损耗的能量与电容器的无功功率之比称为损耗因数。该值越小，说明电容器的质量越好。

5. 频率特性

频率特性是指电容器对不同的频率所表现出的性能变化。一般情况下，随着频率的增加，电容器的实际电容量会发生非线性的变化。

(三) 电容器的型号命名

根据国标，国产电容器的型号命名由四部分组成。

第一部分用字母为产品主称。“C”表示电容器

第二部分用字母表示电容器的介质材料。

第三部分通常用数字或字母表示电容器的特征。

第四部分用数字表示生产序号。

例如 CJX250-0.33-±10% （小型金属化纸介质电容器）

C 主称：电容器（第一部分）

J 材料：金属化纸介质（第二部分）

X 特征：小型（第三部分）

250-0.33-±10% 耐压 250V 容量 0.33μF 允许误差±10%（第四部分）

（四）电容器的标示方法

电容器的标识方法有三种：直标法、数码法和色标法。

1. 直标法

直标法是将电容器的标称容量、耐压值及允许误差直接标注在电容器外壳上，误差用字母或数字表示。字母与允许误差对应关系见表 1-8。

表 1-8 字母表示的允许误差值

D	F	G	J	K	M
±0.5%	±1%	±2%	±5%	±10%	±20%

例如：47nJ100 表示容量 47nF 允许误差±5% 耐压值 100V

10μF/16V ±10% 表示容量 10μF 允许误差±10% 耐压值 16V

2. 数码法

数码法是用三位数字表示容量的大小，单位是 pF。前面两位数字为电容器标称容量的有效数字，第三位数字表示倍率，即乘以 10^a，a 的取值范围是 1～9，但 9 表示 10^{-1}。

例如：333 表示 33000pF 或 0.033μF

229 表示 2.2pF

3. 色标法

色标法与电阻的色环表示方法类似，单位是 pF，读取方向由电容体指向引线端子。

（五）电容器的选用

电容器种类繁多，性能指标各异，合理选用电容器对实际电路很重要。选用电容器主要以实际电路要求为主，一般选用电容器耐压值为实际工作电压两倍以上的电容器。在低频耦合或旁路时，可选用纸介、涤纶电容器；在高频高压电路中，应选用云母电容器或瓷介电容器；电源滤波可选用电解电容器。

（六）电容器的性能测试

1. 电容器的开路、短路检测

容量大于 100μF 的电容器用万用表 R×100 挡检测，见图 1-37；容量为 100μF～1μF 的电容器用万用表 R×1k 挡检测；容量更小的电容器，用万用表 R×10k 挡检测。在表棒接通的瞬间，表针首先朝顺时针方向（向右）摆动，然后又慢慢地向左回归至∞位置的附近，此过程为电容器的充电过程。若在上述检测过程中表针无摆动，说明电容器已断路。若表针向右摆动后，返回时，表针显示 Ω 值较小，说明电容器严重漏电。若表针没有回归，接近于 0Ω，说明电容器已被击穿。

检测容量小于 6800pF 的电容器时，由于容量太小，充电时间很短，充电电流很小，检测时无法看到表针的偏转，所以不能判断它是否开路，可用具有测量电容功能的数字万用表来测量。在检测这类小电容器时，表针若偏转了一个较大角度，说明电容器漏电或击穿。

2. 绝缘电阻（漏电电阻）的测量

用万用表进行电容器的开路、短路检测时，当表针静止时所指的电阻值就是该电容器的

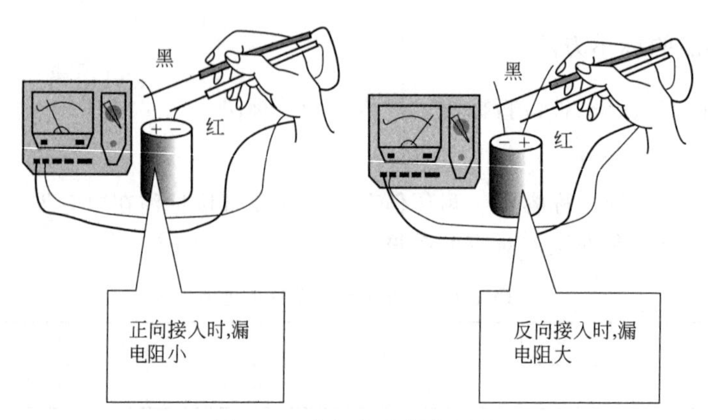

图 1-37 电解电容器的测试

绝缘电阻（漏电电阻）。在测量中如表针距无穷大较远，表明电容器漏电严重，不能使用。有的电容器在测漏电电阻时，表针退回到无穷大位置时，又顺时针摆动，这表明电容器漏电更严重，一般要求漏电电阻 $R \geqslant 500\text{k}\Omega$，否则不能使用。

3. 可变电容器的测量

对可变电容器主要是测其是否发生碰片（短接）现象，选择万用表的电阻 R×1Ω 挡，将表笔分别接在可变电容器的动片和定片的连接片上，旋转电容器动片到某一位置时，若发现有表针指零现象，说明可变电容器的动片和定片之间有碰片现象，应予以排除后再使用，见图 1-38。

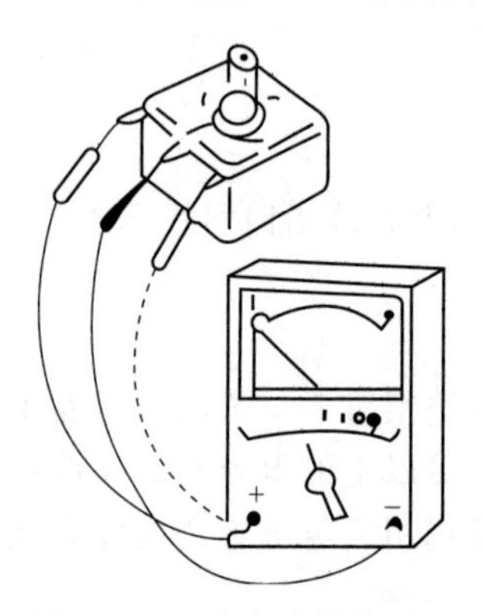

图 1-38 可变电容器的测量

三、 电感器和变压器

电感器是用绝缘导线绕制在绝缘骨架或磁芯、铁芯上而成的电磁感应元件，可以存储磁场能量。也是电子电路中常用的元器件之一，用于调谐、振荡、匹配、滤波等电路中，电感器分为两类，一类是利用自感作用制成的各种电感线圈；另一类是利用互感作用制成的各种变压器。

（一） 电感器的分类

电感器结构多种多样，根据电感量是否可调，分为固定电感线圈、可变电感线圈，按导磁体性质分为空芯线圈、铁芯线圈等，根据工作性质分为天线线圈、振荡线圈、偏转线圈等，见图 1-39。

1. 小型固定电感器

小型固定电感器通常是用漆包线在磁芯上直接绕制而成，有密封式和非密封式两种封装形式，两种形式又都有立式和卧式两种外形结构。

2. 可调电感器

常用的可调电感器有半导体收音机用振荡线圈、电视机用行振荡线圈、行线性线圈等。

3. 变压器

变压器是用于变换电路中电压、电流和阻抗的器件，按其工作频率的高低可分为低频变

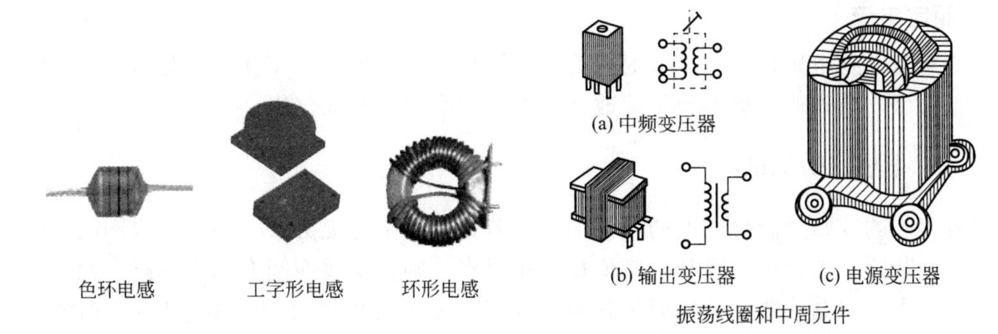

图 1-39　常见的电感、变压器的图形符号及常用变压器的外形

压器、中频变压器、高频变压器。

① 低频变压器又分为音频变压器和电源变压器两种，它主要用在阻抗变换和交流电压的变换上。音频变压器的主要作用是实现阻抗匹配、耦合信号、将信号倒相等，因为只有在电路阻抗匹配的情况下，音频信号的传输损耗及其失真才能降到最小；电源变压器是将220V 交流电压升高或降低、变成所需的各种交流电压。

② 中频变压器是超外差式收音机和电视机中的重要元件，又叫中周。中周的磁芯和磁帽是用高频或低频特性的磁性材料制成的，低频磁芯用于收音机，高频磁芯用于电视机和调频收音机。中周的调谐方式有单调谐和双调谐两种，收音机多采用单调谐电路。常用的中周有 TFF-1、TFF-2、TFF-3 等型号为收音机所用；10TV21、10LV23、10TS22 等型号为电视机所用。中频变压器的适用频率范围从几千赫兹到几十兆赫兹，在电路中起选频和耦合等作用，在很大程度上决定了接收机的灵敏度、选择性和通频带。

③ 高频变压器。可分为耦合线圈和调谐线圈两类。调谐线圈与电容可组成串、并联谐振回路，用于选频等作用。天线线圈、振荡线圈等都是高频线圈。

④ 行输出变压器。又称为逆行程变压器，接在电视机行扫描的输出级，将行逆程反峰电压经过升压整流、滤波，为显像管提供阳极高压、加速极电压、聚焦极电压以及其他电路所需的直流电压。新产品均为一体化行输出变压器。

（二）电感器的主要参数

电感器的主要参数有电感量、允许偏差、品质因数及额定电流等。

1. 电感量

电感量 L 是指电感器通过变化的电流时产生感应电动势的能力，电感量的大小，主要与线圈的圈数（匝数）、绕制方式、有无磁芯及磁芯的材料等有关。通常，线圈圈数越多、电感量就越大。有磁芯的线圈比无磁芯的线圈电感量大；磁芯磁导率越大的线圈，电感量也越大。电感量的基本单位是 H（亨利）、mH（毫亨）和 μH（微亨）。

2. 允许偏差

允许偏差是指电感器上标称的电感量与实际电感的允许误差值。

3. 品质因数

品质因数 Q 是指线圈中存储能量和消耗能量的比值，是衡量电感器质量的主要参数。电感器的 Q 值越高，其损耗越小，效率越高。电感器品质因数的高低与线圈导线的直流电阻、线圈骨架的介质损耗及铁芯、屏蔽罩等引起的损耗有关。

4. 额定电流

额定电流是指电感器正常工作时允许通过的最大电流值。若工作电流超过额定电流，则电感器就会因发热而使性能参数发生改变，甚至还会因过热而烧毁。

（三）电感器的测试

用万用表的欧姆挡测量线圈的直流电阻，若直流电阻为无穷大，则表明线圈间或线圈引出线间已经断路；若直流电阻与正常值相比小得多，则说明线圈间有局部短路。此外，对于有屏蔽罩或多线圈电感器，还要测量其绝缘性能。测量时可用万用表 R×10kΩ 挡测线圈与屏蔽罩之间的绝缘电阻，此值应趋于无穷大。

（四）变压器的主要参数

1. 额定功率

指在规定的频率和电压下，变压器能长期工作而不超过规定温升的最大输出功率，单位为 V·A。

2. 效率

指在额定负载时变压器的输出功率和输入功率的比值。

3. 绝缘电阻

表征变压器绝缘性能的一个参数，是施加在绝缘层上的电压与漏电流的比值。由于此值很大，一般只能用兆欧表（或用万用表的电阻 R×10 kΩ 挡）测量。如果变压器的绝缘电阻过低，在使用中可能出现机壳带电甚至变压器绕组击穿烧毁。

（五）变压器的测试

主要测试变压器的直流电阻和绝缘电阻。

1. 直流电阻检查

由于变压器的直流电阻很小，一般用万用表 R×1Ω 挡来测量绕组的电阻值，可判断绕组有无短路或断路现象。对于某些晶体管收音机中使用的输入、输出变压器，由于它们的体积相同，外形相似，可根据其线圈直流电阻值进行区分。

一般情况下，输入变压器的直流电阻值较大，初级多为几百欧，次级为 1～2 百欧；输出变压器的初级多为几十～上百欧，次级多为零点几～几欧。

2. 绝缘电阻的测量

变压器各绕组之间以及绕组和铁芯之间的绝缘电阻可用 500V 或 1000V 兆欧表（摇表）测量。也可用万用表 R×10kΩ 挡，测量时，表头指针应不动（相当电阻为∞）。

例：超外差收音机振荡线圈和中频变压器如图 1-40，其中左边三个抽头线圈叫做初级，右边两个抽头为次级，中间的虚线和箭头表示可调磁帽。检查中频变压器和振荡线圈好坏的方法，如图 1-41，主要是测量次级和初级线圈的电阻值，另外还要测一下初、次级之间的电阻值应为∞。初、次级对铁芯外壳电阻值也应为∞。

输入变压器如图 1-42，其中左边两个抽头线圈是初级，右边四个抽头线圈是次级。输入变压器有两个次级线圈，作用是给功放管提供倒相电压，其测试内容和方法与上述相似，不再赘述。

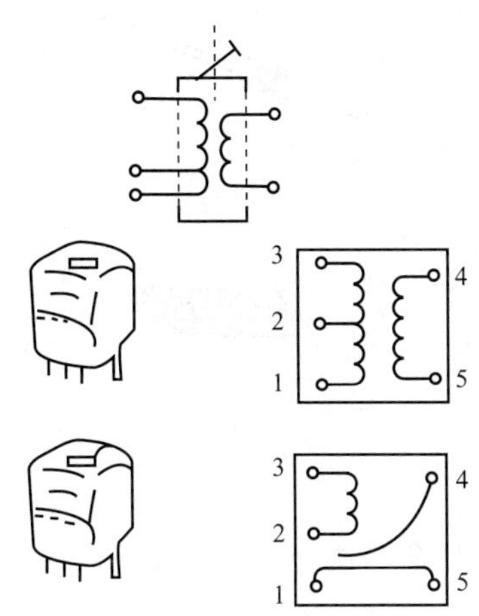

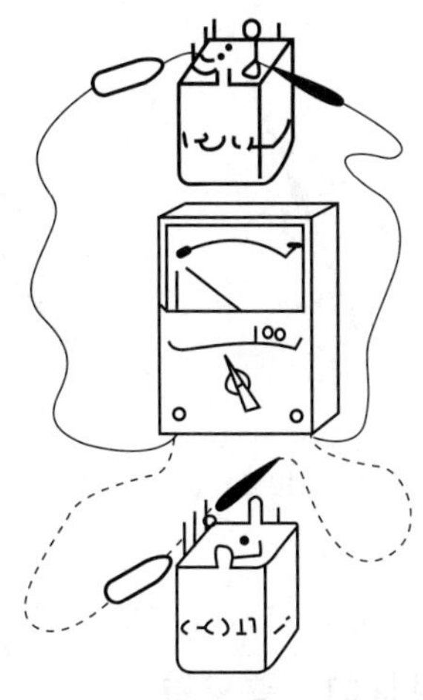

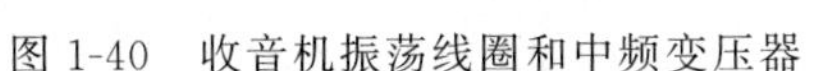
图 1-40　收音机振荡线圈和中频变压器

图 1-41　收音机振荡线圈和中频变压器的测试

注意：一般输出变压器的匝数少，电阻小；而输入变压器的匝数多，电阻也较大，这两种变压器的初级电阻都比其次级大。

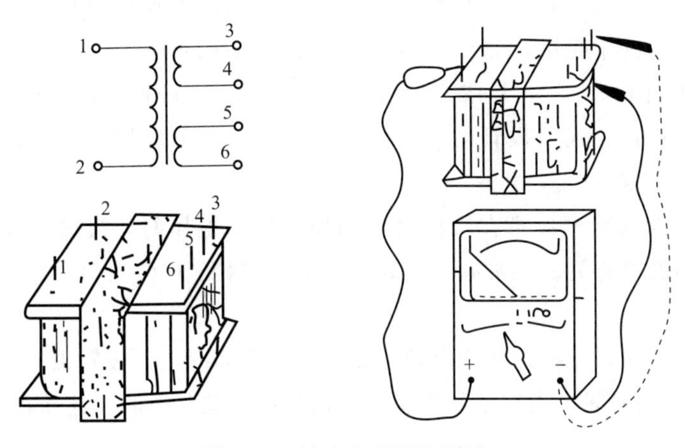

图 1-42　输入变压器及测试

四、 半导体器件

半导体器件是泛指用半导体材料制成的具有一定功能的器件。为了与集成电路相区别，有时也称为分立元件。半导体器件的典型代表是晶体二极管和晶体三极管。它们是组成分立元件电子电路的核心器件。

（一） 二极管

二极管是具有单向导电性的半导体器件，它由一个 PN 结和正负电极引线用玻璃、塑料或金属管壳封装制成。常用于整流、检波和稳压电路。

常见的二极管外形如图 1-43 所示。

1. 二极管的分类

二极管按制作材料不同，可分为硅二极管和锗二极管；按构造不同，可分为点接触型二极管、面接触型二极管和平面型二极管等；按用途可分为整流二极管、检波二极管、发光二

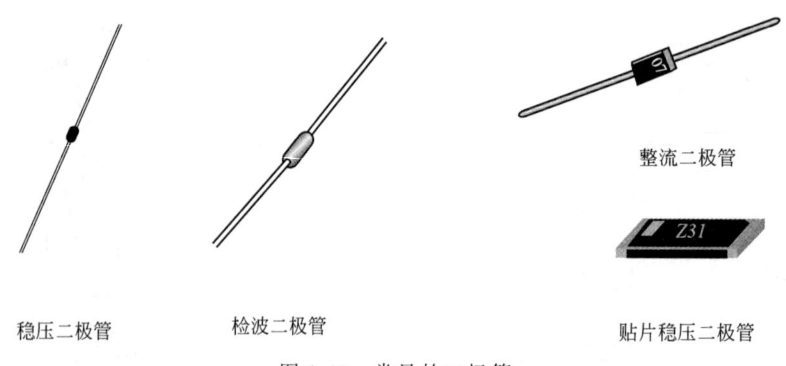

图 1-43 常见的二极管

极管、稳压二极管等（参见附录 2 半导体分立器件的型号命名法）。

2. 二极管的主要参数

（1）最大整流电流 I_F 指二极管长期运行时，根据允许温升折算出来的平均电流值。二极管通过的平均电流不能大于 I_F，否则将导致二极管损坏。

（2）最高反向工作电压 U_{RM} 指允许加在二极管两端的反向电压的最大值，超过此值会击穿二极管。为了安全起见，通常 U_{RM} 是反向击穿电压的 1/3～1/2。

（3）最高工作频率 f_M 由于 PN 结的结电容存在，当工作频率超过某一值时，它的单向导电性将变差。点接触式二极管的 f_M 值较高，在 100MHz 以上；整流二极管的 f_M 较低，一般不高于几千赫。

（4）反向饱和漏电流 I_s 指在二极管两端加入反向电压时，流过二极管的电流，该电流与半导体材料和温度有关。在常温下，硅管的 I_s 为纳安（10^{-9}A）级，锗管的 I_s 为微安（10^{-6}A）级。

（5）反向恢复时间 t_r 指二极管由导通突然变为反向时，二极管由很大的正向电流衰减到接近 I_s 时所需要的时间。大功率开关管工作在高频开关状态时，此项指标至为重要。

3. 二极管的标示

普通二极管的外壳上一般标有极性，用箭头、色点、色环或引线端子长短等形式做标记，箭头所指或靠近色环的一端为阴极，有色点或长引线端子为阳极。标示不清时，可利用万用表检测进行判断。检测方法参见第一章第二节“常用电子仪器的基本原理与使用”的万用表检测二极管。

普通二极管的外壳上一般还标有型号，2AP1～2AP9、2CP1～2CP20 是普通二极管，用于检波、鉴频、限幅。2CZ11～2CZ27 是整流二极管，用于不同功率的整流。2CW1～2CW10 是稳压二极管用于稳压电路。

（二）三极管

三极管是内部含有两个 PN 结、对外有三个电极的半导体器件。其基本作用是信号放大或作无触点开关。常见的三极管外形如图 1-44 所示。

1. 三极管的分类

三极管种类非常多。按照结构工艺分类，有 PNP 和 NPN 型；按照制造材料分

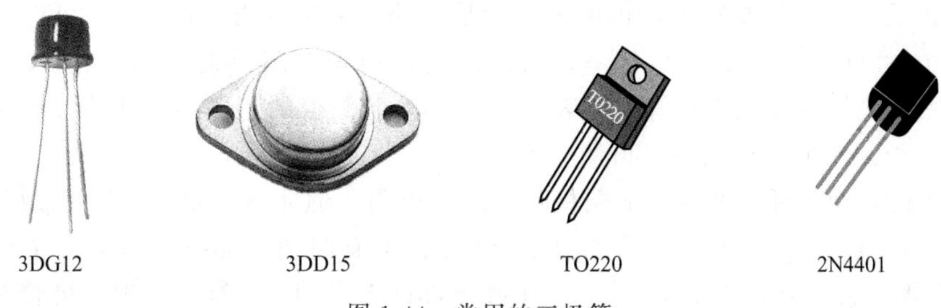

图 1-44　常用的三极管

类，有锗管和硅管；按照工作频率分类，有低频管和高频管；一般低频管用以处理频率在 3MHz 以下的电路中，高频管的工作频率可以达到几百兆赫；按照允许耗散的功率大小分类，有小功率管和大功率管（参见附录 3 半导体分立器件的型号命名法）。

2. 三极管的主要参数

（1）电流放大系数 β 和 h_{FE}　β 是三极管的交流电流放大系数，数值一般在 20～200，它是表征三极管电流放大能力的最主要参数。h_{FE} 是三极管的直流电流放大系数，这两个参数近似相等，实际使用时不再区别。常在三极管外壳上用色点表示 h_{FE}（β）值的范围，见表 1-9。

表 1-9　国产小功率三极管色点颜色 h_{FE} 值的对应关系

色点	棕	红	橙	黄	绿	蓝	紫	灰	白	黑
h_{FE}	5～15	>15～25	>25～40	>40～55	>55～80	>80～120	>120～180	>180～270	>270～400	>400～600

（2）集电极最大允许电流 I_{CM}　当 β 值下降到 2/3 正常值时的集电极电流。

（3）反向击穿电压值 $U_{(BR)CEO}$　指基极开路时加在 c、e 两端电压的最大允许值，一般为几十伏。

（4）集电极最大允许耗散功率 P_{CM}　是根据三极管允许的最高结温而定出的集电结最大允许耗散功率。硅管最高使用温度为 150℃，锗管为 70℃。超过这个值管子可能烧毁。

（5）特征频率 f_T　三极管工作频率超过一定值后，β 值开始下降，三极管的 β 值下降到 1 时所对应的工作频率称作特征频率。在这个频率下工作的三极管已失去放大能力。

3. 三极管的检测

（1）判断三极管的好坏与基极　若不清楚三个极的名称，可首先假设一个是基极，因基极对集电极和发射极是两个同向的 PN 结，先用一个表笔放在假设的基极上，用另一支表笔分别触碰另外两个极，看看指针偏转幅度如何；再把表笔反过来测一遍，若其中的一次对两极都导通（阻值较小），另一次对两极全截止（阻值很大），则表明假设的基极正确；同时全导通的那一次，若是黑表笔接在基极，表示该管为 NPN 管；反之为 PNP 管。

若两次测量不是上述情况，说明假设的基极不对，再设另一极为基极，进行同样测试，直至找出基极，若每次都测不出基极，说明管子已坏。

（2）判断集电极 c 和发射极 e　基极开路时，用万用表电阻挡测集电极与发射极间的电阻时，无论正反向，阻值都很大，说明三极管是好的。为了找出集电极 c，可先假设某个极为 c，用一个 10kΩ 左右的电阻接在 c-b 间，再用万用表电阻挡的×1k 挡去测 c-e 间电阻（NPN 管时黑表笔接在 c；PNP 管时红表笔接在 c），若测得的阻值明显比不接电阻时小，说明假设正确；否则用另一极当做 c 再测一次。

若无电阻时，可用手指捏紧 c-b 两极代替外接电阻，但注意不要把 c-b 两极碰到一起。

（3）用万用表的 h_{FE} 挡测三极管的 β 值　h_{FE} 挡上有两列小插孔，每列三个孔，其中一列用于 NPN 管，另一列用于 PNP 管，三个孔上都标有 e、b、c 符号，把三极管对应的三个端子插入三个孔，表针指示的刻度即表示出 β 值的大小。

五、 集成电路

集成电路是一种采用特殊工艺，将晶体管、电阻、电容等元器件集成在硅基片上而形成的具有一定功能的器件，简称为 IC，其外形如图 1-45。集成电路具有体积小，重量轻，可靠性高，性能一致性好等优点，同时成本低，便于大规模生产。

图 1-45　集成芯片外形——双列直插式

1. 集成电路的分类

集成电路按其功能的不同，可以分为模拟集成电路和数字集成电路两大类。模拟集成电路包括运算放大器、模拟乘法器、集成功放、锁相环、电源管理芯片等。集成电路按集成度高低的不同可分为小规模集成电路、中规模集成电路、大规模集成电路和超大规模集成电路。集成电路按导电类型可分为双极型集成电路和单极型集成电路。双极型集成电路的制作工艺复杂，功耗较大，代表的集成电路有 TTL、ECL、HTL、LST-TL、STTL 等类型。单极型集成电路的制作工艺简单，功耗也较低，易于制成大规模集成电路，代表的集成电路有 CMOS、NMOS、PMOS 等类型。

2. 集成电路的型号命名法

集成电路的型号命名由五部分组成：

第一部分用字母“C”表示该集成电路为中国制造，符合国家标准；

第二部分用字母表示集成电路类型；

第三部分用数字表示集成电路系列和代号；

第四部分用字母表示电路温度范围；

第五部分用字母表示电路的封装形式。

例如：C　T　74LS160　C　I

C	中国（第一部分）
T	TTL 集成电路（第二部分）
74LS160	民用低功耗十进制计数器（第三部分）
C	工作温度 0～70℃（第四部分）
I	黑磁双列直插封装（第五部分）

3. 集成电路外引线的识别

使用集成电路前，必须识别集成电路的引线端子，确认电源、输入、输出、控制等，以免因错接而损坏器件，引线端子排列的一般规律为：圆形集成电路，面向引线端子正视，从定位销顺时针方向依次为1、2、3、4…，如图1-46(a)；扁平和双列直插式集成电路，一般有一圆点和有一缺口称为标示端，标示端向左放置扁平和双列直插式集成电路，从左下角起，按逆时针方向依次为1、2、3、4…，如图1-46(b)。

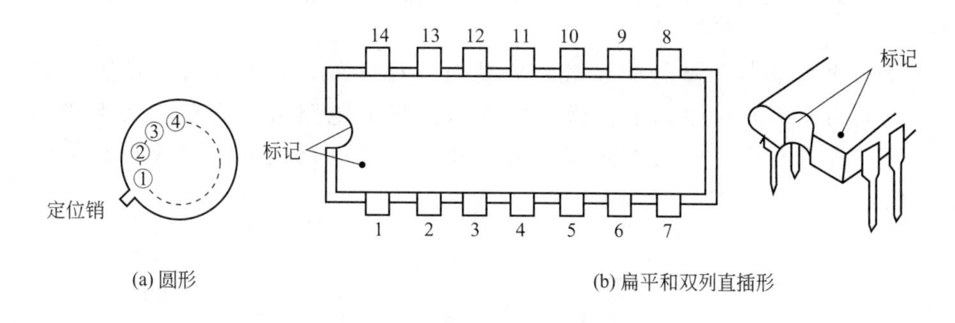

图1-46　集成电路识别

4. 集成电路使用注意事项

① 集成电路使用时，不允许超过其规定的极限参数。

② 集成电路插装时，要注意引线端子序号，不能插错。

③ MOS集成电路要防止静电感应击穿。在存放MOS集成电路时，必须将其收藏在金属盒内或用金属箔包起来，防止外界电场将其击穿。

第四节　电子电路的焊装与调试

电子技术实训按性质可分为基础实训、综合实训。实训时，首先要根据实训项目的要求组装成实验电路。电路组装有实验箱插接、面包板插接和电路板焊接三种方式。在模拟、数字电路基础实验时，主要采用实验箱插接方式；而在综合实训中多采用面包板插接和印制电路板焊接方式。

一、电子电路的布局、布线

电路的结构布局、元器件的安排布置、线路的走向及连接线路的可靠性等实际安装技术，将会影响电路的性能，所以电子电路的组装要考虑布局和布线。

1. 布局

在电子电路组装过程中，首先应考虑电气性能上的合理性，其次要尽可能注意整齐美观，具体注意以下几点。

① 整体结构布局要合理，要根据电路板或面包板的面积，合理布置元器件的密度。当电路较复杂时，可按电路功能的不同分几块电路板组成，相互之间再用连线或电路板插座连成整体。

② 元器件的组装要便于调试、测量和更换。电路图中相邻的元器件，在安装时原则上应就近安置。不同级的元器件不要混在一起，输入级和输出级之间不能靠近，以免引起级与级之间的寄生耦合，干扰和噪声增大，甚至产生寄生振荡。

③ 对于有磁场产生相互影响和干扰的元器件，应尽可能分开或采取自身屏蔽。如有输入变压器和输出变压器时，应将二者相互垂直安装。

④ 发热元器件（如功率管）的安置要尽可能靠电路板的边缘，有利于散热，必要时需加装散热器。为保证电路稳定工作，晶体管、热敏器件等对温度敏感的元器件要尽量远离发热元器件。

⑤ 元器件的标志（如型号和参数）安装时一律向外，以便检查，见图 1-47。元器件在电路板上的安装方向原则上应横平竖直。接集成电路时首先要认清引线端子排列的方向，所有集成电路的插入方向应保持一致，集成电路上有缺口或小孔标记的一端一般在左侧。

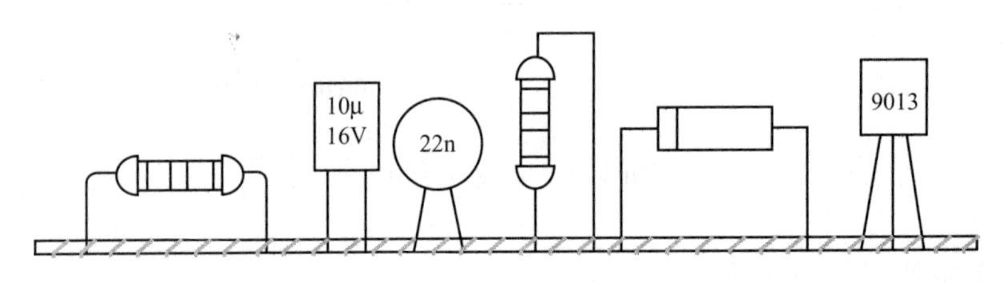

图 1-47 正确的元件排列示意图

⑥ 元器件的安置还应注意中心平衡和稳定，对较重的元器件安装时，高度要尽量降低，使中心贴近电路板。对于各种可调的元器件应安置在便于调整的位置。

2. 布线

电子电路布线是否合理，不仅影响其外观，而且是影响电子电路性能的重要因素之一。电路中（特别是较高频率的电路）常见的自激振荡，往往就是由于布线不合理所致。因此，为了保证电路工作的稳定性，电路在安装布线时应注意以下几点。

① 所有布线应直线排列，并做到横平竖直，以减小分布参数对电路的影响。走线要尽可能短，信号线不可迂回，尽量不要形成闭合回路。信号线之间、信号线与电源线之间不要平行，以防止寄生耦合而引起电路自激。

② 布线应贴近电路板，不应悬空，更不要跨接在元器件上面，走线之间应避免相互重叠，电源线不要紧靠有源器件的引线端子，以免测量时不小心造成短路。

③ 为使布线整洁美观，并便于测量和检查，要尽可能选用不同颜色的导线。电源线的正、负极和地线的颜色应有规律，通常用红色线接电源正极，黑色或蓝色线接负极，地线一般用黑色线。

④ 布线时一般先布置电源线和地线，再布置信号线。布线时要根据电路原理图或装配图，按信号的流向，即输入级、中间级、输出级布线。

⑤ 地线（公共端）是所有信号共同使用的通路，一般地线较长，为了减小信号通过公共阻抗的耦合，地线要求选用较粗的导线。对于高频信号，输出线与输入级不允许共用一条地线，在多级放大电路中，各放大级的接地元件应尽量采用一点接地的方式。各种高频和低频去耦电容器的接地端，应尽量远离输入级的接地点。

二、 电子电路的组装和焊接技术

1. 元器件的检测

电子电路在组装前，应做好元器件的检测工作。

① 认真核对元器件。组装焊接前一定要检查所使用的元器件是否符合电路图的要求。

② 用万用表或仪器检查元器件是否完好。（参见第一章第三节“常用电子元器件和检测”）

③ 检查印制电路板上的铜皮有无脱落、断裂的情况，发现有脱落或断裂时，应更换印制电路板或用电烙铁修补。

2. 组装焊接前的准备工作

在焊接前应做好搪锡、元器件的引线端子成形、元器件的插装等准备工序。

（1）搪锡　搪锡的目的是提高焊件可焊性。即预先在元器件、导线端头和各类线端子上挂一层薄而均匀的焊锡。手工焊接前可用电烙铁搪锡。

搪锡的方法：先用小刀或砂纸刮去元器件引线端子和导线端头表面的氧化层，（因为金属表面的氧化物对锡的吸附力很小），清洁烙铁头，然后加热引线和导线端头，加入适量焊锡丝，用烙铁头带动融化的焊锡来回移动，完成搪锡，如图 1-48。

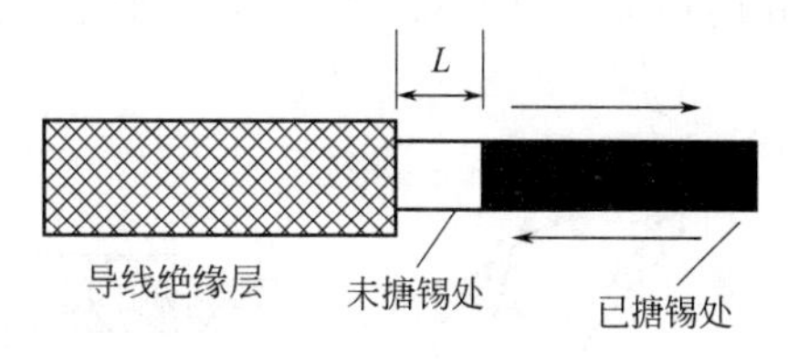

图 1-48　电烙铁搪锡示意图

注意：经过搪锡处理的元器件和导线端头根部离搪锡处要留有一定距离 L，导线留 1mm，元器件留 2mm 以上。

（2）元器件焊前加工准备

① 元器件引线端子成形。为便于焊接，在安装前采用手工或专用模具把元器件引脚弯曲成一定的形状，可以使元器件在印制板上的插装排列整齐，如图 1-49。

其中，图 1-49(a) 比较简单，适合于手工装配；图 1-49(b) 适合于机械整形和自动装焊，特别是可以避免元器件在机械焊接过程中从印制板上脱落。通常引线端子成形尺寸都有具体标准要求：引线端子弯曲的最小半径不得小于引线端子线径的 2 倍。弯曲处不能出现直角，否则会使弯折处的导线截面积变小，电气特性变差。引线端子弯曲处距离元器件引线端子根部不小于 2mm。

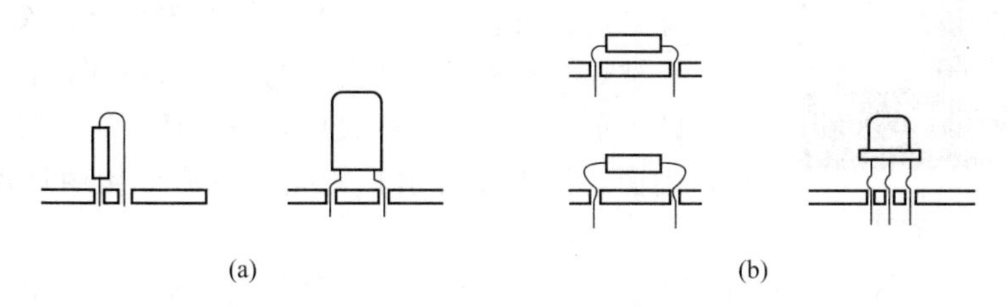

图 1-49　元器件引线弯曲成形

② 元器件的插装。元器件插装有卧式（水平）和立式（垂直）。立式安装是指元器件的轴线方向与印制电路板垂直。卧式安装是指元器件的轴线方向与印制电路板平行，如图 1-50。

立式插装适合于机壳内空间小、元器件紧凑的产品。单面板上卧式插装小功率元器件要平行紧贴板面；在双面板上，元器件离板面间隙约 1～2mm，通常元器件功率越大间隙越大。

3. 焊接工具与材料

在电子产品制造过程中广泛应用的焊接技术是锡焊。它是将焊件和熔点比焊件低的焊

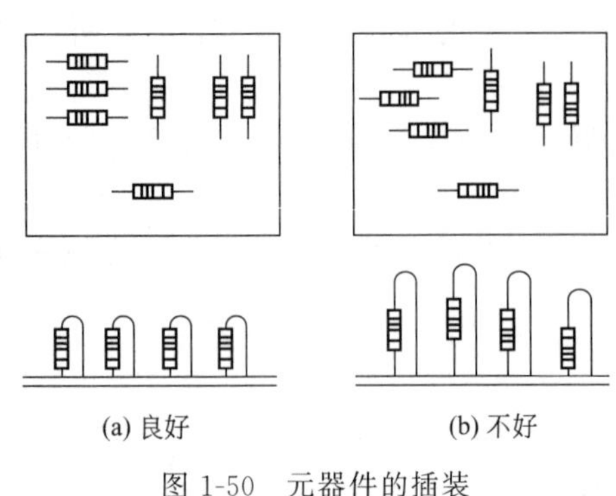

图 1-50 元器件的插装

料，共同加热到锡焊温度，焊料熔化并浸润焊接面，依靠二者原子的扩散形成焊件的连接。在大规模电子产品生产中，常用浸焊、波峰焊、再流焊等自动化焊接工艺。电子技术实训一般采用手工焊接，以下介绍手工焊接工具与材料。

(1) 电烙铁　在电子线路的焊接中，电烙铁是手工施焊的主要工具。电烙铁的选用应根据被焊物体的实际情况而定，一般重点考虑加热形式、功率大小、烙铁头形状等。

电烙铁按加热方式可分为外热式（图 1-51）和内热式（图 1-52）两大类。手工焊接常选用 20～45W 外热式电烙铁。

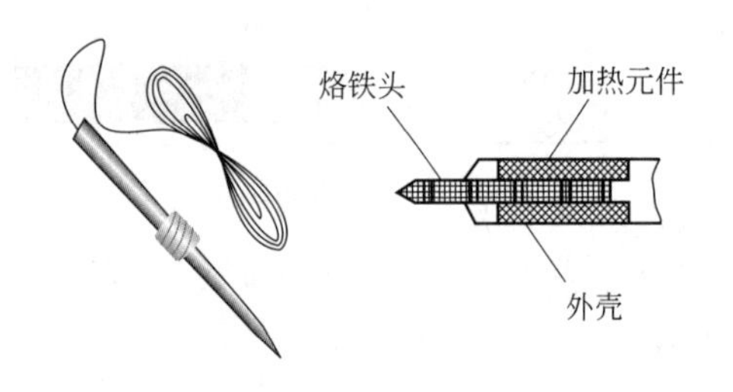

图 1-51 外热式电烙铁的外形与结构

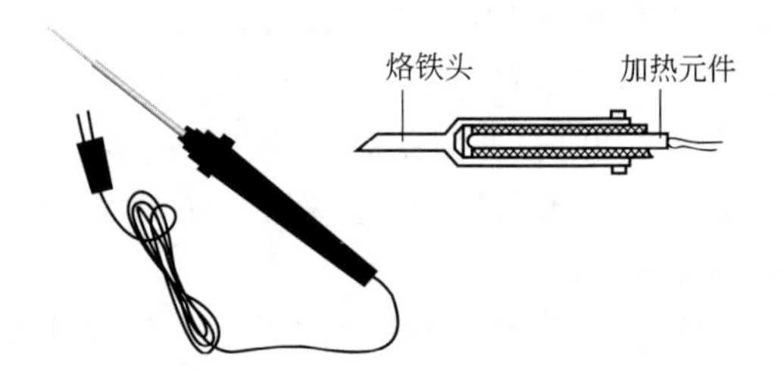

图 1-52 内热式电烙铁的外形与结构

新烙铁在使用之前，先用锉刀将其表面镀层去净并露出铜头，接通电源，待烙铁头部温度达到松香的熔解温度（约 150℃）时，将烙铁头插入松香，使其表面涂敷上一层松香。脱离松香再与锡丝接触，使烙铁头表面涂敷一层光亮的焊锡，长度约 5～10mm。

(2) 焊料和助焊剂　焊料是易熔金属，熔点应低于被焊金属。焊料按成分可分为锡铅焊料、银焊料、铜焊料等。在一般电子产品装配中，主要采用锡铅焊料，俗称焊锡。其熔点比较低，由锡 63%、铅 37%组成，熔点为 183℃。

图 1-53 焊料和助焊剂

焊料熔化时，通过“润湿”、“扩散”、“冶金结合”三个过程，在被焊金属表面形成合金与被焊金属连接在一起。

助焊剂是一种促进焊接的化学物质，它可破坏氧化膜、净化焊接面，使焊点光滑、明亮。一般使用中性助焊剂，如松香等。

在手工电烙铁焊接中，采用管状松香芯焊锡丝。它是将焊锡制成管状，在其内部充加助焊剂而制成，如图 1-53。管状松香芯焊锡丝的外径有 0.6mm、0.8mm、1.0mm、1.2mm、1.6mm、2.3mm、3mm、4mm、5mm 等多种规格。选用时应使焊锡丝的直径略小于焊盘的直径。

4. 手工焊接的基本要领

焊接不良或不良的焊接方法会使电路不通或元器件损坏，不仅会给调试带来很大困难，而且会严重影响电子装置工作的可靠性。为此要注意以下几点。

(1) 烙铁：到眼睛的距离应该不少于 20cm，通常以 30cm 为宜。电烙铁有三种握法，如图 1-54 所示。

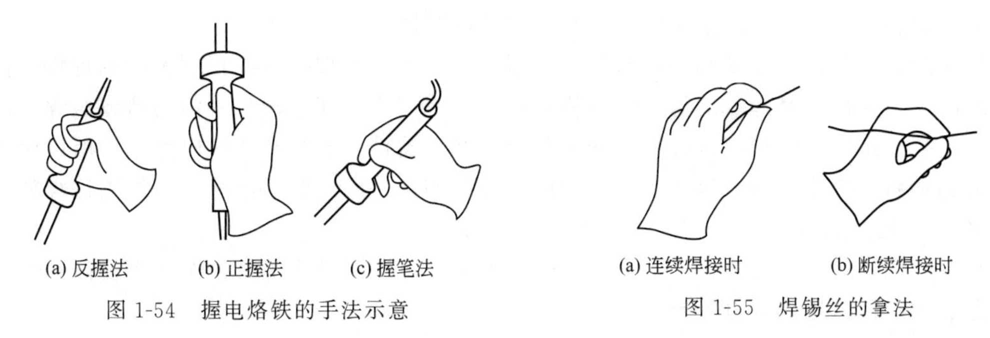

图 1-54　握电烙铁的手法示意　　　　图 1-55　焊锡丝的拿法

反握法的动作稳定，长时间操作不易疲劳，适于大功率烙铁的操作；正握法适于中功率烙铁或带弯头电烙铁的操作；一般在操作台上焊接印制板等焊件时，多采用握笔法。

(2) 焊锡丝一般有两种拿法，如图 1-55 所示。由于焊锡丝中含有一定比例的铅，而铅是对人体有害的一种重金属，因此操作时应该戴手套或在操作后洗手，避免食入铅尘。

(3) 焊接操作的五个步骤：准备施焊、加热焊件、送入焊丝、移开焊丝、移开烙铁。如图 1-56 所示。

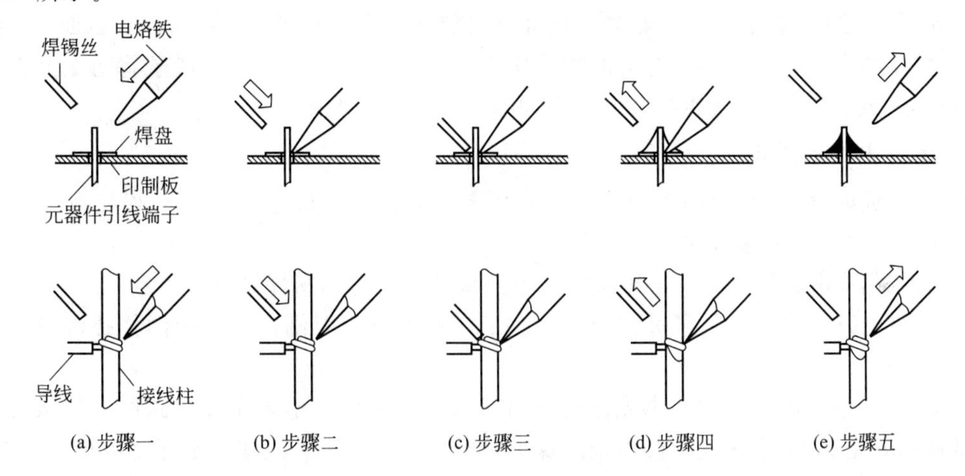

图 1-56　锡焊五步操作法

步骤一，准备施焊如图 (a)：左手拿焊丝，右手握烙铁，进入备焊状态。要求烙铁头保持干净，无焊渣等氧化物，并在表面镀有一层焊锡。

步骤二，加热焊件如图 (b)：烙铁头靠在两焊件的连接处，加热整个焊件全体，时间大约为 1～2s。对于在印制板上焊接元器件来说，要注意使烙铁头同时接触两个被焊接物。例如，图 (b) 中的导线与接线柱、元器件引线与焊盘要同时均匀受热。

步骤三，送入焊丝如图 (c)：焊件的焊接面被加热到一定温度时，焊锡丝从烙铁对面接触焊件。注意：不要把焊锡丝送到烙铁头上！

步骤四，移开焊丝如图 (d)：当焊丝熔化一定量后，立即向左上 45°方向移开焊丝。

步骤五，移开烙铁如图 (e)：焊锡浸润焊盘和焊件的施焊部位以后，向右上 45°方向移开烙铁，结束焊接。从第三步开始到第五步结束，时间大约也是 1～2s。

对于热容量小的焊件，例如印制板上较细导线的连接，可以简化为三步操作。

第一步，准备，同上面步骤一；

第二步，加热与送丝：烙铁头放在焊件上后即放入焊丝。

第三步，去丝移烙铁：焊锡在焊接面上浸润扩散达到预期范围后，立即拿开焊丝并移开烙铁，并注意移去焊丝的时间不得滞后于移开烙铁的时间。

在焊接时，要掌握好温度和焊接时间，焊锡量要适中。在焊接时应根据不同的焊件，控制焊接的时间，从而控制焊点的温度。烙铁温度过低或焊接时间过短，不但易造成假焊，而且焊点不光亮。烙铁温度过高或焊接时间太长会烫坏元器件、导线和印刷电路板。所以应根据被焊件的形状、性质、特点等来确定合适的焊接时间，一般经验是电烙铁头温度比焊料熔化温度高50℃较为适宜。

电烙铁使用以后，一定要稳妥地插放在烙铁架上，并注意导线等其他杂物不要碰到烙铁头，以免烫伤导线，造成漏电等事故。

5. 印制电路板的焊接

① 焊接前，首先要将需要焊接的元器件作好焊接前的准备工作，如整形、镀锡等。然后按照焊接工序进行焊接。

② 一般的焊接工序是先焊接高度较低的元器件，然后焊接高度较高的和要求较高的元器件等。顺序是：电阻→电容→二极管→三极管→其他元器件等。

③ 晶体管焊接一般是在其他元件焊接好后进行。每个管子的焊接时间不要超过5～10s，并使用钳子或镊子夹持管线端子散热，防止烫坏管子。

④ 焊接结束后，需要检查有无漏焊、虚焊等现象。检查时，可用镊子将每个元器件的引线端子轻轻提一提，看是否摇动，若发现摇动，应重新焊接。

6. 集成电路的焊接

① 当集成电路不使用插座，而是直接焊接到印制电路板上时，安全焊接顺序应是地端→输出端→电源端→输入端。

② 焊接集成电路插座时，必须按集成电路块的引线排列图焊好每一个点。

③ 集成电路引线如果是经过镀金银处理的，切不可用刀刮，只需用酒精擦洗或绘图橡皮擦干净即可。

④ CMOS集成电路，如果事先已将各引线短路，焊接前不要拿掉短路线。焊接时使用的电烙铁最好是20W内热式，接地线应保证接触良好。若用外热式，最好是电烙铁断电后，用余热焊接，必要时还要采取人体接地等措施。焊接时间尽可能短，每个焊点焊接不超过3s。

⑤ 双极型集成电路由于内部集成度高，通常管子隔离层都很薄，承受温度不高于200℃，连续焊接时间不要超过10s。

⑥ 工作台上如果铺有橡皮、塑料等易于积累静电的材料，集成电路块和印制电路板等不宜放在台面上。

7. 导线连接方式

导线同接线端子、导线同导线之间的连接有以下三种基本形式。

（1）绕焊　导线和接线端子的绕焊，是把经过镀锡的导线端头在接线端子上绕一圈，然后用钳子拉紧缠牢后进行焊接，如图1-57所示。在缠绕时，导线一定要紧贴端子表面，绝缘层不要接触端子。一般取$L=1\sim3$mm为宜。

导线与导线的连接以绕焊为主，如图1-58所示。操作步骤如下：

① 去掉导线端部一定长度的绝缘皮；

② 导线端头镀锡，并穿上合适的热缩套管；

③ 两条导线绞合，焊接；

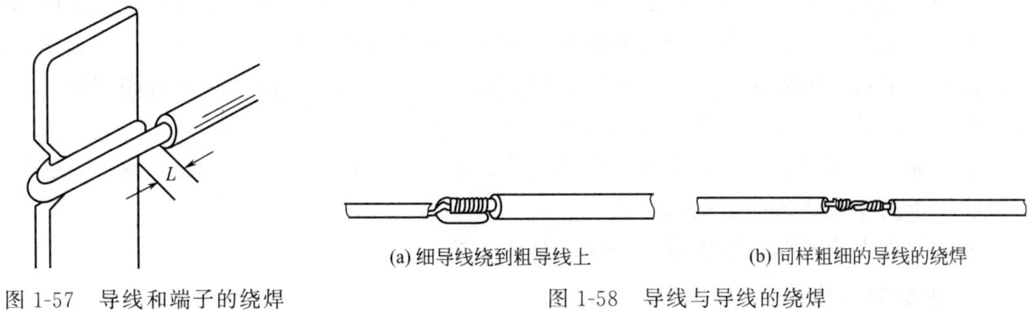

图 1-57　导线和端子的绕焊

(a) 细导线绕到粗导线上　　(b) 同样粗细的导线的绕焊

图 1-58　导线与导线的绕焊

④ 趁热把套管推倒接头焊点上，用热风或用电烙铁烘烤热缩套管，套管冷却后应该固定并紧裹在接头上。

这种连接的可靠性最好，在要求可靠性高的地方常常采用。

(2) 钩焊　将导线弯成钩形钩在接线端子上，用钳子夹紧后再焊接，如图 1-59。其端头的处理方法与绕焊相同。这种方法的强度低于绕焊，但操作简便。

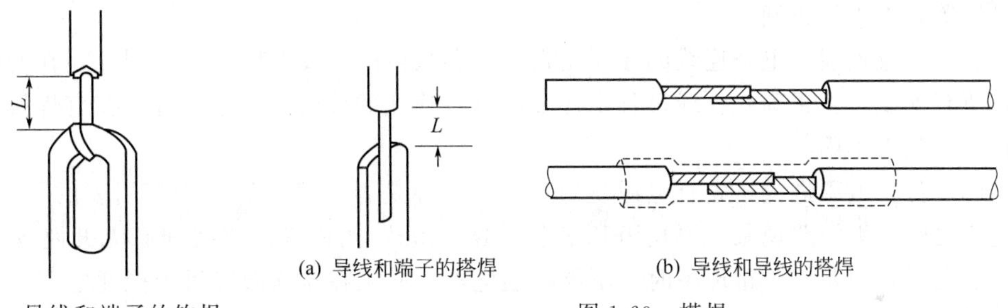

图 1-59　导线和端子的钩焊

(a) 导线和端子的搭焊　　(b) 导线和导线的搭焊

图 1-60　搭焊

(3) 搭焊　如图 1-60 所示为搭焊，这种连接最方便，但强度及可靠性最差。图 (a) 是把经过镀锡的导线搭到接线端子上进行焊接，仅用在临时连接或不便于缠、钩的地方以及某些接插件上。对调试或维修中导线的临时连接，也可以采用如图 (b) 所示的搭接办法。这种搭焊连接不能用在正规产品中。

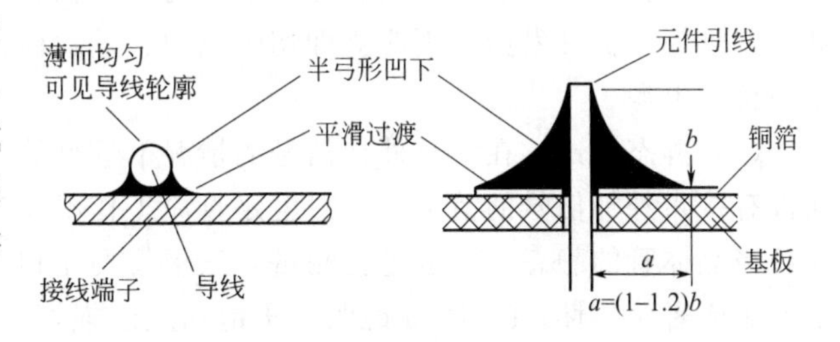

图 1-61　典型焊点的外观

8. 焊点的要求

良好的焊点要求焊料用量恰到好处，表面圆润，有金属光泽。典型焊点的外观如图 1-61。焊锡太少，焊点不牢。但用量过多，将在焊点上形成焊锡的过多堆积，这不仅有损美观，也容易形成假焊或造成电路短路。因此，在焊接时烙铁头上的沾锡多少是要根据焊点大小来决定，一般以能包住被焊物体并形成一个圆滑的焊点为宜。

三、 调试技术

电子电路的调试包括电子电路的调整和测试两个方面。测试是对已经安装完成的电路进行参数及工作状态的测量。调整是在测量的基础上对电路元器件的参数进行必要的修正，使电路的各项性能指标达到设计要求。电子电路的调试通常用两种方法。

第一为分块调试法，采用边安装边调试的方法。把一个复杂的电路按原理图上的功能分成若干个单元电路、分别进行安装和调试。在完成各单元电路调试的基础上，扩大安装和调试的范围，最后完成整机的调试。采用这种方法既便于调试，又能及时发现和解决存在的问题。对于新设计的电路，这是一种常用的方法。

第二为统一调试法，这是在整个电路安装完成之后，进行一次性的统一调试。这种方法一般适用于简单电路或已定型的产品。

上述两种方法的调试步骤基本一样，具体介绍如下。

1. 通电前的检查

电路安装好后，必须在没有接通电源的情况下，对电路进行认真细致的检查，以便发现并纠正电路在安装过程中的疏漏和错误，避免在电路通电后发生不必要的故障，甚至损坏元器件，主要内容有以下几方面。

（1）检查元器件　检查电路中各个元器件的参数是否符合设计要求。可对照原理图或装配图进行检查。在检查时还要注意各元器件引线端子之间有无短路，连接处的接触是否良好。特别要注意集成芯片的方向和引线端子、二极管引线端子、二极管的方向和电解电容器的极性等是否连接正确。

（2）检查连线　电路连线的错误是造成电路故障的主要原因之一。因此，在通电前必须检查所有连线是否正确，查线过程中还要注意各连线的接触点是否良好。在有焊接的地方应检查焊点是否牢固。

（3）检查电源进线　先查电源线的正、负极性是否正确。然后用万用表的“×1”挡测量进线之间有无短路现象，再用万用表的“Ω×10k”挡检查两进线间有无开路现象。如电源进线之间有短路或开路现象时，不能接通电源，必须在排除故障后才能通电。

2. 通电检查

在上述检查无误后，根据设计要求，将电源接入电路。首先观察电路中有无异常现象。如有冒烟、元器件发烫、则应立即切断电源，重新检查电路并找出原因，待故障排除后方可重新接通电源。

（1）静态调试　在没有外加信号的情况下进行的调试称为静态调试。即在电路接通电源而没有接入外加信号的情况下，对电路直流工作状态进行的测量和调试。如在模拟电路中，对各级晶体管的静态工作点进行测量，三极管 U_{BE} 和 U_{CE} 值是否正常，如果 $U_{BE}=0$ 说明管子截止或者已损坏；$U_{CE}\approx 0$ 说明管子饱和或已损坏。对于集成运算放大器则应测量各有关引线端子的直流电位是否符合设计要求。一般情况下，三极管组成的基本放大电路，其集电极静态电压应在电源电路的一半左右；集成运算放大电路，采用正、负对称的双电源供电时，输出端的电压为零，单电源供电时，输出电压是电源电压的一半。

对于数字电路，就是在输入端加固定电平时，测量电路中各点电位值与设计值相比较有无超出允许范围，各部分的逻辑关系是否正确。

通过静态调试可以判断电路的工作是否正常。如果工作状态不符合要求，则应及时调整电路参数，直至各测量值符合要求为止。如果发现有元器件损坏，应及时更换，并分析原因进行处理。

（2）动态调试　电路经过静态调试并已达到设计要求后，便可以在输入端接入信号进行动态调试。对于模拟电路一般应按照信号的流向，从输入级开始逐级向后进行调试。当输入端加入适当频率和幅度的信号后，各级的输出端都应该有相应的信号输出。这时应测出各有关测试点输出（或输入）信号的波形形状、幅度、频率与相位关系，并根据测量结果估算电路的性能指标，凡达不到设计要求的，应对电路有关参数进行调整，使之达到要求。若调试过程中发现电路工作不正常时，应立即切断电源和输入信号，找出原因并排除故障再进行动态调试。经过初步动态调试后，如果电路性能已基本达到设计指标要求，便可以进行电路性能指标的全面测量。

对于数字电路的动态调试，一般应先调整好振荡电路，以便为整个数字系统提供标准的时钟信号。然后再分别调试控制电路、信号处理电路、输入输出电路及各种执行机构。在调试过程中要注意各部分电路的逻辑关系与时序关系，应该对照设计时的时序图，检查各个测试点的波形是否正常。

必须指出，掌握正确的调试方法，不仅可以提高电路的调试效果，缩短调试的过程，而且还可以保证电路的各项性能指标达到设计要求。

3. 调试时注意事项

① 在进行电路调试前，应在设计的电路原理图上或装配图上标明主要测试点的电位值及相应的波形图，以便在调试时做到心中有数，有的放矢。

② 调试前先要熟悉有关测试仪器的使用方法和注意事项，检查仪器的性能是否良好。有的仪器在使用之前需要进行必要的校正，避免在测量过程中由于仪器使用不当，或仪器的性能达不到要求而造成测量结果的误差，甚至得出错误的结果。

③ 测量仪器的地线（公共端）应和被测电路的地线连接在一起，使之形成一个公共的电位参考点，这样测量的结果才是正确的。测量交流信号测试线应该使用屏蔽线，并将屏蔽线的屏蔽层接到被测电路的地线上，这样可以避免干扰，以保证测量的准确。在信号频率比较高时，还应该采用带探头的测试线，以减小分布电容的影响。

④ 在调试电路过程中要有严谨的科学作风和实事求是的态度，不能凭主观感觉和印象，而应始终借助仪器进行仔细的测量和观察，做到边测量、边记录、边分析、边解决问题。

四、 电子电路的故障分析与处理

电子电路调试过程中常常会遇到各种各样的故障，学会分析和处理这些故障，可以提高分析问题和解决问题的能力。

1. 故障产生的原因

电路安装时，实际安装接线的电路与设计的原理电路不符，是故障产生常见的原因，例如电路接线时的错误，元器件使用错误或引线端子接错等。此外还有以下原因。

① 元器件、实验电路板或面包板损坏。电子电路通常由很多元器件（包括集成芯片）安装在实验电路板或印刷板上，这些元器件只要有一个损坏或印刷电路板中的连线有一处断裂，都将造成电路故障而无法正常工作，对于面包板，如内部存在短路、开路等现象，也将造成电路故障。

② 安装和布线不当。如安装时出现断线或线路走向不合理，集成电路方向插反或闲置端未作正确处理等，都将造成电路的故障。

③ 工作环境不当。电子电路在高温或严寒环境下工作，特别是在强干扰源环境中工作，将会受到不可忽视的影响，严重时电路将无法正常工作。

④ 测试操作错误。如测试仪器的连接方式不当，测试点位置接错，测试线断线或接触不良等。此外，测试仪器本身故障或使用方法不当等都会造成电路测试过程中的故障。

2. 故障的诊断方法

电子电路调试过程中出现的各种故障是难免的，下面介绍几种常用的诊断电子电路故障的方法。

(1) 直观检查法 直观检查法是在电路不通电的情况下，通过目测，对照电路原理图和装配图，检查每个器件和集成电路的型号是否正确，极性有无接反，管子引线端子有无损坏，连线有无接错（包括漏、错线、短路和接触不良等）。

(2) 信号寻迹法 按照信号的流向逐级寻找故障。一般在电路的输入增加适当信号，然后用示波器或电压表逐级检查信号在电路内部的传输情况，从而观察判断其功能是否正常。如有问题应及时处理。

信号寻迹法也可以从输出级向输入级倒退进行，即先从最后一级的输入端加合适信号，观察输出端是否正常。若正常，再将信号加到前一级的输入端，继续进行检查，直至各电路都正常为止。

(3) 分割测试法 对于一些有反馈回路的故障判断是比较困难的，如振荡器、带有各种类型反馈的放大器，因为它们各级的工作情况互相有牵连，查找故障时需把反馈环路断开，接入一个合适的信号，使电路成为开环系统，然后再逐级查找发生故障的部分。

(4) 对半分割法 当电路由若干串联模块组成时，可将其分割成两个相等的部分（对半分割），通过测试的方法先判断这两部分中究竟哪一部分有故障，然后把有故障的部分再分成两半来进行检查，直到找出故障的位置。显然，采用半分割法可以减少测试的工作量。

(5) 替代法 用经过测试且工作正常的单元电路，代替相同的但存在故障或有疑问的相应电路，以便快速判断故障的部位。有些元器件的故障往往不很明显，如电容器的漏电，电阻的变质，晶体管和集成电路的性能下降等，可以用相同规格的优质元器件逐一替代，从而确定有故障的元器件。

应当指出，为了迅速查找电路的故障，可以根据具体情况灵活运用上述一种或几种方法，切不可盲目检测，否则不但不能找出故障，反而可能引出新的故障。

第五节 电子技术实训的组织与要求

电子技术实训的内容广泛，每个实训项目的目的、步骤也有所不同，但基本过程是类似的，为了达到每个实训的预期效果，要求实训者做到以下几方面的要求。

一、 实训前的预习

为了避免实训的盲目性，使实训过程有条不紊进行，每个实训前都要做好以下几方面实验准备：

① 认真阅读实训指导书，明确实训目的、任务，了解实训内容及测试方法。

② 根据实训内容，拟出实训步骤、设计实训数据表格。掌握实训电路的工作原理，并对实训结果进行必要的估算。

③ 复习实训中所用各仪器的使用方法及注意事项。

二、 实训项目的组织实施

① 按照实训项目内容和要求，准备仪器、仪表、元器件及工具。

② 使用仪器和设备前，必须了解其性能、操作方法及注意事项，使用时应严格遵守。

③ 按实训方案连接实验电路，仔细检查，确定无误后才能接通电源，初次操作或没有把握时应经指导教师审查同意后再接通电源。

模拟电路实训注意事项如下。

• 在进行小信号放大实训时，由于所用信号发生器及连接电缆的缘故，往往在进入放大器前就出现噪声或干扰，有些信号源输出电压调不到毫伏以下，实训时可采用在放大器输入端加衰减器的方法。一般可用实验箱中的电阻组成衰减器，这样使连接电缆上的信号电平较高，不易受干扰。

• 做放大器实训时如发现波形削顶失真甚至变成方波，应检查静态工作点设置是否合适，或检查输入信号幅值是否过大。

④ 实训时应注意观察，若发现有破坏性异常现象，例如有元件冒烟、发烫或有异味时，应立即关断电源，保持现场，报告指导教师。找出原因，排除故障，经指导教师同意后再继续实训。

⑤ 实训过程中需改接线路时，应切断电源后才能拆、接线。

⑥ 实训过程中应仔细观察实验现象，认真记录实验结果（数据、波形、现象）。所记录的实训结果需经指导教师审阅签字后再拆除实验线路。

⑦ 实训完成后必须切断电源，并将仪器、设备、工具、导线等按规定位置放置。

三、 撰写实训报告

实训报告要能真实反映实验过程和结果，是对实训进行总结、提高的重要环节，应当认真撰写。

实训报告内容：包括实训名称、实训目的、实训仪器（注明仪器名称、型号）、实训电路、实训内容和步骤、实训结果及分析、思考题解答以及实训指导书中规定的其他要求，每份实训报告上还要写上实训日期并附有原始记录数据。实训报告要求书写工整，文字通顺，图表和曲线整洁。

实训报告的重点是实训数据的整理与分析。包括以下几方面。

① 实训原始记录：实训电路（包括元器件参数）、实训数据与波形以及实训过程中出现的故障记录及解决的方法等。

② 实训结果分析：对原始记录进行必要的分析、整理。包括实训数据与估算结果的比较，产生误差的原因及减小误差的方法，实训故障原因的分析等。可以设计表格填入、也可以使用坐标纸画出曲线。

③ 总结本次实训的体会和收获，例如对原设计电路进行修改的原因分析，总结测试方法、测试仪器的使用方法、故障排除的方法以及实训中所获得的经验和教训等。

第二章　模拟电路基础实训

实训一　常用电子仪器的使用

一、实训目的

① 了解常用电子仪器的功能和主要技术指标。

② 熟练掌握常用电子仪器的使用方法。

二、实训仪器与设备

① 示波器　　　　　一台

② 函数信号发生器　一台

③ 毫伏表　　　　　一台

④ 直流稳压电源　　一台

三、实训原理

① 示波器用于显示信号波形，以及幅度、周期等相关参数测量。

② 函数信号发生器用于产生一定频率和幅度的函数信号，包括正弦波、三角波、方波等多种波形。

③ 毫伏表用来测量正弦交流电压的有效值。

四、实训内容与步骤

1. 用毫伏表测试函数信号发生器在不同输出衰减挡时的输出电压

① 按图 2-1 将函数信号发生器的信号输出端与毫伏表输入端（通道 1 或通道 2）相连接，连接时注意区别信号输出端和接地端。

② 调节函数信号发生器，使其输出频率为 $f=1.000\text{kHz}$，$U_{\text{P-P}}=10\text{V}$ 的正弦交流信号。注意：输出端有信号输出时，切不可将函数信号发生器输出端短路，也不允许将外部交流或直流电压加到函数信号发生器的输出端，否则会改变函数信号发生器的工作状态或损坏函数信号发生器。

③ 保持函数信号发生器“幅度”旋钮位置不变，按表 2-1 的要求调节［输出衰减］键，用毫伏表分别测试各衰减挡时的电压，填入表 2-1 中。

表 2-1　信号发生器不同输出衰减挡时的输出电压

输出衰减/dB	0	20	40	60
输出电压				

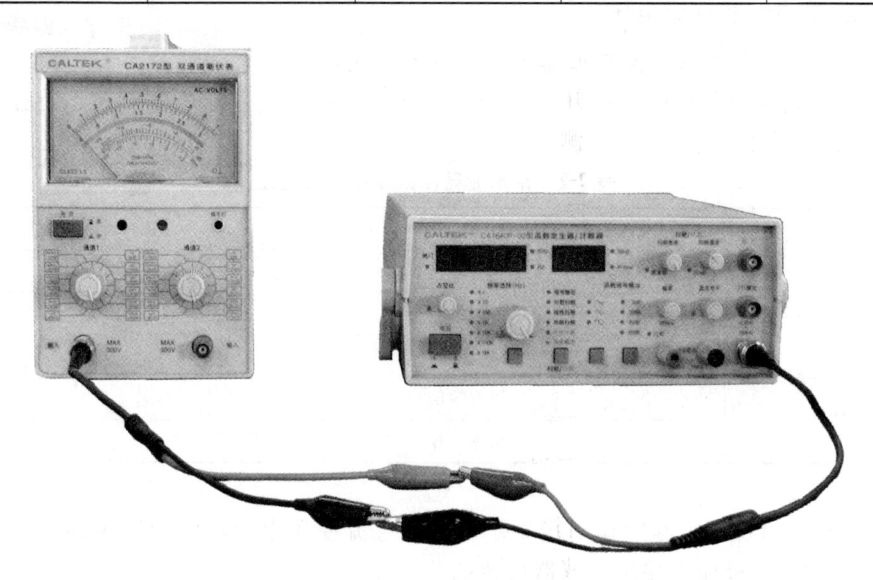

图 2-1　函数信号发生器与毫伏表的连接

2. 用示波器测试正弦交流电压

① 将函数信号发生器的输出接入示波器、毫伏表。按图 2-2 连接，连接时注意区别信号输出端和接地端。

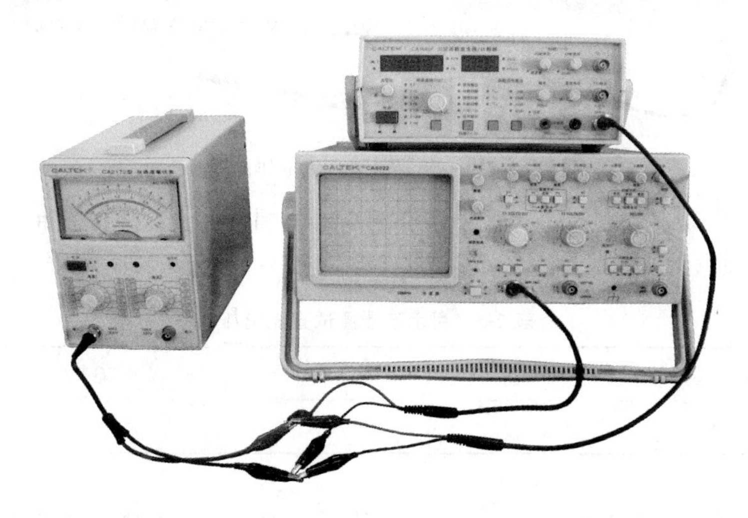

图 2-2　用示波器测试正弦交流电压的连接

② 按表 2-2 的要求，由函数信号发生器输出不同频率、不同电压值（用毫伏表测量）的正弦交流信号，输出频率由函数信号发生器显示窗口读取，输出电压由毫伏表检测，用示波器显示正弦电压的波形并测量正弦波的参数，将各旋钮的位置记入表 2-2 中，并将显示值换算后的频率和电压值填入表中，（注意示波器探头的衰减倍数）。

正弦波有效值$U=\frac{U_{P-P}}{2\sqrt{2}}$，频率$f=\frac{1}{T}$。

3. 用示波器测试直流电压

① 将示波器的扫描线调至中心基准线（调零点线）

② 打开双路直流稳压电源的开关，选择独立方式，调整左“电压调节”旋钮，使左路输出为1.5V，可用万用表加以检测。

表 2-2 用示波器测试正弦交流电压

正弦交流信号参数	频率/Hz	250	1k	100k
	电压有效值U	1.4	0.5	5
显示值	峰-峰值U_{P-P}			
	周期T			
测算值	电压有效值U			
	频率/Hz			

③ 按图2-3将直流稳压电源的输出接至示波器，直流稳压电源的“+”极输出端接示波器信号输入端；“−”极输出端接示波器接地端。

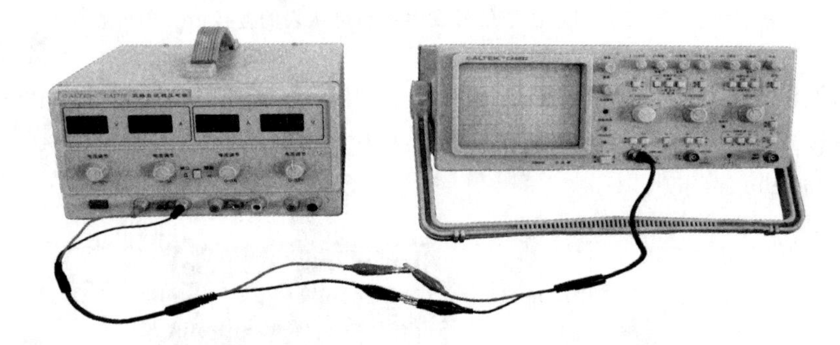

图 2-3 用示波器测试直流电压的连接

④ 将示波器［耦合方式 DC—AC］键弹起为直流耦合方式，测量此电压，并将结果记入表2-3中。（注意示波器探头的衰减倍数）

表 2-3 用示波器测试直流电压

稳压电源输出显示数据	耦合方式	垂直挡位	刻度数(格数)	示波器测算值

操作要求：在输出端开路的情况下，先调准所需的输出电压值，关闭电源后再接入电路。改变电路连接时，应先关闭电源。原则是“先调准，后接入”。

五、 实训注意事项

① 使用仪器前，先阅读仪器的使用说明，严格遵守操作规程。

② 操作旋钮、按键要有计划和目的。用力要适当，不可强行操作。

③ 确保各仪器共地连接正确牢靠，以免意外损坏。

六、 实训预习要求

① 结合实验室现有的电子仪器型号，了解各仪器的原理和主要技术指标。
② 函数信号发生器的输出信号频率怎样调节？输出电压幅值怎样调节和测试？
③ 如何用示波器显示和测量被测电压的幅值和周期？

实训二 常用电子器件识别与检测

一、 实训目的

① 认识与熟悉各种电子元件的外观与型号。
② 掌握用万用表检测各种元件的方法。

二、 实训仪器与设备

① 多功能模拟电子实验系统	一台
② 万用表	一块
③ 稳压电源	一台
④ 各类电阻、电容、二极管、三极管	若干

三、 实训原理

1. 电阻的识别与检测

常用电阻分为金属膜和碳膜两类，金属膜电阻优点是温度范围宽、精度较高、噪声小，但脉冲负载能力差；碳膜电阻优点是阻值范围宽、温度系数小而且是负值，脉冲负载稳定、价格低廉。

电阻参数的标注方法除直接标注外还普遍使用色环标注法，色环表示阻值及精度。其阻值也可用万用表的电阻挡测出。

2. 电容的种类

电容规格型号繁多，容值大于1μF的一般都用铝电解电容，电解电容体积小、容量大，两极分正、负，外观呈小圆筒状。对未使用的新电容而言，伸出的两极中长的一个为正极；壳上标有负极符号、容值及额定电压等。

其他常用电容有瓷片、独石、涤纶、钽电容等。电容的额定电压一般都和体积成正比，容值常用三位数表示，单位是pF。前两位是数值，第三位代表10的几次方，如“104”表示10×10^4pF＝0.1μF，105表示10×10^5pF＝1μF，101表示10×10^1pF＝100pF，224表示0.22μF等，体积稍大的电容一般在其表面直接标上容值及额定电压。

3. 电位器

电位器外形主要有：直滑式和旋转式两类。常用类型有碳膜、实芯、多圈线绕电位器等。一般的旋转电位器旋转角度约270°。多圈线绕电位器可旋转十多圈，其特点是功率较大（5W左右）、可调精度高，广泛用于电源电路及其他细调电路中，价格较高。碳膜电位器价格便宜，应用广泛，但额定功率小。

4. 二极管

常用的二极管有开关二极管2CK、检波二极管2AP、整流二极管1N4001（额定电压50V，额定电流为1A）等。

稳压二极管常用的有2CW51（3.5V）、2CW52（4V）、2CW53（5.3V）、2CW54（6.5V）等。

用万用表电阻挡可以检测二极管好坏并鉴别正负极，检测时用×100挡或×1k挡。具体测量方法如图2-4所示。电阻值较小时，黑表笔端接的是二极管的正极，红表笔端接的是二极管的负极。

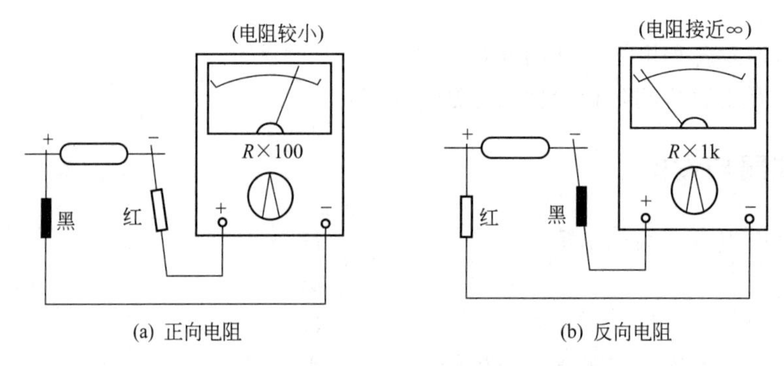

(a) 正向电阻　　(b) 反向电阻

图2-4　二极管质量检测及极性判别方法

测量稳压二极管的稳定电压U_z时，需要一台稳压电源和一个500Ω左右的电阻R，将电阻R与稳压二极管VD串联后接入电源。如图2-5所示。可用万用表直流电压挡测稳压二极管两端电压U_z。电阻R为500Ω时，直流电压U的幅度一般应比U_z高5V左右。这样可以有10mA左右的测试电流，可使测量的U_z约为稳压中值（当U_z的幅度在9V以下时应按此值设定U的幅度）。

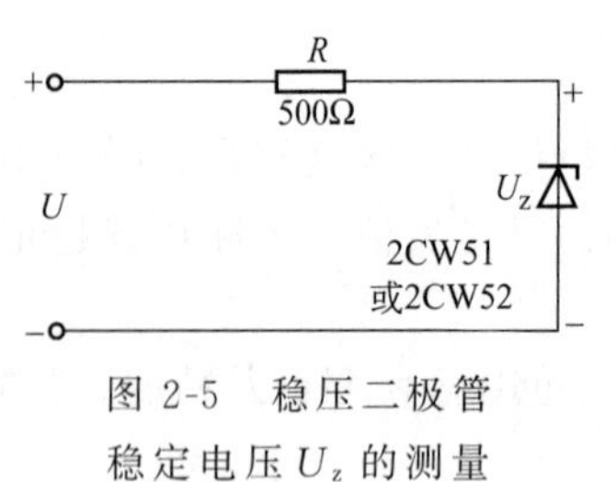

图2-5　稳压二极管稳定电压U_z的测量

5. 三极管的检测与端子的判别

常用型号有3DG6、3DG130、9012（PNP）、9013（NPN）等。用万用表的电阻挡可判断三极管的好坏与三个极的名称。用万用表的h_{FE}挡可测量三极管的β值。

三极管的端子判别有两种方法：直观法和万用表法。直观法如图2-6所示，万用表法如图2-7所示，具体参见第一章第三节常用电子元件与检测。

① 判断三极管的好坏与基极。首先假设一个端子是基极，先用一个表笔接在假设的基极上，用另一支表笔分别碰另外两个极，看看指针偏转幅度如何；再把表笔反过来测一遍，若其中的一次对两极都导通（阻值较小），另一次对两极全截止（阻值很大），则表明假设的基极正确；同时全导通的那一次，若是黑表笔接在基极，表示该管为NPN管；反之为PNP管。

若两次测量不是上述情况，说明假设的基极不对，再设另一极为基极，进行同样测试，直至找出基极，若每次都测不出基极，说明管子已坏。

② 判断集电极 c 和发射极 e。基极开路时，用万用表电阻挡测集电极与发射极间的电阻时，无论正反向，阻值都很大，说明三极管是好的。为了找出集电极 c，可先假设某个极为 c，用一个 10kΩ 左右的电阻接在 c-b 间（即 R_b 电阻），再用万用表电阻挡的×1k 挡去测 c-e 间电阻（NPN 管时黑表笔接在 c；PNP 管时红表笔接在 c），若测得的阻值明显比不接电阻时小，说明假设正确；否则用另一极当做 c 再测一次。

在没有外接电阻可用时，可用手指捏紧 c-b 两极代替 R_b 电阻，但注意避免把 c-b 两极碰到一起。

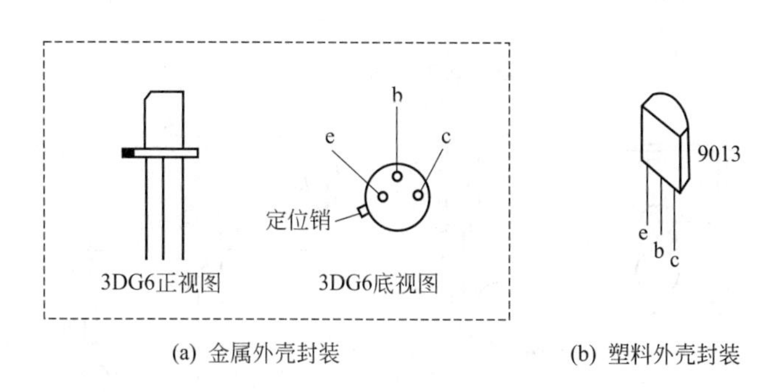

(a) 金属外壳封装　　(b) 塑料外壳封装

小功率三极管电极的识别

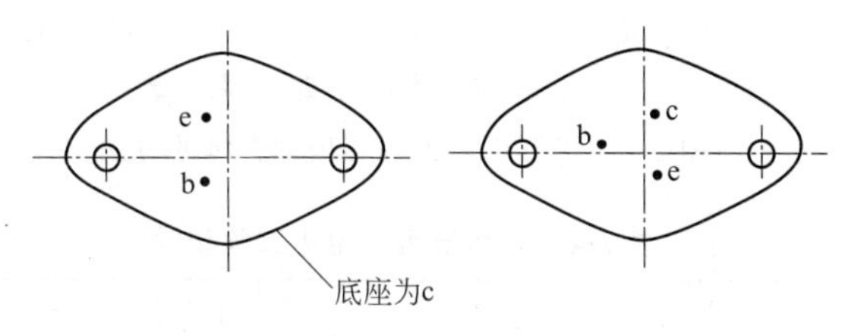

(c) F型大功率三极管　　(d) G型大功率三极管

大功率三极管电极的识别

图 2-6　直观法识别三极管电极

③ 用万用表的 h_{FE} 挡测三极管的 β 值　将万用表置于 ADJ 挡，调节欧姆挡调节电位器使指针指在 300 处，然后将测试挡置于 h_{FE} 挡。h_{FE} 挡上有两列小插孔，每列三个孔，其中一列用于 NPN 管，另一列用于 PNP 管，三个孔上都标有 e、b、c 符号，把三极管对应的三个管脚插入三个孔，表针指示的刻度表示出 β 值的大小。

6. 集成器件外形识别与引线端子识别

集成电路的外封装常用双列直插式，外壳为矩形，两边有两排端子，有 8 端、14 端、16 端、20 端等。其中一端有半圆形槽状的标识端（也有 8 端的集成电路只有一个圆点），将标识端向上、集成电路型号标识面面对读者，此时左上角的端子为 1 号，其他端子号按逆时针顺序排列。如图 2-8 所示。

四、 实训内容与步骤

1. 观察常见电阻外观， 并检测其阻值

用色环法识别电阻值，并用万用表测量比较、验证标称值与实测值是否符合，误差多少（注意万用表各电阻挡应调零）。记在表 2-4 中。

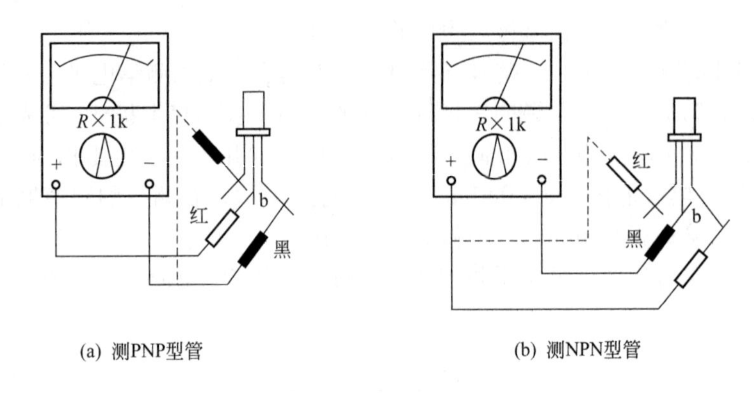

(a) 测PNP型管　　(b) 测NPN型管

判断三极管基极的方法

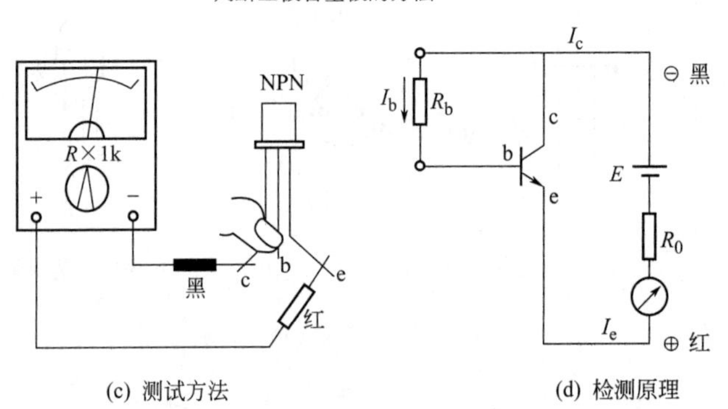

(c) 测试方法　　(d) 检测原理

三极管集电极和发射极的判断方法

图 2-7　用万用表识别三极管管脚的方法

表 2-4　万用表测量电阻实验记录

	标称值	测量值	万用表挡位	误差		标称值	测量值	万用表挡位	误差
电阻 1					电阻 3				
电阻 2					电阻 4				

2. 观察电容的外观与型号，检测好坏

用万用表判断其好坏。小电容接万用表电阻挡时，指针应不动；较大电容接万用表电阻挡时，指针会先偏转一个角度后，再回到初始位；电容越大，则指针返回原位的时间越长（即放电时间越长）。

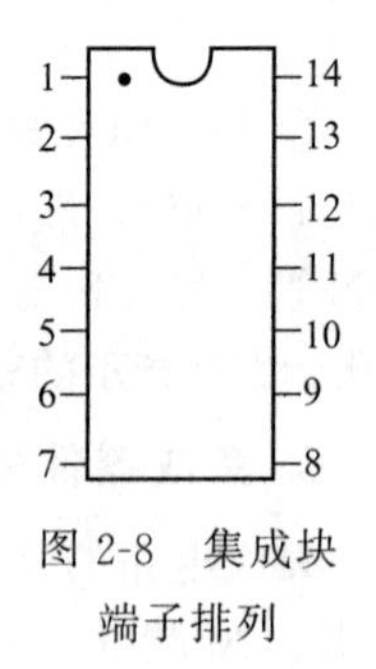

图 2-8　集成块端子排列

3. 电位器的测试

用万用表相应的电阻挡测试模拟实验系统上的电位器，一只表笔放在电位器中间接点，另一只表笔放在其上接点或下接点，旋动旋钮，观察阻值变化是否连续。旋钮可正向或反向旋动，若阻值连续增大或减小，表示电位器良好，若出现跳跃或开路的阻值，说明电位器故障或接触不良。

4. 检测二极管

(1) 把万用表电阻挡位调至×100 或×1k 挡（因 10k 挡的表内电压太高，为 9V，会损坏二极管。×1 和×10 挡输出电流大，也易损坏二极管）。用表笔检测二极管的好坏并找出阳极和阴极。测量结果记录于表 2-5 中。

（2）测稳压二极管的稳定电压 U_z。模拟实验系统上配有 2CW51、2CW52、2CW53、2CW54 等稳压二极管，本次以 2CW51 或 2CW52 为例，先按图 2-1 连线，将稳压电源调至 8V，接入电路。用万用表直流电压挡的 10V 挡测量出 U_z，比较与标称值的差别，测量结果记录于表 2-5 中。

表 2-5　万用表检测二极管实验记录

检测项目 二极管类型		测量极间电阻		画二极管的外形图:标出引脚极性,并判断质量好坏
		正向电阻	反向电阻	
普通二极管				
发光二极管				
稳压二极管				
光电二极管	无光照			
	有光照			

5. 测试三极管

用万用表×1k 挡检测三极管的好坏、型号和三个极的名称，测试时要细心准确，再用 h_{FE}挡测试 β 值。注意端子符号与管子的型号。测量结果记录于表 2-6 中。

表 2-6　万用表检测三极管实验记录

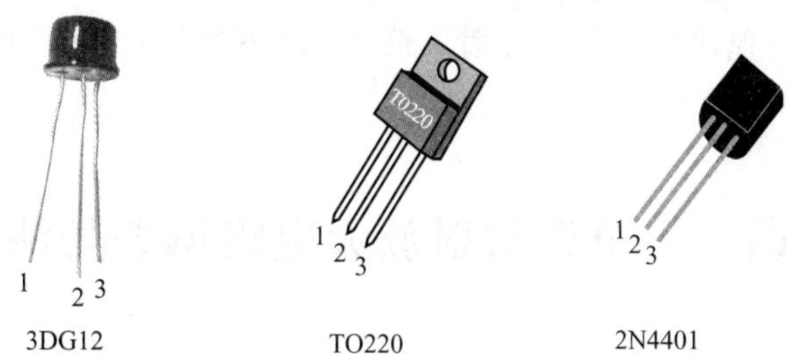

3DG12　　TO220　　2N4401

检测项目 三极管型号	测量极间电阻				引脚判断			管型判断	β 值
	红表笔接 2 脚		黑表笔接 2 脚						
	黑表笔接 1 脚	黑表笔接 3 脚	红表笔接 1 脚	红表笔接 3 脚	e	b	C		

6. 观察 LM324 集成电路的外形，识别端子号

用万用表电阻×1k 挡测各端子间的阻值都应在几千欧以上。

五、实训注意事项

1. 正确使用万用表，避免把红、黑表笔插反，否则会误读结果。

2. 测试时不要用两手同时捏住两只表笔的头部和元件两端，这样人体电阻会影响测量精度。

六、实训预习要求

1. 熟悉万用表的使用方法。

2. 预习本教材第一章第三节的常用电子元件与检测内容。

3. 熟悉二极管和三极管的特点及检测方法。

七、 实训报告要求

1. 写出实训过程和结果，总结经验。
2. 写出实训体会。

八、 实训思考题

1. 某一色环电阻的色环分别为红、黑、棕、银，试问有几种方法可确定此电阻的电阻值，分别是什么方法？

2. 铝电解电容和瓷片小电容分别适用于什么场合？使用时需注意什么？

3. 怎样用万用表检测二极管的好坏及其正负极？

4. 有几种方法判别三极管的端子，分别怎样进行判别？

5. 对三极管的质量、型号进行测试时，应用万用表的什么挡位？测试三极管的 β 值时用万用表的什么挡位？

6. 指针式万用表测试某二极管是好的，用数字万用表按相同接法测试同样二极管时却发现结果相反，问题出在哪里？为什么？

7. 若用两手指同时捏住电子元件两端（元件两端不接触），然后用万用表检测元器件，这种做法对吗？为什么？

实训三　单管共射放大电路调整与测试

一、 实训目的

① 通过实训认识实际电路，加深对放大电路的理解，巩固理论知识，进一步建立信号放大的概念。

② 掌握静态工作点的调整与测试方法。观察静态工作点对放大电路输出波形的影响。

③ 掌握放大电路交流指标的测试方法。

④ 进一步熟悉电子仪器的使用。

二、 实训仪器与设备

① 多功能模拟电子实验系统　　一台
② 稳压电源　　一台
③ 示波器　　一台
④ 函数信号发生器　　一台
⑤ 电子毫伏表　　一台
⑥ 万用表　　一块

三、 实训原理

实训电路图如图 2-9 所示。该图是分压式偏置单管共射放大电路，图中 B_1—B'_1 和 C_1—

C_1'间断开是为了测量电流用的，不测电流时应短接。

1. 静态工作点的测量与调试

测量静态工作点时，应断开交流信号源，并在放大电路的 u_i 输入端短路的状态下测量。用万用表的直流电流挡及直流电压挡分别测量 I_{B1}、I_{C1}、U_{CE1} 及各极对地电位，也可测量 U_{RC1}，计算出 $I_{C1}=\dfrac{U_{RC1}}{R_{C1}}$。

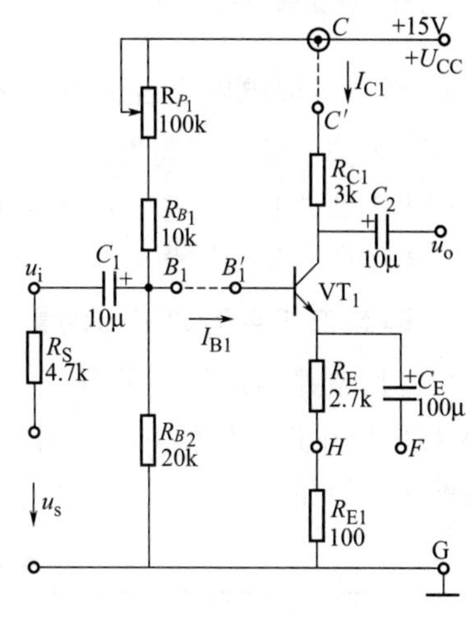

图 2-9　单管共射放大电路

该电路图中，当 U_{CC}、R_{C1}、R_{E1} 等参数确定以后，工作点主要靠调节偏置电路的电阻 R_{P_1} 来实现。

如果静态工作点调得过高或过低，当输入端加入正弦信号 u_i 时，若幅度较大，则输出信号 u_o 将会产生饱和或截止失真。只有当静态工作点调得适中时，才可以使三极管工作在最大动态范围。

2. 放大电路动态参数测试

（1）测电压放大倍数 A_u　将图中 F—G 短接。在放大电路的输入端加交流信号 u_i 时，在输出端输出一个放大了的交流信号 u_o。则电压放大倍数 A_u 的计算公式为

$$A_u=\frac{\dot{U}_o}{\dot{U}_i}=-\beta\frac{R_L'}{r_{be}}$$

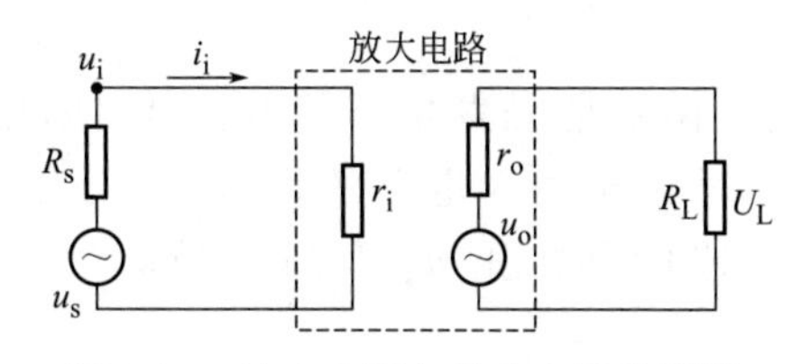

图 2-10　输入电阻与输出电阻的测量

由上面公式可知：测出 u_o 与 u_i 的有效值即可算出 A_u 的值。应当注意，测量 u_o 与 u_i 时，必须保证放大器的输出电压为不失真波形，因此测量过程需用示波器监视输出波形。

（2）输入电阻 r_i 和输出电阻 r_o 的测量　图 2-10 是放大电路输入与输出电路的等效电路图，根据图中的电压、电流关系可以看出，只要测量出相应的电压值，便可求出输入电阻 r_i 和输出电阻 r_o。

① r_i 的测量：由图 2-10 看出 $r_i=\dfrac{u_i}{i_i}=\dfrac{u_i}{\dfrac{u_s-u_i}{R_s}}=\dfrac{u_i}{u_s-u_i}R_s$

式中的 R_s 是已知的，因此，只要用电子毫伏表分别量出 u_i 与 u_s 即可求得 r_i。

② r_o 的测量：图 2-10 中，u_o 是负载开路时的输出电压，u_L 是接入负载 R_L 后的输出电压。

则　$\dfrac{u_o}{r_o+R_L}R_L=u_L$　　　所以　$r_o=\left(\dfrac{u_o}{u_L}-1\right)R_L$

因此只要测量出 u_o、u_L 即可求得 r_o。

四、实训内容与步骤

1. 确认实训电路及各测试点的位置

对照模拟实验系统与图 2-9，若 VT_1 是插接在电路上的，可先拔下用万用表测出其 β 值，记入表 2-7 中。把稳压电源的输出电压调至 15V，将放大电路的 U_{cc} 端和地端分别接 +15V电源的正极和负极。

2. 静态工作点的调试与测量

（1）调整并测试给定的静态工作点　为防止干扰，应先将 u_i 短路。把万用表的直流 5mA 挡串接在集电极的 $C—C'_1$ 中，再将 $B_1—B'_1$ 短接，调节 R_{P1} 使 $I_{C_1}=1mA$，分别测出此时的 I_{B1}、U_{B1}、U_{C1}、U_{E1}、U_{RC1} 值，并将测试结果记入表 2-7 中。

表 2-7　放大电路的静态工作点

测试条件	测试值						计算值		
	I_{B1}	I_{C1}	U_{B1}	U_{E1}	U_{C1}	β	U_{BE1}	U_{CE1}	β
$I_C=1mA$									
最大动态范围									

I_{C1} 也可通过测 R_{C1} 两端的电压再进行换算。

$$I_{C1}=\frac{U_{RC1}}{R_{C1}}$$

（2）调整并测试最大动态范围的静态工作点　调节函数信号发生器使其产生 1kHz 的正弦波信号，幅度调到最低位，将此信号作为 u_s 信号接至放大电路的输入端，经限流电阻送到 VT_1 的基极，电路的净输入信号为 u_i，这样可防止 u_s 太高时损坏三极管 VT_1。

用示波器监视输出电压 u_o 波形。调节函数信号发生器使 u_s 逐渐加大，若 u_o 出现半边失真则可调节 R_{P1}，使失真消失；再继续加大 u_s，经过反复加大 u_s 及调节 R_{P1}，u_o 波形会出现上下峰均稍有相同程度的失真，这叫双向失真。此时，减小输入信号 u_s，双向失真同时消失；增大输入信号 u_s，双向失真同时出现。此时电路所处的工作点为最大动态范围的静态工作点，即工作点 Q 刚好在交流负载线的中间，也称最佳工作点。

波形调好后将输入端的信号 u_s 撤除，保持 R_{P1} 不变，将 u_i 端子对地短路。用万用表直流挡分别测 I_{B1}、I_{C1}、U_{B1}、U_{C1}、U_{E1}、U_{RC}，记入表 2-7 中。

3. 测量放大电路的电压放大倍数 A_u

① 将电路中 $B_1—B'_1$ 连接，$C—C'$ 连接，将 F 点与 G 点连接。

② 将函数信号发生器输出调为正弦波，频率调为 1kHz，幅度调至最小。并将函数信号发生器的输出作为放大器的输入信号 u_s 加至放大电路输入端，用示波器监视 u_o 波形不失真，调节信号发生器的幅度旋钮，适当增加 u_s 幅度，若输出波形失真可适当减小 u_s 幅值。

③ 按表 2-8 所列测试条件用电子毫伏表测试相应的 u_i 和 u_o 的有效值 U_i 和 U_o，并用示波器观察 u_o 波形与 R_L 的关系，将以上结果填入表 2-8 中。

表 2-8　放大电路的放大倍数（$f=1$kHz）

测试条件	测试值			计算值
	U_i/mV	U_o/mV	u_o 波形	$A_u=U_o/U_i$
$R_L=\infty$			U_o 0	
$R_L=5.1\text{k}\Omega$			U_o 0	
$R_L=1\text{k}\Omega$			U_o 0	

4. 测量输入和输出电阻

① 输入交流 1kHz 的正弦信号，并使输出波形不失真，用电子毫伏表分别测出 U_s 和 U_i 记入表 2-9 中。

② 先测输出端开路时的输出电压 U_o 值，再接入 $R_L=3\text{k}\Omega$ 的负载电阻，测出带载输出电压 U_L，记入表2-9 中。

③ 根据测量值分别计算出 r_i 和 r_o 写入表 2-9 中。

表 2-9　输入与输出电阻的测量

U_s	U_i	r_i/kΩ		U_o	U_L	r_o/kΩ	
		测量值	理论值			测量值	理论值
		$r_i=\dfrac{U_i}{U_s-U_i}R_s=$	$r_i\approx r_{be}=$			$r_o=\left(\dfrac{U_o}{U_L}-1\right)R_L=$	$r_o\approx R_{C1}=$

5. 观察静态工作点对放大电路的输出电压波形的影响。

① 断开 R_L，输入 1kHz 的交流信号，调节 R_{P1}，直到观察到 u_o 负半周波形有被削顶的失真，将波形画入表 2-10 中。撤掉信号 u_s，测量此时的 U_{CE1}，并将结果记入表 2-10 中。

② 仍加入 1kHz 交流信号，R_L 仍断开，反向调节 R_{P1}，直到观察到 u_o 正半周波形有被削顶的失真，将波形画入表 2-10 中。撤掉输入信号 u_s，测量此时的 U_{CE1} 并记入表 2-10 中。

③ 加入 u_s 观察到不失真的输出电压波形。再加大 u_s 的幅值并调整 R_{P1}，直到波形正负半周都有削顶，观察波形失真情况并记入表 2-10 中，这种失真称为大信号失真或双向失真，撤掉 u_s，测出此时的 U_{CE1}，记入表 2-10 中。

表 2-10　静态工作点对输出电压波形的影响

测试条件　$R_L=\infty$			波形失真类型
输出电压波形		U_{CE1}	
负半周削顶	U_o 0		

续表

测试条件 $R_L=\infty$			波形失真类型
输出电压波形		U_{CE1}	
正半周削顶	U_o 0		
正负半周均削顶	U_o 0		

④ 双向失真时，将电路中的 F 点与 G 点连线断开，把 F 点与 H 点短接，再观察波形有何变化（应当使 u_o 幅度下降并减轻失真）。

五、实训注意事项

① 要爱护实训设备，不得损坏各种零配件。不要用力拉扯连接线，不要随意插拔元件。

② 实训前应先将稳压电源空载调至所需电压值后，关掉电源再接至电路，实验时再打开电源；改变电路结构前也应将电源断开。应保证电源和信号源不能出现短路。

③ 实验过程中保持实验电路与各仪器仪表“共地”。

六、实训预习要求

① 复习理论课教材中晶体管放大电路的分析方法。

② 熟悉实训原理及表 2-7、表 2-8、表 2-9 中的测试要求。

③ 估算表 2-7、表 2-8 中各数值的范围。

七、实训报告内容

① 认真列表整理结果，将测量值与理论值相比较，分析误差原因。

② 分析静态工作点对放大器输出波形的影响。

③ 总结分析实训过程中出现的问题。

八、实训思考题

① 能否用直流电压表直接测量晶体管的 U_{BE}？为什么实验中要采用测 U_B、U_E，再间接算出 U_{BE} 的方法？

② 当调节偏置电阻 R_{P1}，使放大器输出波形出现饱和或截止失真时，晶体管的管压降 U_{CE} 怎样变化？

③ 改变静态工作点对放大器的输入电阻 r_i 有否影响？改变外接电阻 R_L 对输出电阻 r_o 有否影响？

④ 在测试 A_u，r_i 和 r_o 时怎样选择输入信号的大小和频率？为什么信号频率一般选 1kHz，而不选 100kHz 或更高？

⑤ 测试中，如果将函数信号发生器、交流毫伏表、示波器中任一仪器的两个测试端子接线换位（即各仪器的接地端不再连在一起），将会出现什么问题？

⑥ 调试电路的静态工作点时，电阻 R_{b1} 为什么需要用一只固定电阻与可调电阻相串联？

实训四　共射-共集两级放大电路调整与测试

一、实训目的

① 学会对照电路图用实际元件连接一个简单电路。

② 掌握射极输出器及两级放大电路的性能特点。

③ 掌握通频带的测量方法。

二、实训仪器与设备

① 多功能模拟电子实验系统	一台
② 稳压电源	一台
③ 双踪示波器	一台
④ 函数信号发生器	一台
⑤ 电子毫伏表	一台
⑥ 万用表	一块

三、实训原理

实训原理图如图 2-11 所示。元件参数图中已标明。基本原理如下。

阻容耦合是分立元件电路中最常用的级间连接方式。在这种连接方式下，各级静态工作点可以独立调整、互不影响。但在信号传递和放大的动态过程中，在放大倍数等方面级与级之间还是互相影响的。由于共集电路（射极输出器）具有输入电阻大输出电阻小的特点，能极大地改善共射放大电路的带载能力，弥补其输出电阻大的缺点。所以这种两级放大电路应用广泛。

两级阻容耦合放大电路中，通过电容 C_2 将第一级的输出电压耦合加到下一级进行“接力”放大，所以总的电压放大倍数 A_u 等于两级放大倍数的乘积。公式如下。

$$\dot{A}_u=\dot{A}_{u1}\times\dot{A}_{u2}=\frac{u_{o1}}{u_{i1}}\times\frac{u_{o2}}{u_{i2}}$$

共射电路 u_{o1} 与 u_{i1} 反相 180°，共集电路 u_{o2} 与 u_{i2} 同相，所以两级放大电路 u_o 与 u_i 反相 180°。

如果把图 2-11 中的 R_f、C_f 反馈支路的两端 B′、N′分别接到 B_1 和 N 时，则电路形成交流负反馈，此时电路的电压放大倍数将下降，但其他交流指标将得以改善。

四、实训内容与步骤

（1）在电路板上确认各元件的位置，先按图 2-11(b) 连接一个射极输出器。

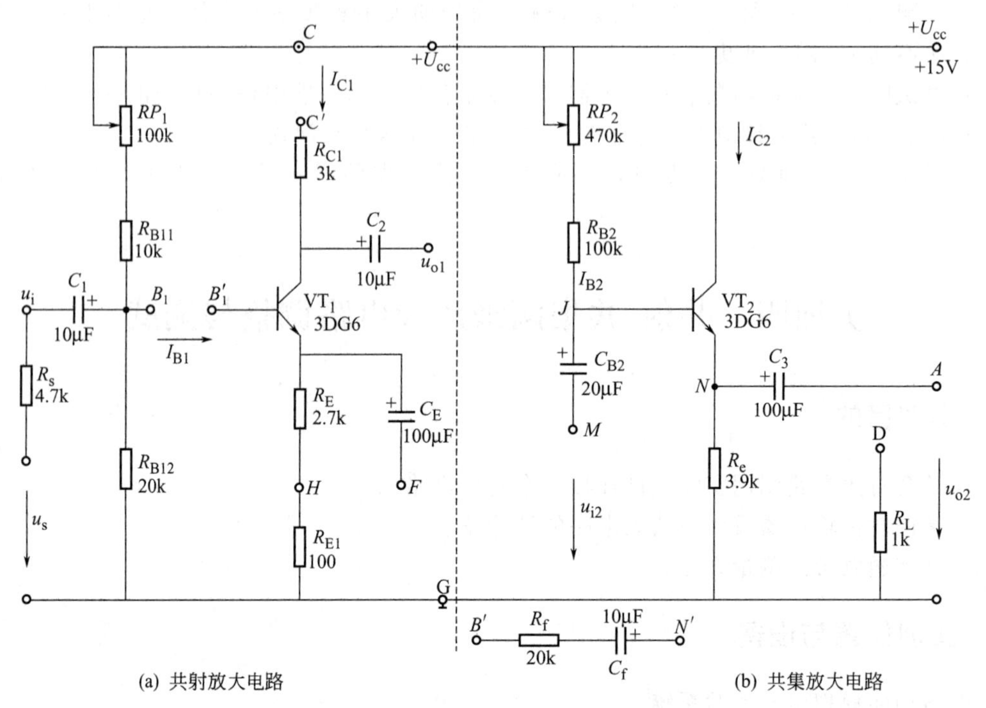

图 2-11 共射—共集两级放大电路

（2）调整并测试射极输出器的静态工作点。在共集电路的输入端加入 1kHz 的正弦信号 u_{i2}，用示波器监视电路输出 u_{o2} 波形（负载电阻 R_L 暂不接入）。

调节 R_{P2} 与 u_{i2} 使 u_{o2} 为最大不失真电压。然后撤掉 u_{i2} 并将共集电路输入端短路，测量此时的静态工作点 U_{B2}、U_{E2}、U_{CE2}、U_{Re}、U_{RB2} 等。并记入表 2-11 中。

表 2-11 共集电路静态工作点

测试值					计算值		
U_{B2}	U_{E2}	U_{CE2}	U_{Re}	U_{RB2}	$I_{B2}=U_{RB2}/R_{B2}$	$I_{C2}\approx I_{E2}=U_{Re}/R_e$	$U_{CE2}=U_{cc}-U_{E2}$

（3）测量电压放大倍数

① 选用模拟实验系统左上角的单管共射放大电路作为两级放大电路的第一级电路，先将共射放大电路接上 1kΩ 的负载 R_L，输入 1kHz 的交流信号，用示波器监视其输出电压使其不失真，再用电子毫伏表测出 U_{i1} 和 U_{o1}，计入表 2-11 中。

表 2-12 共射放大电路和电压放大倍数

U_{i1}/mV	U_{o1}/V	$A_{u1}=\dfrac{U_{o1}}{U_{i1}}$

② 再将两级放大电路按图 2-11 连起来再接入 1kΩ 的负载电阻 R_L，即把共射放大电路的输出 u_{o1} 接至射极输出器的输入端 M 点，在第一级电路的输入端 u_s 输入 1kHz 的交流信号，测量 U_i 和 U_o，计入表 2-13 中，计算各级及总电压放大倍数。

表 2-13　各级电压放大倍数

测试条件	测试值			计算值			
	U_{i1} (U_i)	U_{o1} (U_{i2})	U_{o2} (U_o)	$A_{u1}=\frac{U_{o1}}{U_{i1}}$	$A_{u2}=\frac{U_{o2}}{U_{i2}}$	$A_u=\frac{U_o}{U_i}$	$A_u=A_{u1}\times A_{u2}$
$R_L=1k\Omega$							
加负反馈 $R_L=1k\Omega$							

(4) 负反馈电路的测量。将图 2-14 中的 B'接到 B_1，N'接到 N，则电路形成交流负反馈，用电子毫伏表测出各级电压幅度，填入表 2-13 中，比较负反馈对放大倍数输出电压的影响。

(5) 观察各级波形的相位关系。用双踪示波器观察 u_{o1}、u_{o2}与 u_i 的波形的相位关系绘在表 2-14 中。

表 2-14　波形相位关系

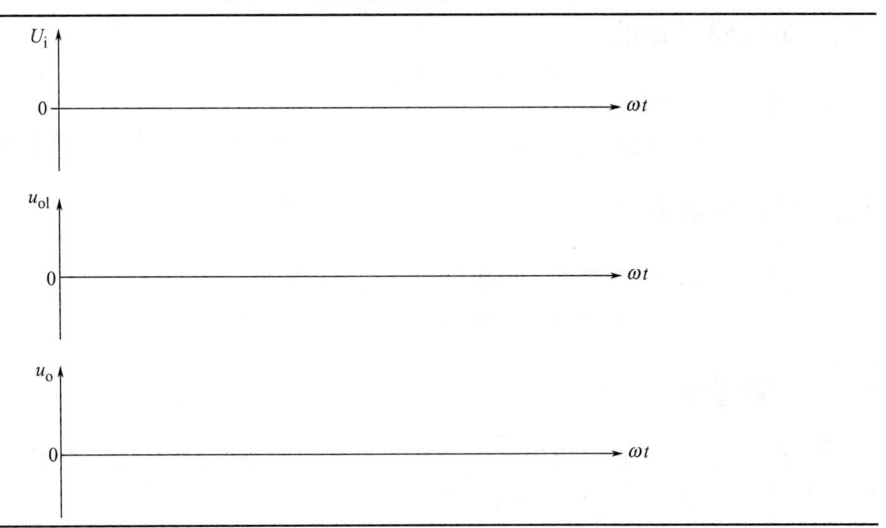

(6) 测量通频带

① 保持上述电路连接不变，断开 R_L，在输入电压 u_i 幅值不变且电路输出波形不失真的条件下按表 2-14 所列频率改变，用电子电压表测试各对应频率下的输出电压有效值 U。并记入表 2-14 中，由此表所测量的值在图 2-12 所示单对数坐标上绘出频率响应曲线。在曲线上找出 f_{oL}和 f_{oH}，则通频带 $B_{wf}=f_{oH}-f_{oL}$。

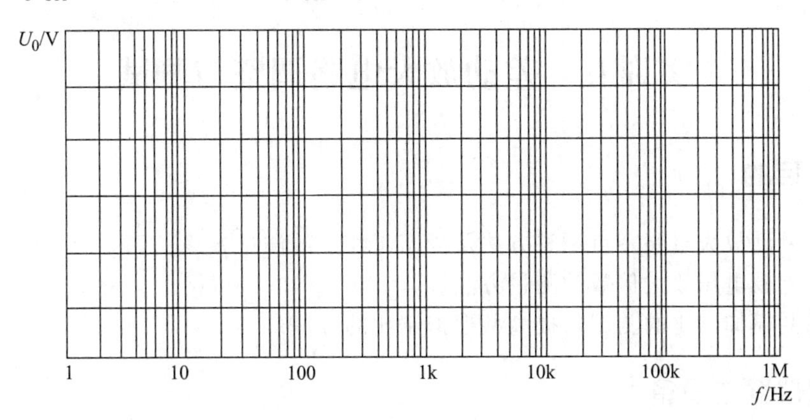

图 2-12　频率响应曲线

表 2-15 频率响应测试

f/Hz	20	40	60	80	100	500	1k	10k	50k	100k	150k	160k	180k	200k	500k
U_o/V															

② 断开 B'—B、N'—N（即取消交流负反馈），再次测量通频带 B_w，并与闭环通频带 B_{wf} 进行比较。

五、实训注意事项

① 实训前应先将稳压电源空载调至所需电压值后，关掉电源再接至电路，实验时再打开电源。

② 不要用力拉扯连接线，不要随意插拔元件以免损坏设备。

六、实训预习要求

① 复习教材中有关章节。

② 熟悉实训原理及表 2-11、表 2-12、表 2-13 中的测试要求并估算各项数值的范围。

七、实训报告要求

① 记录好各种测量数据，对照理论认真分析结果。

② 简答射极输出器对电路有何影响。

八、实训思考题

① 在负反馈电路的测量中，当连入 R_f、C_f 后判断是什么反馈类型？对电路的 A_u、r_i 和 r_o 以及通频带分别有什么影响？

② 共集电路测量电压放大倍数结果与理论值比较，分析误差原因。

③ 负载电阻 R_L 对两级放大电路的放大倍数有无影响？负载电阻 R_L 对第一级共射电路的放大倍数有无影响？对两者进行比较，分析共射、共集放大电路的特点。

④ 测量两级放大电路的静态工作点时，必须保证放大器的输出波形不失真，调节电路哪个元件使电路不出现失真？

实训五 差动放大电路调整与测试

一、实训目的

① 熟悉差动放大电路零点调整方法及静态工作点的测量方法。

② 掌握差模电压放大倍数的测量方法。

③ 熟悉共模抑制比的测试及提高共模抑制比的方法。

二、实训仪器与设备

① 多功能模拟电子实验系统　　　　一台

② 双路直流稳压电源　　一台
③ 函数信号发生器　　一台
④ 电子毫伏表　　一台
⑤ 万用表　　一块
⑥ 示波器　　一台

三、 实训原理

实训电路如图 2-13 所示，元件参数已标在图中。

由图可知差动放大电路呈对称结构，VT_1、VT_2 采用对管，故静态时应有 $I_{C1}=I_{C2}$，双端输出时 $U_o=0$。但由于元件参数的离散性，可能使 U_o 不为零，这时可以调整 R_P 使 $U_o=0$。

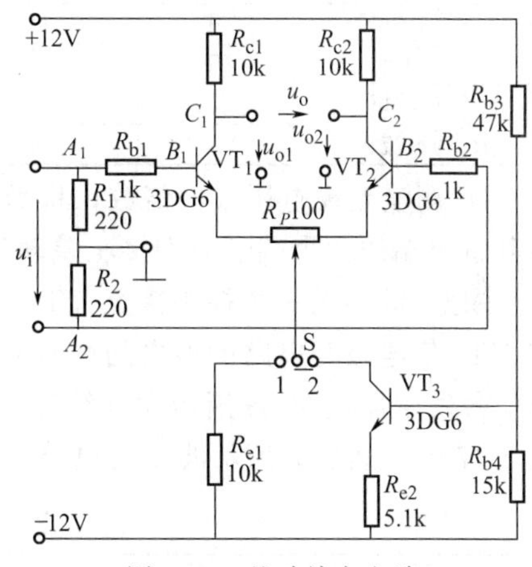

图 2-13　差动放大电路

当输入差模信号时，其双端输出差模电压放大倍数

$$A_{ud}=\frac{U_{od}}{U_{id}}=\frac{-\beta R_c}{R_{b1}+r_{be}+\frac{1}{2}(1+\beta)R_P}$$

其单端输出差模电压放大倍数

$$A_{ud1}=\frac{U_{od1}}{U_{id}}=-\frac{1}{2}\times\frac{\beta R_c}{R_{b1}+r_{be}+\frac{1}{2}(1+\beta)R_P}$$

当输入共模信号时，VT_1 与 VT_2 的电流同时增减，理论上 $U_{oc}=\Delta U_{c1}-\Delta U_{c2}=0$。但实际上，由于电路不能绝对对称，$U_{oc}$ 会有一定的幅度，但因电路中 R_e 的深度负反馈作用，会使共模输出信号得到有效地抑制。

在单端输出时，其共模放大倍数为

$$A_{UC1}=\frac{U_{oc1}}{U_{ic}}=\frac{-\beta R_c}{R_{b1}+r_{be}+(1+\beta)\left(2R_{e1}+\frac{1}{2}R_P\right)}\approx\frac{R_c}{2R_e}$$

共模抑制比 K_{CMR} 是衡量差动放大电路对共模信号的抑制能力的参数，表达式为

$$K_{CMR}=\left|\frac{A_{ud}}{A_{uc}}\right|$$

当 $A_{uc}=0$ 时，$K_{CMR}=\infty$，为理想差动放大器，实际电路中，用增大 R_e 来减小 A_{uc}，提高 K_{CMR}，但 R_e 太大会产生较高的电压降，使三极管的放大范围减小，为此，实用电路常用一个恒流源来代替 R_e，即图 2-13 中的 VT_3，这是差动放大器的改进电路。

四、 实训内容与步骤

1. 准备工作

将模拟实验系统上的差动放大电路与图 2-13 对照，熟悉结构。然后将双路稳压电源上两路输出端的接地连片都断开，使其成为悬浮状态（即各端都不接机壳的地），再串联成双路对称可调电源，按下电源面板上的跟踪按钮，此时调节左路电压则右路自动跟踪。将其调至±12V 再接入差动放大电路，注意将其零电位点接入差动放大电路的地端（这里将电源悬浮是为了防止电路在双端输入双端输出方式时，各仪表间因共地造成电路间短路）。

2. 测试静态工作点

① 将图中开关S扳至左边“1”的位置，并把输入端 u_i 短路，用万用表测量 U_o，若 U_o 不为零，可调整 R_P 使其为零。

② 开关S的位置不变，按表2-16的内容用万用表测量各点直流电位，记入表2-16中。

③ 开关S扳至“2”的位置，再按表2-16的内容测试各点电位，记入表2-16中。

表 2-16

测试条件	管号	测量值					计算值			
		U_C	U_B	U_A	U_{RC}	U_{Re}	I_C	I_B	β	I_E
S置“1”位 $R_e=10k$	VT_1									
	VT_2									
S置“2”位 R_e为恒流源	VT_1									
	VT_2									

④ 测量差模电压放大倍数，将函数信号发生器调至正弦输出 $f=100Hz$，幅度0V，并将其输出端的两个端子分别接至差动放大器的 A_1 和 A_2 端（此时信号源也必须处在悬浮状态）。把示波器的一个探头接至 VT_1 的集电极与电路的地之间观察 U_{o1} 波形。另一个探头加在 VT_2 集电极与电路的地之间观察 U_{o2} 波形，同时还观察两个波形的相位关系。再适当调节信号发生器使 U_i 逐渐增大（约为0.1V），使示波器屏幕上为不失真波形，将该波形绘入表2-17中，然后去掉示波器与电路的所有连线，按表2-17内容，用电子毫伏表测量各值。

表 2-17 差模电压放大倍数

测量值		波形	计算值		
U_i			A_{ud}	A_{ud1}	A_{ud2}
U_{o1}		0 → t			
U_{o2}		0 → t			
U_o					

注：这里不将毫伏表和示波器同时接入电路，是为了防止它们的公共地端将电路短接。

计算 A_{ud} 的公式为

双端输出时：$A_{ud}=\dfrac{U_{od}}{U_{id}}=\dfrac{U_{od1}}{U_{id1}}$

单端输出时：$A_{ud1}=\dfrac{U_{od1}}{U_{id}}$　　$A_{ud2}=\dfrac{U_{od2}}{U_{id}}$

⑤ 测试共模电压放大倍数，开关S在“1”位，将函数信号发生器调至正弦输出 $f=100Hz$，幅度1V，以共模形式接至差动放大电路的输入端（即把差放的两个输入端短接，同时对地加入输入信号），然后按表2-18内容测量输出电压，记入表中。

表 2-18 共模放大倍数及共模抑制比

测量值			计算值					
$U_i=1V$	U_{o1}	U_{o2}	A_{uc}	A_{ud}	$K_{CMR(双)}$	A_{uc1}	A_{ud1}	$K_{CMR(单)}$

将开关扳至“2”位，重新调整 R_P，使 $U_i=0$ 时 $U_o=0$，再按表2-19内容测量差模放

大倍数，计算出共模抑制比 K_{CMR}（以上测量均不要把示波器和毫伏表同时接入电路）。

计算共模放大倍数及共模抑制比的公式如下

双端输出时：$A_{uc}=\dfrac{U_{o1}-U_{o2}}{U_{ic}}$

$$K_{CMR}=\left|\frac{A_{ud}}{A_{uc}}\right|$$

单端输出时：$A_{uc1}=\dfrac{U_{oc1}}{U_{ic}}$　　$A_{uc2}=\dfrac{U_{oc2}}{U_{ic}}$

$$K_{CMR}=\left|\frac{A_{ud1}}{A_{uc1}}\right|$$

表 2-19　带恒流源的差放电路

测量值				计算值					
测试条件	U_i	U_{o1}	U_{o2}	A_{ud}（双）	A_{ud}（单）	A_{uc}（双）	A_{uc}（单）	K_{CMR}（双）	K_{CMR}（单）
差模	0.1V								
共模	1V								

五、 实训注意事项

① 要保证双路稳压电源的连接与调整正确。

② 谨防各仪器的公共地端短接电路。

六、 实训预习要求

① 认真复习差动放大电路原理，仔细阅读本实训内容。

② 熟练应用差动放大电路的各项指标计算公式，理解内涵。

七、 实训报告要求

① 测量的各种数据要认真填写整理，保证在正确的测量方法下取得数据。

② 分析各种现象和结果。

八、 实训思考题

① 在做双端输入双端输出差动放大电路实验时，将双路稳压电源的两路输出端的接地连片都保持原样，即让各路电源输出的零参考点接机壳的地，这种做法对吗？为什么？

② 在测量差模电压放大倍数时，毫伏表和示波器同时接入电路的做法对吗？为什么？

③ 测量差模电压放大倍数实验时要用到函数信号发生器，函数信号发生器必须处于悬浮状态，为什么？

实训六　集成功率放大电路的调试

一、 实训目的

① 熟悉集成电路的外形及端子排列。

② 掌握集成功率放大电路 LM386 的使用方法及典型应用电路。

二、 实训仪器与设备

① 多功能模拟电子实验系统　　一台
② 函数信号发生器　　一台
③ 示波器　　一台
④ 电子毫伏表　　一台
⑤ 万用表　　一块

三、 实训原理

① 实训电路图如图 2-14 所示。
② 基本原理。
LM386N 为 1W 音频功率放大器，端子排列图如图 2-15 所示。

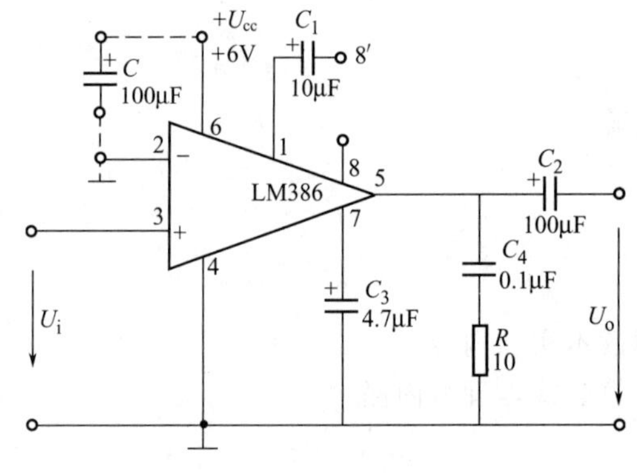

图 2-14 集成功率放大电路

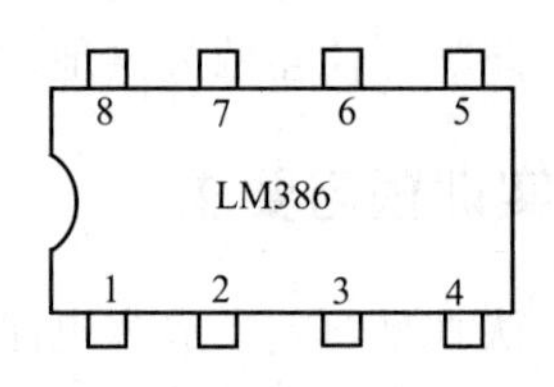

图 2-15 LM386 端子排列图

LM386 集成电路具有静态电流小（4mA）、失真度低、电压增益可调（在①、⑧端子之间串接阻容元件、增益可在 26～46dB 之间选择）、功耗低（6V 电源时静态功耗仅为 24mW）、外接元件少等优点，适用于调幅/调频收音机、对讲机、便携式录音机等作音频功率放大。型号后缀不同，其区别仅在于电参数如表 2-20 和封装形式。极限使用条件：电源电压 U_{cc}=15V（LM386N），U_{cc}=22V（LM386N—4），允许功耗 P=0.66W（LM386N），P_o=1.25W（LM386N—4）。

表 2-20 LM386N 主要参数

（U_{cc}=6V，R_L=8Ω，f=1kHz，T_a=25℃）

参数名称	符号	测试条件	最小值	典型值	最大值	单位
静态电流	I_{cc}	U_i=0		4	8	mA
工作电源电压	U_{cc}	LM386N LM386N—4	4 5		12 18	V V
电压增益	G_u	①、⑧端子间接 10μF 电容		26 46		dB dB

续表

参数名称	符号	测试条件	最小值	典型值	最大值	单位
输出功率	P_c	LM386N—1 THD=10% $U_{cc}=9V$ LM386N—3 $U_{cc}=16V$ $R_L=32\Omega$ LM386N—4	250 500 700	320 700 1000		mW mW mW
谐波失真	THD	$P_c=125mW$		0.2		%

四、实训内容与步骤

1. 连接电路

对照图 2-14 和图 2-15 确认各元件的位置，准确连接电路；将电路的$+U_{cc}$接+6V 直流电源，地端接公共接地端及直流电源零参考点。

2. 测试静态参数

① LM386 的 1 号端子和 8 号端子暂不接入电容 C_1；

② 断开+6V 电源，将直流毫安表串入电源回路中，将电路输入端 u_i 短路；然后接通+6V 电源，毫伏表的读数即为电源提供的静态电流 I_{E1}，将 I_{E1} 值记入表 2-21 中。

表 2-21　静态参数测试

电路状态	测试值 I_{E1}/mA	计算值 电源提供功率 $P_{E1}=6V\times I_{E1}$(mW)
静态		

3. 测试动态参数

① LM386 的 1-8 端子仍开路，去掉信号输入端短路线。在输入端加入 $f=1kHz$ 正弦信号 u_i，在信号输出端接入扬声器，用示波器观察扬声器两端 u_o 的波形。调 R_P 使其为最大不失真波形。

② 用电子毫伏表测 U_i、U_o。用直流毫安表串入+6V 电源回路中，测 I_{E2} 并将结果记入表 2-22 中。

表 2-22　动态参数测试

测试条件	负载电阻 $R_L=8\Omega$	电源电压 $U_{cc}=6V$	电路状态 最大不失真
测试值	U_i/V		
	U_o/V		
	I_{E2}/mA		
计算值	输出功率 $P_o=\frac{1}{2}\frac{U_o^2}{R_L}$(mW)		
	电源提供功率 $P_E=U_{cc}\times I_{E2}$(mW)		
	效率 $\eta=\frac{P_o}{P_E}$		

4. 音质监听

在信号输入端分别输入表 2-23 所列音符频率信号，监听音质并用示波器观察输出波形。

表 2-23 音符频表

单 符	1	2	3	4	5	6	7	i
C 调频率/Hz	261.6	293.7	329.6	349.2	392	440	493.9	523.3

注：音调每升高八度，频率增加一倍。

将电容 C_1 接入 LM386 的 1、8 端子间。用示波器观察 u_o 波形并测量 U_o 值，加入 C_1 后电压可以升高。

五、 实训注意事项

U_i 必须从零开始缓慢增大，否则容易烧坏集成电路。

六、 实训预习要求

① 复习功放的主要技术指标及功放工作原理。

② 熟悉实训内容、电路及有关表格。

七、 实训思考题

① 在 LM386 的 1 号端子和 8 号端子之间接入电容前后结果会发生怎样的变化？为什么？

② 在 LM386 集成电路的输入端输入电压信号时，能否将函数信号发生器直接设置在需要的电压值上，为什么？

实训七 集成运算放大器构成的基本运算电路的调试

一、 实训目的

① 熟悉运算放大器的外形及功能。

② 掌握应用运算放大器组成基本运算电路的方法和技能。

③ 掌握测量和分析运放电路的输入与输出关系。

二、 实训仪器与设备

① 多功能模拟电子实验系统　　一台

② 低频信号发生器　　一台

③ 稳压电源　　一台

④ 晶体管毫伏表　　一台

⑤ 双踪示波器　　一台

三、 实训原理

运算放大器的应用非常广泛，它可以构成各种基本数学运算电路，在许多控制系统和测量电路里都有重要作用。

根据运算放大器的开环放大倍数很大（一般在 $10^4 \sim 10^8$ 数量级）及输入电阻 r_i 很高（一般为数十兆欧）的特点，可推得两条重要的结论

$$U_+ \approx U_-$$

$$I_+ \approx I_-$$

称为“虚短”和“虚断”。利用这个特点，在运算放大器的外部适当配接简单的电路，就可以得到具有如下运算关系的电路，如图 2-16 所示。

（1）反相比例运算　如图 2-16(a) 所示。

$$u_o = -\frac{R_f}{R_1} u_{i1}$$

（2）反相加法运算　如图 2-16(b) 所示。

$$u_o = -\left(\frac{R_f}{R_1} u_{i1} + \frac{R_f}{R_2} u_{i2}\right)$$

（3）同相比例运算　如图 2-16(c) 所示。

$$u_o = \left(1 + \frac{R_f}{R_1}\right) u_{i1}$$

（4）减法运算　如图 2-16(d) 所示。

$$u_o = \frac{R_f}{R_1}(u_{i2} - u_{i1})$$

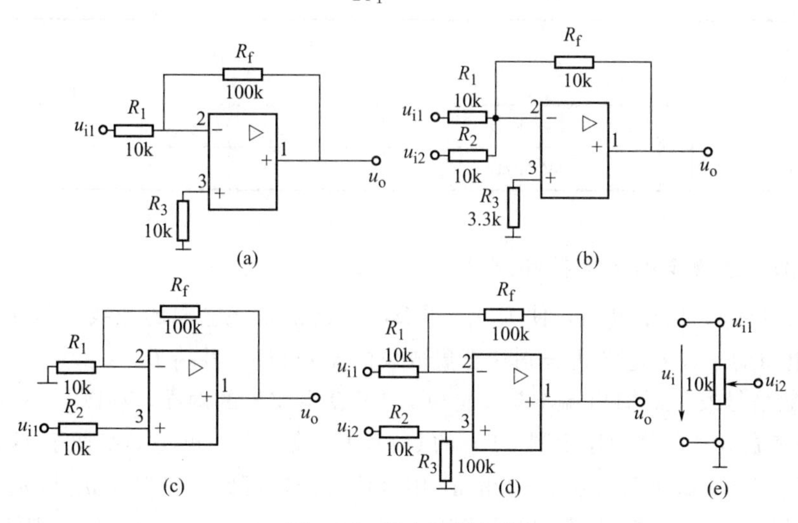

图 2-16　基本运算电路

四、实训内容与步骤

1. 熟悉 LM324 集成运放芯片的功能、外引线分布，并判断好坏

① LM324 的端子排列图如图 2-17 所示。

② LM324 的各端子功能如表 2-24 所示。

LM324 是一个四基本运算放大器组合的集成芯片，四个运放电源共用，功能各自独立。

③ 用万用表粗测 LM324，判断其好坏。

先用 $R\times1\text{k}\Omega$ 挡测 $+U$、$-U$ 两个电源引线，不能是短路的，仍用 $R\times1\text{k}\Omega$ 挡测各引线之间的阻值，应都足够大，一般阻值在数十千欧以上。

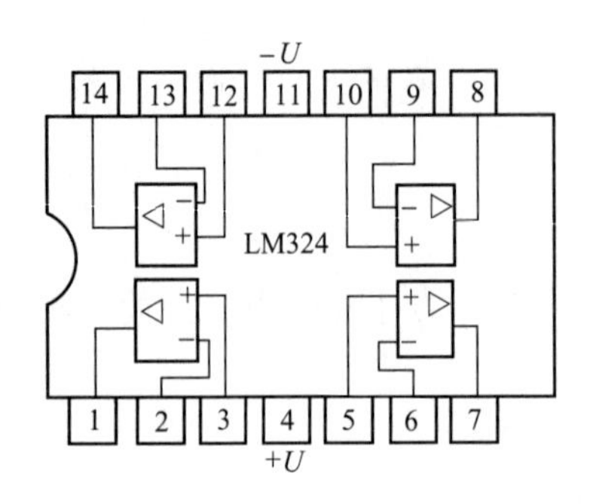

图 2-17 LM324 的端子排列图

表 2-24 LM324 端子功能表

端 子	功 能
4	正电源端$+U$(+5～15V)
11	负电源端$-U$(0～−15V)
3、5、10、12	同相输入端$U+$
2、6、9、13	反相输入端$U-$
1、7、8、14	输出端U_o

2. 反相比例运算电路的连接和测试

① 将直流稳压电源的±10V 电源分别接至集成运放的 4 号和 11 号端子；电源地线接至实验板上的地端。(注：双路直流电源的调整和接线方法同实训五，参照连接)。

② 按图 2-16(a) 连接电路，其输入信号 u_{i1} 从函数信号发生器取得。

调节函数信号发生器，使其输出为 $f=1\text{kHz}$ 的正弦信号，并将其接至反相比例运算电路的输入端，分别取 U_{i1} 等于 0.1V 和 0.3V，测出相应的 U_o，记入表 2-25。

表 2-25 反相比例运算电路测试

电路参数 $f=1\text{kHz}$	U_i/V	U_o/V 测量值	U_o/V 理论计算值
$R_f=100\text{k}$ $R_1=10\text{k}$	0.1V 1kHz		
	0.3V 1kHz		

3. 反相加法运算电路的连接和测试

① 按图 2-16(b) 连接电路，使 $R_f=10\text{k}\Omega$，注意将双路电源的地线连至实验板上的地端；将稳压电源的±10V 电源再分别接至集成块的 4 号和 11 号端子。

② 把函数信号发生器输出端连至实验板的 10kΩ 电位器的两端，如图 2-16(e) 图，形成 u_{i1}、u_{i2} 两个交流信号，分别连至图（b）的 U_{i1} 和 U_{i2} 输入端。再将频率调至 1kHz，幅度调至 $U_{i1}=0.5\text{V}$，$U_{i2}=0.3\text{V}$。(这里 u_{i1} 和 u_{i2} 用电位器分压得到，可保证 u_{i1} 与 u_{i2} 两个正弦交流信号完全同频同相，这样可利用电子毫伏表测出两个正弦信号的有效值，直接进行比例加减运算)；若用两个信号发生器来产生 u_{i1} 与 u_{i2}，则不能保证两个信号完全同频同相。此时，只能按瞬时值进行加减运算。

③ 测出相应的 U_o，记入表 2-26。

④ 改变反馈电阻阻值，使 $R_f=20\text{k}\Omega$，其他各电阻值及输入各量不变，重测 U_o，记入表 2-26 中。

表 2-26 反相加法运算电路测试

电路参数	U_i	U_o 测量值	U_o 理论计算值
$R_f=10\text{k}\Omega$	$U_{i1}=0.5\text{V}$		
$R_f=20\text{k}\Omega$	$U_{i2}=0.3\text{V}$		

4. 同相比例运算电路的测试

按图 2-16(c) 连接电路，将函数信号发生器的输出接至电路的输入端，使 $f=1\text{kHz}$，$U_{i1}=0.3\text{V}$，用毫伏表测出 U_o的有效值记入表2-27 中。

再将图中的 R_1 开路，成为一个电压跟随器，测 u_o 记入表 2-27 中。

表 2-27　同相比例运算电路测试

测试条件	U_i	U_o 测量值	U_o 理论计算值
$R_f=100\text{k}$ $R_1=10\text{k}$	0.3V		
$R_f=100\text{k}$ R_1 断开	0.3V		
$R_f=0$ R_1 断开 $R_2=0$	0.3V		

再将图中的 R_f 短路，R_2 短路，接成如图 2-18 所示电路，测 u_o 的有效值记入表 2-27 中，同时用双踪示波器观察 u_{i1} 和 u_o 是否同相、同幅度，即观察电压跟随效果如何（此电路可以用于检测运放的好坏）。

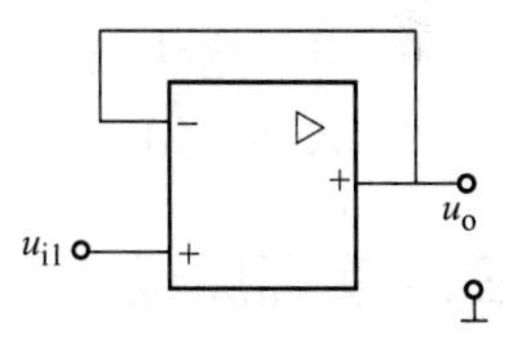

图 2-18　电压跟随器

5. 减法运算电路的连接与测试

按图 2-16(d) 连接电路，使函数信号发生器仍输出 $f=1\text{kHz}$ 的正弦信号，再按图 2-16(e) 连接到 10k 的电位器上，产生两个同频同相的交流信号 u_{i1} 和 u_{i2}，分别接至减法器的两个输入端，幅度分别为 $U_{i1}=0.3\text{V}$，$U_{i2}=0.1\text{V}$ 再测出 U_o，记入表 2-28 中。

表 2-28　减法运算电路测试

U_i	U_o 测量值	U_o 理论计算值
$U_{i1}=0.3\text{V}$ $U_{i2}=0.1\text{V}$		

五、实训注意事项

① 集成运放的正、负电源不能接反，集成运放各端子必须准确使用。

② 拆接元件必须切断电源，不可带电操作。

六、实训报告要求

① 记录、分析、整理有关数据及波形；

② 根据测量数据，验证有关运算电路的电压输入输出关系并给出结论；

③ 比较测量值与理论计算值，分析误差原因，提出对本实训的改进意见。

七、实训思考题

① 怎样检测 LM324 集成运放芯片质量的好坏？

② 在做反相比例运算实验时发现实验结果和理论值之间不相符，试分析可能出现的问题。

实训八 集成运算放大器的非线性应用

一、 实训目的

① 进一步了解集成运算放大器的性能及使用特点。

② 了解电压比较器及矩形波发生器等运算放大器的非线性应用实例。

③ 进一步熟悉双踪示波器的使用方法。

二、 实训仪器与设备

① 双踪示波器	一台	④ 稳压电源	一台
② 电子毫伏表	一台	⑤ 多功能模拟电子实验系统	一台
③ 数字万用表	一只	⑥ 函数信号发生器	一台

三、 实训原理

运算放大器的应用电路中，若输入与输出之间不加反馈环节或者反馈环节中含有非线性元件，称为运算放大器的非线性应用。

1. 电压比较器

图 2-19(d) 为一电压迟滞比较器，电路中 U_o 最大值为 6V，经两个 100kΩ 的电阻取样反馈至同相输入端电压 U_+ 为 3V，当反相端输入交流信号 $u_i<3V$ 时，输出电压 $U_o=+6V$；$u_i>3V$ 时，$U_o=-6V$。当 $U_o=-6V$ 时，反馈至同相输入端的电压 $U_+=-3V$，此时，若 $u_i>-3V$，运放输出 $U_o=-6V$；若 $u_i<-3V$，则 $U_o=+6V$。

利用此电路可实现波形变换，将正弦波、三角波等信号变换为同频矩形波。

2. 方波发生器

方波是数字电路中常用的一种信号，它是输出电压处于高电平 U_{OH} 的时间 T_{OH} 和处于低电平 U_{OL} 的时间 T_{OL} 相等的矩形波，图 2-19(a) 所示是一种频率及幅度可调的方波发生器的电路图。

以上方波发生器可以看成是由一个 RC 充放电电路与一个反相输入的比较器电路组合而成，其中，RC 充放电电路为比较器提供输入信号，信号电压的大小将随着充放电的过程作周期性变化，比较器采用的是一种改进型电路，其特点为：①输出有限幅功能，②参考电压通过同相输入端引入正反馈而获得，电压大小应为

$$U_+=\frac{R_2}{R_1+R_2}U_{om}=\frac{R_2}{R_1+R_2}U_z=\frac{1}{6}U_z$$

利用 RC 电路的充放电及其电压值和参考值与参考电压之间的大小和方向的周期性变化，即可获得方波输出。

若改变充放电的时间常数 $\tau=(R_{P1}+R_4)C_1$，即可改变方波发生器的输出频率，调整

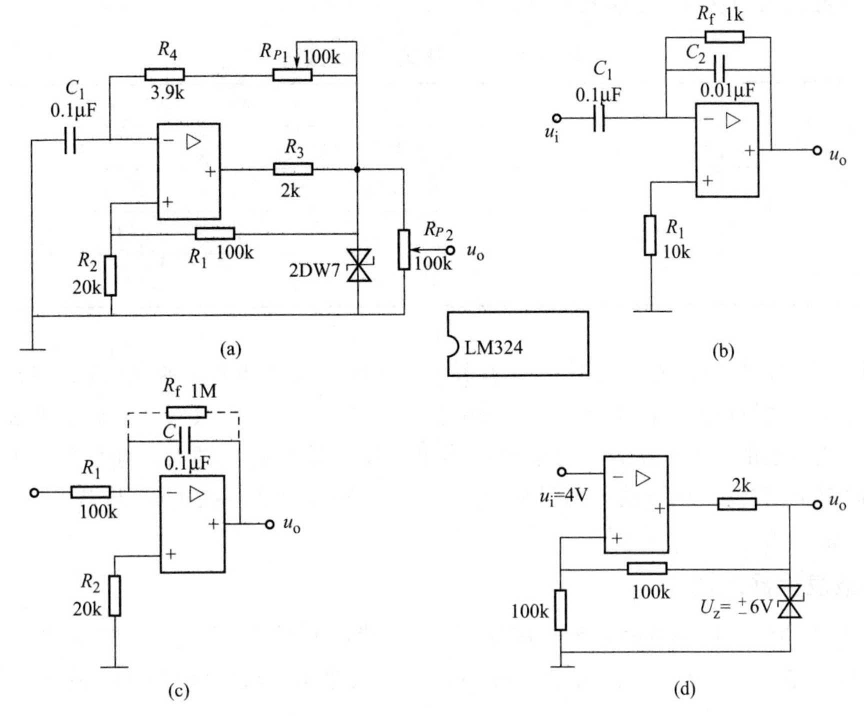

图 2-19　波形发生器

R_{P2}可改变电压幅度。

3. 三角波发生器（积分电路）

图 2-19(c) 为三角波发生器，把方波发生器输出的正负对称方波作为三角波发生器的输入信号 u_i，则三角波发生器可产生同频的三角波形（R_f 电阻是外接电路调零用的，此处无用）。

4. 微分电路

图 2-19(b) 为一微分电路，它是积分的逆运算电路，电路中 C_2 起相位补偿作用，防止自激振荡。当输入信号为三角波时，输出应为方波。

四、 实训内容与步骤

1. 连接 ± 15V 电源

注意：双路对称电源的零端必须连至线路板的接地端 GND。（双路电源接法参照实训五）

2. 电压比较器测试

① 按图 2-19(d) 连接电路。LM324 管端子排列参阅图 2-17。

② 先将反相输入端接地，用万用表直流挡测出 U_o 数值、U_+ 数值（注意正负极性），记入表 2-29。

③ 在反相输入端输入 5V 直流电压，再测出 U_o 数值，U_+ 数值，比较两次的 U_o、U_+ 电压极性（若有可调直流电源，可加在反相输入端 u_i，从 0V 逐渐增大，使 U_o 极性翻转，测出此时 u_i、U_+ 数值；再逐渐减小 u_i，使 U_o 极性翻转，再测出此时 u_i、U_+ 数值），记入

表 2-29。注意找出两次使 U_o 改变极性的输入 u_i 的数值。

表 2-29 电压比较器测试数据

输入 u_i/V	U_+/V	输出	
		波形	幅值
0			
5			
f=1000Hz u_i=4V			

④ 调节低频信号发生器，使其输出频率 $f=1\text{kHz}$，输出电压先调为 0V，然后将其接入比较器的 u_i，并把双踪示波器的 Y_A 输入端接 u_i，Y_B 输入端接 U_o。逐渐增大 u_i 的幅度，注意观察示波器上的 U_o 的波形，当运放的输出电压开始翻转，即 U_o 为方波输出时，用毫伏表测出此时 u_i 数值。调节输入信号使 $u_i=4\text{V}$，观察示波器，描出 u_i 与 U_o 的波形，比较两者关系，记入表 2-29。

3. 方波发生器测试

① 按图 2-19(a) 连接电路，将示波器接入 u_o 端，观察示波器上 u_o 的波形。

② 依次调节 R_{P1} 为最大、居中、最小，用示波器观察输出电压 U_o 波形，分别记入表2-30 中。

③ 比较在以上三个不同的时间常数（$\tau=RC$）下，输出频率大小的变化趋势，记入表2-30。

表 2-30 方波发生器测试数据

$\tau=(RP_1+R_4)C$	最大	居中	最小
波形			
f 变化趋势			

④ 调节 RP_2，观察输出电压 U_o 幅度变化。

4. 三角波发生器（积分电路）测试

① 按图 2-19(c) 连接电路。

② 将方波发生器的输出接至积分电路的输入，同时接到双踪示波器的 Y_A 输入端，将积分电路的输出 u_o 接至示波器的 Y_B，观察输出电压 u_o 波形（分别改变 RP_1、RP_2、观察波形变化），记入表 2-31。

表 2-31 三角波发生器（积分电路）测试数据

u_i	u_i 坐标轴（u_i—t，原点 0）
u_o	u_o 坐标轴（u_o—t，原点 0）

5. 微分电路测试

按图 2-19(b) 接线，将方波信号接至输入端，用双踪示波器观察 u_i 及 u_o 波形、记入表 2-32 中。再输入三角波，用示波器观察输出波形（应为方波）记入表 2-32 中。

表 2-32　微分电路测试波形

U_i 0 t U_o 0 t	u_i 0 t u_o 0 t

五、 实训报告要求

认真记录整理测试数据，并分析实训结果。

六、 回答下列问题

① 在作以上实验时，比较器状态翻转时的电压测试值与理论计算值相差多少？简述误差原因。

② 在方波发生器电路中，不改变电阻值，而改变电容 C 的值，可否获得某一频率的方波？若能获得，方波频率与电容 C 值的大小变化关系如何？请写出关系式。

七、 实训注意事项

① 每次改变连接时，应先切断电源。

② 比较电路中输入电压 u_i 不能太大，否则会损坏运算放大器。

实训九　集成运算放大器构成的测量电路调试

一、 实训目的

① 熟悉运算放大器在测量电路中的应用。

② 学会设计简单的精密测量电路。

③ 通过本实训提高设计与制作简单电路的能力。

二、 实训仪器与设备

① 多功能模拟电子实验系统	一台
② 1mA 表头（内阻 100kΩ）	一块
③ 指针式万用表	一块
④ 电子毫伏表	一台

三、实训原理

当用万用表测量电路两点间的电压时，由于万用表的内阻较小（指针式万用表），如 100μA 的表头，内阻为 1kΩ，则对电路产生较大分流，形成测量误差。当被测电路的电阻较大时，误差将很大，可能导致错误的测量结果。因此可以利用运算放大器的高输入阻抗配合万用表进行测量，将使测量精度大大提高；测量电阻时采用运算放大器，将实现线性刻度，还能实现自动调零。

1. 在线电阻的测量

当用万用表测量焊接在线路板上的电阻时，因为并联电路的影响，将使测量结果非常不准确，若把电阻焊下来测量，既费时又易损坏电路。现利用运算放大器 μA741 做成一个简单的在线电阻测试器，不用焊下电阻就能准确测量。

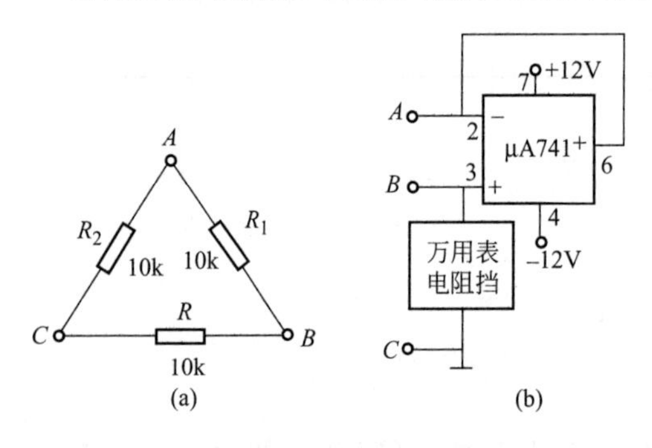

图 2-20　在线电阻的测量

如图 2-20 所示，欲测图 2-20(a) 中的 B—C 间电阻 R，可按图 2-20(b) 测试。电路中 μA741 构成了一个电压跟随器，大大提高了同相端的输入阻抗，使测量精度提高。这里电路用 A、B 端隔离了 R_1，因为运算放大器两个输入端的“虚短”，使 A、B 间电位相等电流为 0，相当于开路状态。因此可以准确测试 R。

2. 用运算放大器作万用表的输入端，提高电压测量精度

测量电压时，当被测电路的电阻较大时，测量误差很大，如图 2-21(a) 所示。当 470k 电位器指针的动接点在中间位时，万用表测出的 U_{AB} 和 U_{BC} 大约只有 1V 左右。

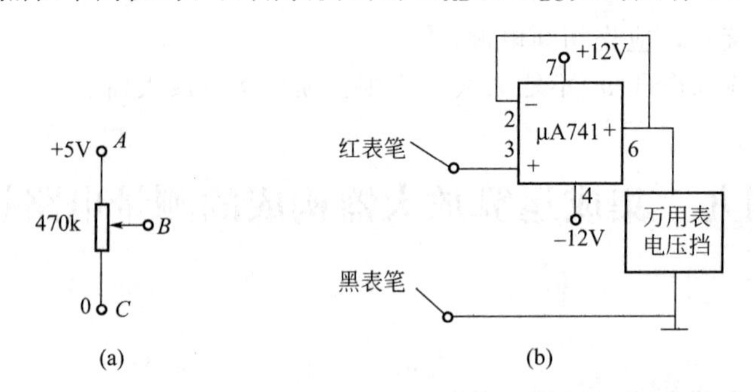

图 2-21　运算放大器作万用表的输入端

若按图 2-21(b) 改接万用表，用运算放大器构成一个电压跟随器，用其同相输入端作为万用表的输入端，扩展万用表内阻，减少对被测电路的影响。则测出的 U_{AB} 和 U_{BC} 约为 2.5V，非常精确。

3. 用运算放大器做一个直流电压表

如图 2-22，把运算放大器作成同相放大器，把 1mA 的表头串接在负反馈回路中，则流经表头的电流与表头的内阻无关。提高了测量精度，改变 R 即可进行换挡。

表头中的电流 I 与被测电压 U_i 的关系为

$$U_i = RI$$

4. 交流电压表

由图 2-23 构成的电路可以测量交流电压。与图 2-22 相比，这里多了一个整流桥。被测电压 u_i 加在同相输入端，输入阻抗很高，整流桥和表头接在负反馈回路中，可以减小整流

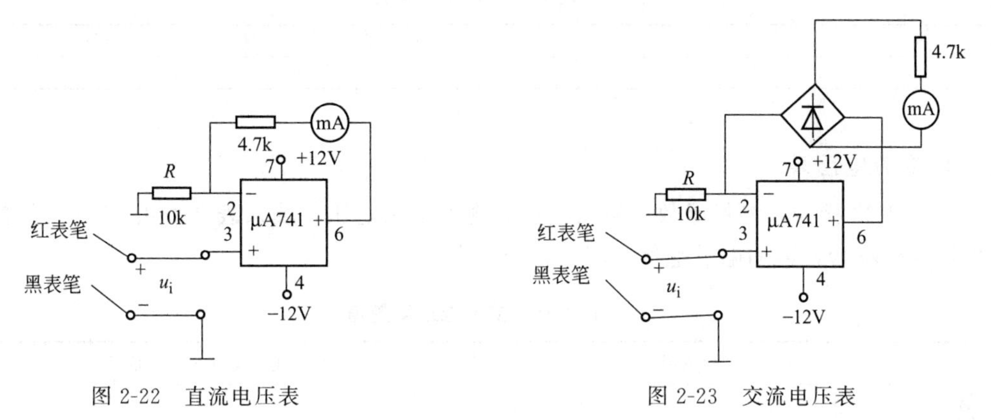

图 2-22 直流电压表　　图 2-23 交流电压表

桥的非线性影响。

表头中电流 I 与被测电压 U_i 的关系为

$$U_i = RI$$

电流 I 也流过整流桥，I 值只与$\dfrac{U_i}{R}$有关，与二极管参数和表头参数无关。当 u_i 为正弦波时，要在表头上读出有效值，而且 u_i 的频率可以很高，取决于运算放大器的通频带宽度。

四、实训内容与步骤

1. 测量在线电阻

如图 2-20(a)，用三个 10kΩ 电阻接成三角形，直接用万用表量出 R 的值填入表 2-33 中，再按图 2-20(b) 连接电路，测出 R 值填入表 2-33 中。

表 2-33 测在线电阻

直接用万用表测分立的 R	用万用表测在线的 R	用运放电路测在线的 R

2. 用运算放大器提高测量电压精度

如图 2-21(a)，先用万用表电阻挡把 470k 电位器的动接点调至中间位，即 $R_{AB}=R_{BC}$，再接入直流 5V 电压源，用万用表直流电压挡直接测 U_{AB}和 U_{BC}，结果填入表 2-34 中。再按图 2-21(b) 连接电路，测量 U_{AB}和 U_{BC}，结果填入表 2-34 中（5V 电源必须是独立的，不能与运放电源共地）。

表 2-34 测量结果对比

直接用万用表测量			用运放输入端测量		
U_{AC}	U_{AB}	U_{BC}	U_{AC}	U_{AB}	U_{BC}

3. 直流电压表

按图 2-22 接线，测量图 2-21(a) 中的 U_{AB}、U_{BC}。从表头上读出相应的电压值填入表2-35 中。

表 2-35 测直流电压

U_{AC}	U_{AB}	U_{BC}

4. 交流电压表

按图 2-23 接线，测量函数信号发生器的输出正弦电压，填入表 2-36 中，然后函数信号发生器输出不变，再用电子毫伏表测量，填入表 2-36 中。

表 2-36 交流电压测量值

交流电压表测量值	电子毫伏表测量值

五、 实训注意事项

① 运算放大器的正负电源不能接反，±12V 电源中间的 0V 端必须接至电路图中的地端。

② 电路中所用的 5V 电源应是一组独立电源，否则测量时易发生短路。

③ 不要带电连接电路，出现故障请立即关断电源。

六、 实训预习要求

① 认真复习运算放大器构成的电压跟随器的性能及特点。

② 熟读本实训内容。理解万用表内阻对测量精度的影响和提高测量精度的方法。

七、 实训报告要求

① 认真分析测量结果。

② 思考用运算放大器还可以构成什么测量电路。

③ 实训后的体会。

实训十 正弦波信号发生器的测试

一、 实训目的

① 测试 RC 选频网络的选频特性。

② 通过连接实际电路加深对振荡器的理解。

③ 掌握调试测量正弦波振荡器的方法。

二、 实训仪器与设备

① 多功能模拟电子实验系统　　一台
② 双踪示波器　　一台
③ 电子毫伏表　　一台
④ 万用表　　一块

三、 实训原理

（1）RC 选频网络的特性　图 2-24 是一个 RC 串并联网络，它具有选频特性，若在网络的两端加上正弦交流信号 u，则在网络中可输出电压 u'，则该网络的传输系数 $F=\frac{u'}{u}$。

根据 RC 串并联阻抗的特点，可得

$$F=\frac{\dfrac{R}{1+j\omega RC}}{R+\dfrac{1}{j\omega C}+\dfrac{R}{1+j\omega RC}}=\frac{1}{3+j(\omega RC-\dfrac{1}{\omega RC})}$$

式中，当 $\omega RC=\frac{1}{\omega RC}$，即 $\omega=\omega_o=\frac{1}{RC}$时，$F=\frac{1}{3}$为最大值，而且传输系数为实数，即 u'与 u 同相。此时输入信号 u 的频率称为中心频率 f_o，$f_o=\frac{\omega_o}{2\pi}$。显然，在此频率信号作用下，输出电压 u'幅度最大，而且 u'与 u 同相，说明该网络具有选频特性。

RC 选频网络的特点是适用于较低频率的信号。因其调频不太方便，一般用于频率固定且稳定性要求不高的电路里。

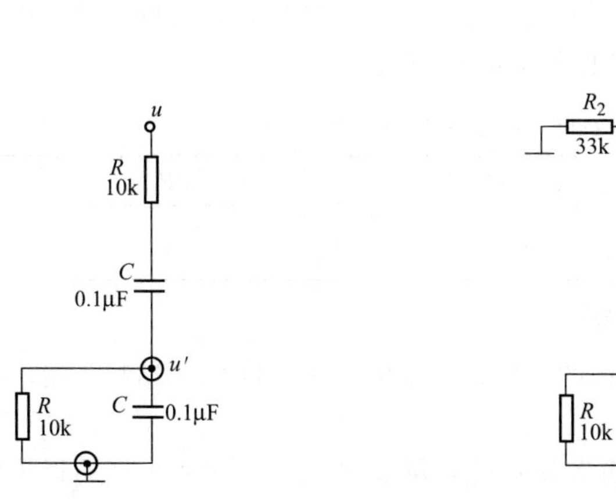

图 2-24　*RC* 串并联网络

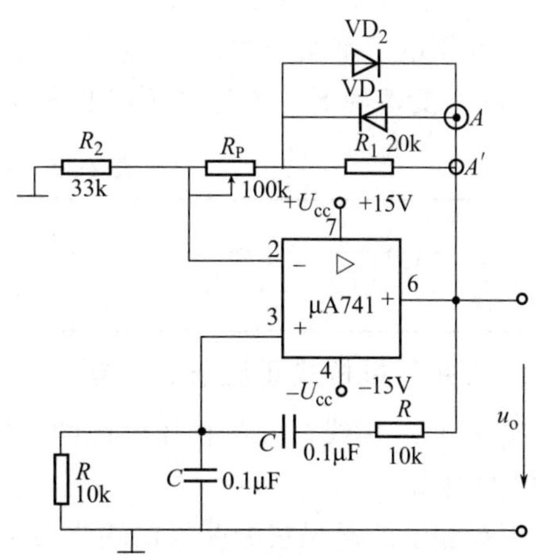

图 2-25　*RC* 桥式正弦振荡器

（2）由集成运放构成 *RC* 桥式正弦波振荡器　电路如图 2-25 所示。

该电路由运放组成的同相比例运算电路和 *RC* 选频网络构成。同相比例电路的负反馈支路由 R_P 和 R_2 等构成。这样由 *RC* 串联支路、*RC* 并联支路、R_P 支路和 R_2 支路四条支路分别构成了电桥的四个桥臂。因此该电路也叫文氏电桥振荡电路。

① 起振条件：当 $f=f_o$ 时，RC 串并联正反馈网络的反馈系数为 $F=\frac{1}{3}$，因为振荡器振荡的幅度平衡条件为 $|AF|=1$，因此只要运放电路的放大倍数 $A=3$ 即可维持振荡；起振时应大于 3，这是很容易做到的，因运放的放大倍数 $A=1+\frac{R_f}{R_2}$（R_f 等于 R_1 加上 R_P 右部电阻），因此，只要 R_f 略大于 $2R_2$ 即可。

由于电路在 $f=f_o$ 时，RC 串并联选频网络的传输系数为纯实数，即：（运放 6 号端子的输出信号 u_o 与 3 号端子的反馈信号 u_+ 同相），因此也满足相位条件。

② 振荡频率：$f_o=\frac{1}{2\pi RC}=\frac{1}{2\pi\times 10\text{k}\times 0.1\mu}\approx 160\text{Hz}$。

③ 稳幅措施：当同相比例电路的放大倍数 A 值远大于 3 时，放大电路工作于非线性区，输出波形将产生严重失真。因此在负反馈支路中加入两个对向并联的二极管 VD_1 和 VD_2，当振荡幅度加大时，二极管正向电阻下降，使负反馈增强，放大倍数下降，起到自动稳幅的作用。

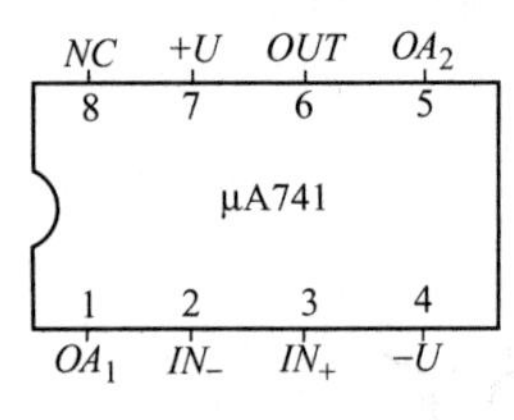

图 2-26 μA741 端子排列

集成运放 μA741 是 8 端子双列直插式集成块，端子排列如图 2-26所示，1、5 号端子是调零端，2 号端子是反相输入端，3 号端子是同相输入端，4 号端子是负电源端，6 号端子是输出端，7 号端子是正电源端，8 号端子是空端。

四、 实训内容与步骤

1. 测量 RC 选频网络的参数

按图 2-24 连成 RC 串并联网络。把函数信号发生器的输出端接至网络，作为输入电压 u，把网络的输出电压 u' 接至示波器，反复调信号发生器的频率，直到 u' 达到最大值为止；这时再把电压信号 u 也接至双踪示波器的另一通道，观察 u' 与 u 的幅度关系、相位关系和频率 f_o，并用电子毫伏表测出 u 和 u' 的幅度，填入表 2-37 中，并保持此时函数信号发生器的输出频率不变，待下一步与振荡器的振荡频率比较。

表 2-37 RC 选频网络参数

测量值 f_o=		理论值 f_o	传输系数 F	相位关系
u	u'			

2. 调试并测量桥式正弦波振荡器

① 按图 2-25 接线，并将稳压电源的 ±15V 电压接入 μA741 的 7 端和 4 端，电源的零端接电路中的地端。

② 用双踪示波器观察振荡器的输出波形 u_o，调节 R_P 使 u_o 为不失真的正弦波。并在示波器上测试电路的振荡频率 f_o 记入表 2-38 中，再将函数信号发生器的原输出频率在示波器上与振荡器的输出频率相比较，然后将此值与理论值进行比较。

表 2-38 振荡器参数的测试

u_o 幅度	u_o 波形	测试值 f_o	计算值 $f_o'=\frac{1}{2\pi RC}$	误差 $\frac{f_o'-f_o}{f_o}\times 100\%$

③ 将 VD_1、VD_2 从电路上断开，看 u_o 波形有何变化。若无明显变化可调 R_P，配合 VD_1、VD_2 的接入与断开反复观察波形变化。将变化情况写入实训报告中进行分析。

④ 调节 R_P 使 u_o 变化。用示波器监视波形不失真。用电子毫伏表测试 u_o 有效值的最大值、最小值与中间值，同时测相应的 R_P 值。将结果填入表 2-39 中。分析振荡器的输出电压与负反馈强弱的关系。

表 2-39　U_o 值与负反馈强弱的关系

U_o	R_P 阻值	负反馈强弱
最大值		
中间值		
最小值		

五、实训注意事项

① 集成运放的正负电源不能接反，各端子连接要准确。

② 在双踪示波器上比较两信号幅度时，要使示波器两个通道的电压衰减器和微调控制器的位置相同。

六、实训预习要求

① 复习教材中有关内容。

② 熟悉实训内容、电路及有关表格。

七、实训报告要求

认真记录整理实训数据，分析各种测量值和理论值的比较情况。

八、实训思考题

① 正弦波信号发生器的输出信号频率如何改变?

② 分析二极管自动稳幅的原理。

③ 分析输出信号频率产生误差的主要原因。

实训十一　直流稳压电源调整与测试

一、实训目的

① 通过实训认识直流稳压电源的一般结构，进一步建立整流、滤波和稳压的概念。

② 掌握三端集成稳压器 W78XX 的使用方法及典型应用电路。

③ 经过实训掌握设计与制作简单稳压电源的方法。

二、实训仪器与设备

① 多功能模拟电子实验系统　　　　一台

② 双踪示波器 一台
③ 万用表 一块
④ 电子毫伏表 一台

三、 实训原理

（1）整流、滤波与并联稳压电路 实训电路原理图如图 2-27 所示。

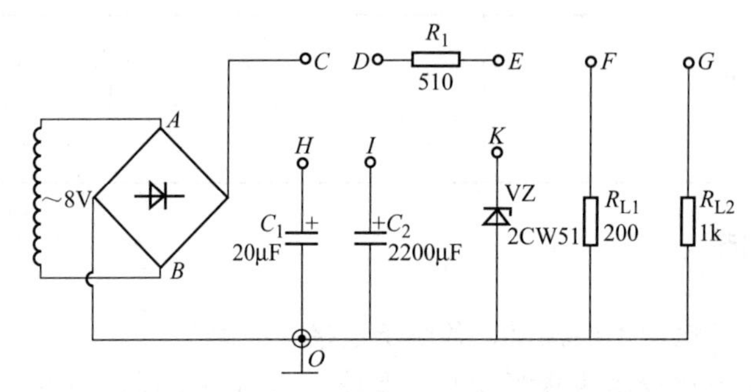

图 2-27 整流、滤波与并联稳压电路

本电路分为整流、滤波和并联稳压三部分，整流部分为桥式整流、滤波采用电容滤波，稳压采用稳压二极管并联型稳压。

桥式整流电路的输出电压为

$$U_o = 0.9U_{AB} \quad (U_{AB}\text{为输入交流电压有效值})$$

C_1 电容滤波后的电压平均值 $U_o = (1.0 \sim 1.4)U_{AB}$，$U_o$ 大小与负载及滤波电容大小有关，空载时($R_L \to \infty$)$U_o = 1.4U_{AB}$，接入 R_L 后 U_o 下降。

稳压管 VZ 组成并联型稳压电路。VZ 选用 2CW51，稳定电压约为 3.5V 左右。

（2）集成稳压电源 实训电路原理图如图 2-28 所示。

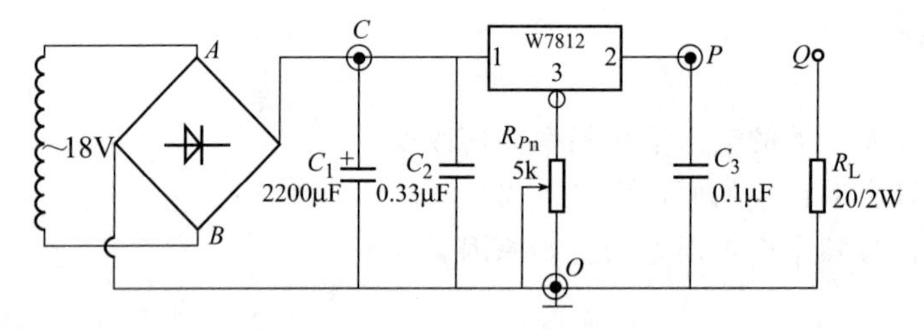

图 2-28 集成稳压电源

W78 系列和 W79 系列集成稳压器为三端固定式。W78 系列输出正电压，W79 系列输出负电压。三端固定式稳压器件外接元件少，稳定性高；内部还有温度、超载、短路保护；使用方便，安全可靠，与电位器配合还可以调节输出电压值。

本电路采用 W7812 型集成稳压器，1 端子为输入端，2 端子为输出端，3 端子为公共端。因集成稳压器的输入端一般距离整流滤波电路稍远，易产生纹波干扰，电路中加入的电容 C_2 就是为了减少输入的纹波电压，如果距离整流滤波电路很近，则 C_2 可以省略。电容 C_3 的作用是改善输出的瞬态响应，并对电路中的高频干扰起抑制作用。

四、 实训内容与步骤

（1）对照图 2-27 确认各元件的位置 认真准确地连接电路，交流输入电压 u_{AB} 用系统电路板上的交流8V电源。

（2）测试桥式整流电路

① 连接电路板中 C-F 插孔，则将电路接成单相桥式整流电路。

② 打开交流电源，用示波器观察输出端 F-O 点间的电压 U_o 波形，用万用表交流电压挡测 U_{AB} 值，直流电压挡测 U_o 值并记于表2-40中。

（3）测桥式整流电容滤波电路　保持桥式整流电路的连接，按表2-40的要求连接相应插孔 C-H、C-I，分别将电路连接成单相桥式整流 C_1 滤波和 C_2 滤波，并在相应的负载电阻 R_L 接入的情况下，分别测试输出电压 U_o 并观察 U_o 波形，比较滤波输出 U_o 与 R_L 及 C 的关系。将结果记入表2-40中。

表2-40　桥式整流与滤波

电路结构		输入波形	输出波形	U_{AB}/V	U_o/V
桥式整流		u_{AB} 0	u_o 0		
桥式整流 C_1 滤波（20μF）	$R_{L1}=200\Omega$	u_{AB} 0	u_o 0		
	$R_{L2}=1k\Omega$	u_{AB} 0	u_o 0		
桥式整流 C_2 滤波（2200μF）	$R_{L1}=200\Omega$	u_{AB} 0	u_o 0		
	$R_{L2}=1k\Omega$	u_{AB} 0	u_o 0		

（4）测试并联型稳压电路

① 连接 C-D、E-F、C-I，再连接 K-E，则将电路连接成桥式整流电容滤波并联型稳压电路。

② 按表2-41所列测试条件，在 R_L 两端测试 U_o 值，并用示波器观察 u_o 波形，记入表2-41中。

表2-41　并联稳压

U_{AB}	$R_{L1}=200\Omega$		$R_{L2}=1k\Omega$	
	U_o/V	U_o 波形	U_o/V	U_o 波形
8V		u_o 0 t		u_o 0 t

（5）测试三端稳压器　按图2-28接线，将三端稳压器7812接入稳压电路，整流桥所用的交流电源改为交流18V（因稳压电路的输入电压必须比输出电压高2V以上，才能有稳压作用）。滤波用2200μF电容，图中的电位器采用多圈电位器，便于对输出电压进行细调。

① 先将 R_P 短路，测量此时的电路输出端电压 U_o 值，观察此时的 u_o 波形并记入表2-42中。

表 2-42 三端稳压器性能

条 件	U_o/V	u_o 波形
空载		
$R_L=20\Omega/2W$		

② 接入 20Ω/2W 负载，快速测量相应的输出电压 U_o 用示波器观察 u_o 波形，记入表 2-42中（测完立即去掉负载，以免烧坏元件）。

③ 断开 R_P 短路线，调 R_P 至上、下极限值，分别测量对应的 U_o 值，并记于表 2-43 中。

表 2-43 输出电压可调范围

U_o 最低值	U_o 最大值

五、 实训注意事项

① 注意不要短路电源。不共地的两组电压信号不能用双踪示波器同时观察（因双踪示波器的两个探头的地线在内部是连在一起的，同时观察不共地的两组电压信号会造成短路故障。如本实训电路中的 u_{AB} 信号只能单独用示波器观察，不能与其他有接地端的信号同时用示波器观察）。

② W7812 在电路中接通电源后 3 号端不能开路，防止产生较高电压损坏电路（因 3 号端开路时相当于接入一个无穷大的电阻，将产生较高电压）。

③ 20Ω 负载接入时间过长因器件过载易发烫，测试完毕注意及时断开负载。

六、 实训预习要求

① 复习整流、滤波及稳压电路的工作原理及参数。

② 熟悉实训内容及测试表格要求。

七、 实训报告要求

① 认真整理并分析数据。

② 将理论值与测量值比较，写出体会。

③ 设计一个其他类型的稳压电路。

八、 实训思考题

① 若想得到负电压输出，电路应如何改动?

② 如何进行过压或过流保护?

实训十二　单相可控整流电路调整与测试

一、实训目的

① 熟悉晶闸管的应用。

② 了解单结晶体管触发电路的工作原理。

③ 掌握用万用表检测单结晶体管和晶闸管好坏的方法。

④ 观察并测量控制角 α 与输出电压的关系。通过实际电路建立起可控整流的概念。

二、实训仪器与设备

① 多功能模拟电子实验系统	一台
② 双踪示波器	一台
③ 万用表	一块

三、实训原理

（1）单结晶体管及晶闸管的简易测试　图 2-29 是单结晶体管的符号及端子排列。本实训中单结晶体管的型号为 BT33。正常情况下的 BT33 的 PN 结正向电阻 R_{EB1} 和 R_{EB2} 比较小，R_{EB2} 略大于 R_{EB1}。而 PN 结的反向电阻都很大，可用万用表的电阻挡来判断其好坏。

图 2-30 为晶闸管的符号，阳极为 A，阴极为 K，控制极为 G，一个正常的晶闸管，只有 G-K 间的正向电阻较小，其他各极间的正、反向电阻均应很大。因此用万用表可以容易地找出晶闸管的三个极，并判断其好坏。

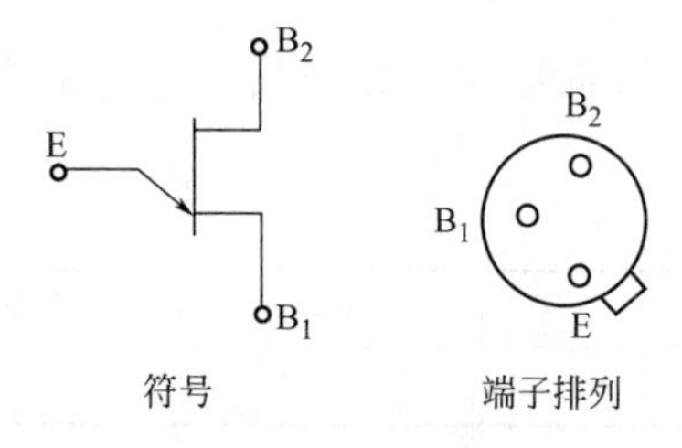

图 2-29　BT33 的符号及端子排列

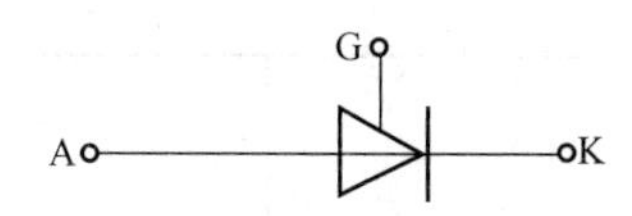

图 2-30　晶闸管的符号

（2）可控整流电路基本原理　本实训的电路为单结晶体管触发的可控整流电路，如图 2-31 所示。电路分为可控整流主电路与触发电路两部分。小灯泡和晶闸管构成主电路。其他部分为触发电路，即控制电路。8V 正弦交流电压经桥式整流后再稳压，使电压波形成为平顶的梯形波。单结晶体管脉冲发生器，便在梯形波作用下，输出一组组同步触发脉冲，*RP* 可以控制触发脉冲的周期和频率。

图中晶闸管的导通受脉冲控制，所以调节 R_P 即可调节电路的控制角，从而控制输出电压的平均值 U_o，其大小由下式决定

$$U_o = 0.9\,\frac{1+\cos\alpha}{2}U_{AB}$$

其中：α 为触发脉冲的控制角，α 变化时，U_o 幅度变化，使其负载灯泡的亮度变化。α

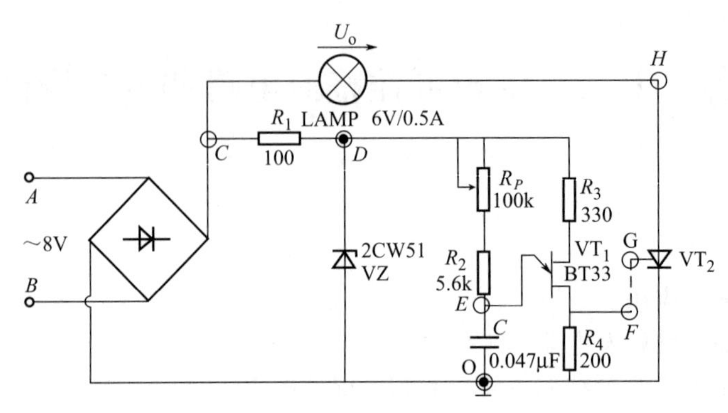

图 2-31 可控整流电路

的大小主要取决于电容C的充电时间常数τ。$\tau=(R_P+R_2)C$。因此通过调节R_P，可改变α的大小，从而使主电路的输出电压变化，达到可控整流的目的。

因触发电路与主电路由同一电源供电，从而保证了两电路的同步。

四、 实训内容与步骤

1. 测试单结晶体管的好坏

按图 2-29 找出 BT33 的各个极，用万用表的电阻挡的×10Ω 挡分别测量 $E\text{-}B_1$ 和 $E\text{-}B_2$ 间的正向及反向电阻，记入表 2-44 中（注意指针式万用表的黑表笔是电源正极，红表笔是负极）。

表 2-44

R_{EB1}	R_{EB2}	R_{B1E}	R_{E2B}	好坏

2. 判别晶闸管的各端子及好坏

用万用表电阻挡的×100Ω 挡分别测量三个极的正反向电阻，先找出 G，再确定 K 及 A，再把极间的正反向电阻填入表 2-45 中。

表 2-45

R_{AK}	R_{KA}	R_{AG}	R_{GA}	R_{GK}	R_{KG}	好坏

3. 连线

实训所需的元件都已固定在实验系统的电路板上，请对照图 2-31 连线。

4. 触发电路测试

① 将实验系统内 8V 交流电压接入触发电路，触发电路暂不与晶闸管控制极相连。

② 按表 2-46 所要求测试条件用示波器观察各测试点波形。将各观察点波形记入表 2-46 中。

表 2-46 触发电路的波形

电压名称	测试点	波　　形
交流电源电压	$A—B$	
桥式整流脉动电压	$C—O$	
梯形波同步电压	$D—O$	

续表

电压名称	测试点	波　　形
锯齿波电压	$E—O$	
输出脉冲	$F—O$	

③ 调节 RP，观察触发脉冲移相过程及控制角 α 与 RP 的关系，将结果记入表 2-47 中。

表 2-47　可控整流电路电压与控制角的关系

RP	控制角 α 增减	U_{AB}/V	平均电压 U_o/V	输出电压波形
最小				
居中				
最大				

5. 主电路工作情况测试

① 将触发电路的输出连至晶闸管控制极。

② 按表 2-47 中测试条件观察输出电压（即灯泡两端电压）。波形及灯泡的亮度，并用万用表交流电压挡测主电路 $A—B$ 间电压 U_{AB}，用直流电压挡测灯泡两端电压 U_o，将结果记入表 2-47 中。

五、 实训注意事项

① 本实训采用交流 8V 电压，不能接错，电路若有异常，请立即关断电源。

② 晶闸管的阳极和控制极不能接错，以免损坏晶闸管。

六、 实训预习要求

① 复习理论课中的有关章节。

② 熟悉实训内容及测试表格要求。

③ 为什么主电路和触发电路必须采用同一交流电源？如果不这样，会产生什么后果？

④ 调节 R_P 为什么能实现调节电路控制角？

⑤ 怎么用万用表判断晶闸管好坏？

第三章　数字电路实训基本知识与技能

本教材中数字电路的所有实训内容均可在多功能数字电路实验系统上完成，此系统提供了数字电路实训所需的标准逻辑电子开关、电平显示器、脉冲源、数码显示及常用数字集成器件若干，并预留了多个不同引线端子数目的集成电路空插座及常用电阻、电容、三极管、继电器等分立元件，供扩展实验时使用。

系统配置的常用集成电路芯片列表如下：

型　号	名　　　称	数　量
74LS00	四 2 输入正与非门	2
74LS03	四 2 输入与非门（OC）	1
74LS04	六反相器	1
74LS08	四 2 输入正与门	1
74LS20	双 4 输入正与非门	1
74LS32	四 2 输入正或门	1
74LS47	BCD—七段译码器/驱动器	2
74LS51	双 2 路 2 输入正与或非门	1
74LS74	双 D 型正边沿触发器（带预置和清除端）	3
74LS86	四 2 输入异或门	1
74LS112	双 J—K 负边沿触发器（带预置和清除端）	2
74LS193	可预置四位二进制同步可逆计数器（双时钟带清除）	1
74LS194	4 位双向通用移位寄存器	1
74LS183	双进位保留全加器	1
NE555	555 定时器	2
ADC 0804	8 位 A/D 转换器	1
DAC 0832	8 位 D/A 转换器	1

表中所列集成电路的各功能端子已引出到相应插孔，印有端子序号（其电源端子及地端均未接）；表中未出现的数字集成器件需要时可利用预留的空插座接入。

为帮助读者顺利地完成实训内容，现将数字电路实训过程中经常遇到的一些实际问题，如：集成器件的选用和测试、常见的故障、故障检测的方法等作一介绍，指导学生在掌握数字电路实训技术的基础上，自行处理简单故障，提高实训技能，真正达到实训的目的。

第一节　数字集成电路器件的选用与检测

一、 选用数字集成电路器件的一般原则

目前，数字集成电路器件的工艺已有多种，形成不同的产品系列。从完成逻辑功能的角度讲，只要能完成同样的任务，则无论选用哪一种工艺的器件都是可以的。但是，考虑到系

统的具体技术指标以及性价比的要求，除选择逻辑功能合适的器件外，还必须在选择器件的种类时权衡利弊。一般从两方面考虑：一是根据数字集成电路器件所处的工作条件，二是根据数字集成电路器件的实际参数考虑系统中各部分的协调配合。

选用基本数字集成电路器件的主要原则如下。

1. 根据电源条件

当要求组成的系统能在以电池为电源的条件下工作时，无疑使用CMOS电路器件为最佳选择。因为CMOS电路不仅因功耗最低可以延长电池的使用时间，而且其电源电压范围宽，适应性强，当电池电压稍有跌落也不致影响电路的逻辑功能。反之，若选用TTL电路器件，不但功耗大，而且电源电压必须保证在4.75～5.25V范围内，否则无法保证其逻辑功能的正确性，若为了避免电池电压下降带来的问题，就必须提高供电电压，并加一个稳压电源，但这些措施都将进一步增大功耗。显然，TTL电路适用于电源条件稳定的条件。

当系统的电源电压高于5V(5～18V之间)时，则选用CMOS器件为宜。若用TTL器件，就必须加电平转换电路。

当用5V电源时，则因CMOS电路CC4000B系列器件可直接驱动一个74LS系列TTL电路或两个74L系列TTL电路，在这种情况下，两器件可混合使用。

2. 根据系统的工作速度

所谓“系统的工作速度”是指系统中同步时钟脉冲或有关控制信号的重复频率的高低，产品手册中的“最高输入时钟频率f_{max}”即反映了这个限度。例如双JK触发器CC4027B，当$U_{DD}=10V$时，其“最高输入时钟频率”为8MHz，因此，若选用CC4027B器件，则必须要求系统在$U_{DD}=10V$时，同步脉冲频率不得高于8MHz，且要求占空比约为50%，否则就不能选用CC4027B。

① 如果系统在较高频率下工作，例如1MHz以上，通常选用TTL电路器件为宜。因为CMOS电路会随着工作频率升高、状态变换频繁而导致功耗增加。例如，CMOS触发器当时钟频率达到约为1MHz时，其功耗可与TTL电路功耗相比拟；当频率再高时，其功耗甚至会超过同样功能的TTL电路器件的功耗，完全失去了静态时CMOS电路功耗极微的优点。然而，TTL电路的功耗一般说来虽然较大，但与工作频率基本无关。但当工作频率高于150MHz，唯一可选用的就只能是ECL电路器件了。

② 当系统的工作频率较低时，则可选用CMOS电路器件。

③ 若对功耗和速度都无严格要求时，则TTL电路和CMOS电路的器件均可选用。

④ 在选用寄存器、计数器和移位寄存器等时序逻辑电路时，由于它们都由D触发器或JK触发器等基本单元构成，因此它们的最高工作频率一般不超过同一系列触发器的指标。总之，必须保证系统的工作速度不得大于所使用系列的触发器的“最高输入时钟频率f_{max}”。

3. 根据传输延迟时间

“传输延迟时间”是反映数字集成电路器件的输出端对输入信号或时钟脉冲响应快慢程度的参数。对组合逻辑电路来说，可以因门电路器件的传输延迟时间而使电路产生“竞争—冒险”现象，致使系统发生逻辑混乱。例如，译码器的负载是一个对尖峰脉冲敏感的电路(如触发器)，那么这种因译码器电路可能产生的尖峰脉冲将使负载电路发生误动作。对时序逻辑电路来说，因为每个触发器（或计数器、移位寄存器等）都有一定的传输延迟时间，当处于异步工作或级数较多时，总的传输延迟时间累计就长了，这不仅使工作频率受到很大限制，有时还会使电路发生逻辑混乱。例如，对异步计数器进行译码，输出端有时会因“竞争—冒险”而产生尖峰干扰脉冲。因此，在构成数字系统时应充分注意器件的“传输延迟时间”这一参数，以此作为估计各器件输出延迟的依据，从而确定系统中各部分之间的时间配合。

4. 根据数据建立和保持时间

“数据建立时间”是指数据或控制信号先于时钟脉冲有效边沿到达前就稳定的最短时间；“数据保持时间”是指时钟脉冲有效边沿到达后数据或控制端电平应继续保持不变的最短时间。对于D、JK触发器以及主要由触发器为基本单元构成的各种中、大规模器件来说，均有这两个时间问题，这是为了使系统稳定工作而对输入端的数据或控制信号所要求的必需持续时间。在实际的数字系统中，因集成电路内部不可避免地存在着传输延迟，所以对数据建立和保持时间应当保留较充分的余量，必须选用能保证这两个指标的器件，否则，在系统调试过程中很容易产生误动作。

5. 根据时钟脉冲宽度和置位、复位脉冲宽度

通常，不应在系统中用过窄的脉冲作为时钟脉冲或置位、复位脉冲，因为这样会使系统工作不稳定。例如CC4027B双JK触发器，当U_{DD}=10V时，推荐的时钟脉冲宽度为60ns、置位和复位脉冲宽度为80ns，若选用CC4027B，则必须保证不能小于上述宽度。

除以上所述各原则外，选用器件时还要考虑逻辑电平、抗干扰能力、扇出系数及价格等诸多因素，在此不一一详述。使用者应在实际工作中不断总结经验，选用合适的器件构成电路及系统。

二、 数字集成电路器件的检测方法

为了保证实训项目能顺利进行或使数字系统能够长期稳定可靠地工作，精心检测所采用的数字集成电路器件是必不可少的步骤。这种检测包括对逻辑功能的检测和必要时对某些参数的测试。不仅在使用器件前必须确切地知道它的逻辑功能是否正常，而且在调试电路的过程中若发现有某些问题或故障时，有时还需要再次检测其功能。一般情况下，尤其在基本数字逻辑电路实验中，主要是要知道器件的逻辑功能是否正确，而对器件参数的测试仅在必要时进行。因此，掌握器件逻辑功能的检测技术是实际工作者必须具备的基本技能之一。

数字集成电路器件逻辑功能的检测分静态测试和动态测试两个步骤，应当遵循的原则是“先静态，后动态”。

1. 静态测试

静态测试是指无外加输入信号，或对输入端加固定电平时的测量。方法是：按照器件逻辑真值表的规定，将各输入端分别接入一定的电平，测量输入、输出端的高、低电平是否能符合规定值，并判断逻辑关系是否正确。一个器件的逻辑功能正确的标准是：在规定的电源电压范围内，在输出端不接任何负载情况下，电路的输出与输入之间的关系应完全符合真值表或逻辑功能表所规定的逻辑关系，且输出端电平应符合规定值。

（1）根据测试条件的不同，分别有以下四种测试法。

① 数字集成电路测试仪检测法。用数字集成电路测试仪检测数字集成电路器件的逻辑功能是最为简便迅速的方法，尤其适用于数量多、种类多的场合，但测试前务必掌握测试仪的使用方法。

② 数字电路实验箱检测法

• 先给器件加上规定的电源电压；

• 将“电平开关”接至有关输入端以提供逻辑电平；

• 将输入端和输出端分别接至“电平显示器”，使输入端和输出端电平能分别显示出来；

• 若有时钟脉冲，则将“单次脉冲”输出端接至器件的时钟输入端；

• 按器件真值表的输入电平拨动“电平开关”，从“显示器”显示的逻辑电平观察是否符合真值表的规定。

要注意的是：千万不能将“电平开关”接到数字集成器件的输出端，否则当“电平开关”为 0 时，相当于使输出端接地，有些集成电路将会因过电流而损坏。

③ 逻辑笔测试法

• 先接好被测器件的电源电压；

• 将逻辑笔的“类型选择开关”拨至与被测器件相应的类型（TTL 或 CMOS)，并接好逻辑笔相应的电源，注意接地良好；

• 在器件的输入端按真值表接入相应的电平，观察逻辑笔上的显示是否符合真值表的规定。

④ 万用表法。在没有以上仪器的情况下，用万用表也可以测试器件的逻辑功能。

• 把器件插入数字电路实验系统的空白插座中，接好电源电压；

• 把各输入端分别接地（为逻辑 0）或接电源（为逻辑 1）按真值表规定的输入端逻辑电平分别测量输出电压值，判断器件的逻辑功能是否正确；

• 对于时钟输入端可用“先接地，瞬间接电源”的方法来实现。

有些集成电路器件在一片内包含若干独立的逻辑单元，则需对每个独立的逻辑单元都分别进行静态测试。若其中有个别独立单元的逻辑功能不正确，则其他功能正确的独立单元仍可使用，只要做上记号区别即可，不应将整片器件弃之。

(2) 进行静态测试时，如果发现器件的逻辑关系不符合要求，不能就此轻易判定器件有问题而不能用。此时，应作以下检查：

① 电源是否确实接入，电源电压值是否符合规定值，是否稳定；

② 共地点是否有问题；

③ 多余输入端的处理有无问题，尤其要注意的是 CMOS 器件的输入端不可悬空，必须接上相应的逻辑电平；

④ 器件引线端子的辨认是否有错误；

⑤ 有关输入端所加入的电平是否正确；

⑥ 各连接点是否接触可靠；

⑦ 输出端是否有潜在负载，例如，数字电路实验系统检测时，输出端应接电平显示器，而有的实验仪上的发光二极管可能影响器件的逻辑功能，这时就应检测器件的带负载能力或改用其他方法来进行静态测试。

⑧ 不同逻辑电路的输出端是否存在不应有的并联、并接现象。

检查后，找出问题并采取有效措施，才能做好静态测试，然后对器件的逻辑功能正确与否有一个正确的判断。

2. 动态测试

动态测试是指在输入端加入合适的脉冲信号，根据输入、输出波形分析逻辑关系是否正确。动态测试通常是借助示波器来进行的，观察和测量器件的输入、输出脉冲波形，并测出被测信号的幅度、脉宽、占空比、前后沿时间、最高触发频率、抗干扰能力等脉冲参数。

动态测试又分“全动态测试”和“半动态测试”两种。若所有输入端均接脉冲信号时测其输出波形，称为“全动态测试”；若各输入端中既有逻辑电平信号，又有脉冲信号，则称为“半动态测试”。

在实用中，应根据具体使用场合的需要酌情选择测试方法和测试项目。例如，在基础实训中，当使用合格产品的器件时，通常只需经过静态测试后便可接入电路进行实训。除非实训中有某些动态测试的要求，一般不必作单个器件的动态测试。在实际使用中，对于某些使用场合有特殊要求的器件，则不仅要经过静态测试、动态测试、还需进行某些专项测试。例如，要求某器件在干扰严重的恶劣环境中工作，为了保证系统能可靠地运行，除了在电路设计时采取抗干扰措施和对器件进行静态、动态测试外，还需对器件和系统进行专门的抗干扰测试。

三、 TTL集成电路和CMOS集成电路的使用注意事项

表3-1列出了使用TTL集成电路和CMOS集成电路的电源规则、输入规则、输出规则和操作规则及主要注意事项。

表3-1 使用TTL、CMOS集成电路的注意事项

<table>
<tr><th colspan="2"></th><th>TTL</th><th>CMOS</th></tr>
<tr><td rowspan="2">电源规则</td><td>范围</td><td>$+4.75<U_{CC}<+5.25V$</td><td>①$U_{min}<U_{DD}<U_{max}$，考虑到瞬态变化，应保持在绝对的最大极限电源电压范围内。例如CC4000B系列的电源电压范围为3～18V，而推荐使用的U_{DD}为4～15V；
②条件许可的话，CMOS电路的电源较低为好；
③避免使用大阻值串入U_{DD}或U_{SS}端</td></tr>
<tr><td>注意事项</td><td colspan="2">①电源和地的极性千万不能颠倒接错，否则过大的电流造成器件损坏；
②电源接通时，不可移动、插入、拔出或焊接集成电路器件，否则会造成永久性损坏；
③对H—CMOS器件，电源引线端的高、低频去耦要加强，几乎每个H—CMOS器件都要加上0.01～0.1μF的电源去耦电容</td></tr>
<tr><td rowspan="3">输入规则</td><td>幅度</td><td>$-0.5V\leqslant U_i\leqslant +5.5V$</td><td>$U_{SS}\leqslant U_i\leqslant U_{DD}$</td></tr>
<tr><td>边沿</td><td>组合逻辑U_i的边沿变化速度小于100 ns/V；
时序逻辑电路U_i的边沿变化速度小于50ns/V</td><td>一般的CMOS器件：$t_r(t_f)\leqslant 15ns$；
H—CMOS器件：$t_r(t_f)\leqslant 0.5ns$</td></tr>
<tr><td>多余输入端的处理</td><td>①多余输入端最好不要悬空，根据逻辑关系的需要作处理；
②处理方法见本书第三章第四节相关内容；
③触发器的不使用端不得悬空，应按逻辑功能接入相应的电平</td><td>①多余输入端绝对不可悬空，即使同一片上未被使用但已接通电源的CMOS电路的所有输入端也均不可以悬空，都应根据逻辑功能作处理；
②处理方法见本书第三章第四节相关内容；
③作振荡器或单稳电路时，输入端必须串入电阻用以限流</td></tr>
<tr><td colspan="2">输出规则</td><td colspan="2">①输出端不允许与电源或地短路；
②输出端不允许“线与”，即不允许输出端并联使用，只有集成电路中的三态或集电极开路输出结构的电路可以并联使用；
③TTL集电极开路的电路（即：“OC”门）“线与”时，应在其公共输出端加接一个预先计算好的上拉电阻到U_{CC}</td></tr>
<tr><td rowspan="2">操作规则</td><td>电路存放</td><td colspan="2">存放在温度10～40℃干燥通风的容器中，不允许有腐蚀性的气体进入。存放CMOS电路时要屏蔽，一般放在金属容器里，也可用金属箔将引线端子短路</td></tr>
<tr><td>电源和信号源的加入</td><td colspan="2">开机时先接通电路板电源，后开信号源；关机时先关信号源，后关线路板电源。尤其是CMOS电路未接通电源时，不允许有输入信号加入</td></tr>
</table>

第二节　数字逻辑电路的测试

数字逻辑电路测试应遵循“先静态后动态”的测试原则。特别要指出的是，无论是进行何种训练，在组成电路前首先必须把所有要使用的器件检测一遍，千万不要急于求成而忽视了这一必要步骤。这一方面是为了减少因器件本身不好而引起的故障，同时也是为了养成良好的实训和职业习惯。

数字逻辑电路的测试，主要是检验电路是否满足所要求的逻辑功能以及电路能否正常工作。

一、组合逻辑电路的测试

组合逻辑电路的功能，由真值表可以完全表示出来，测试工作就是验证电路的功能是否符合真值表。

1. 组合逻辑电路的静态测试

以三输入（A、B、C）二输出（F_1，F_2）的组合逻辑电路为例，测试线路的连接可按图 3-1 所示。

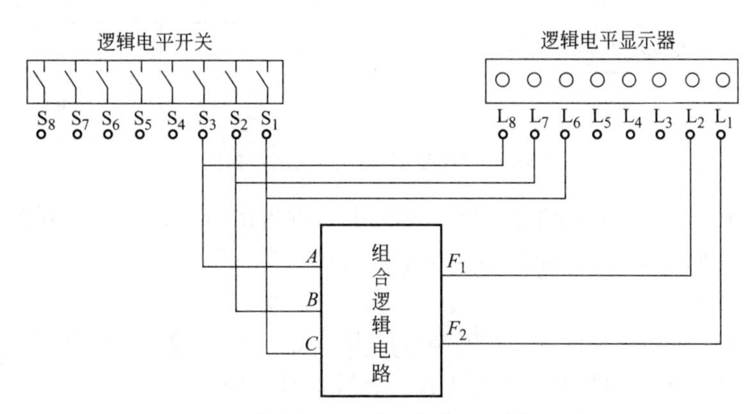

图 3-1　组合逻辑电路的静态测试连接框图

① 将电路的输入端分别接到逻辑电平开关。注意按真值表中输入信号的高、低位排列顺序，组合电路的输入逻辑信号由逻辑电平开关提供。

② 将电路的输入端和输出端分别连至“0—1 电平显示器”。分别显示电路的输入状态和输出状态。注意使输入信号的显示也按真值表高、低位的排列顺序，不要颠倒。

③ 根据真值表，用逻辑电平开关给出所有的状态组合。例如，三个逻辑电平开关可以给出真值表中所有的八种输入状态组合，观察输出端的电平显示是否满足所要求的逻辑功能。

2. 组合逻辑电路的动态测试

动态测试是根据需要，在组合逻辑电路的输入端分别输入合适的信号，测试电路的输出响应。输入信号可以由脉冲信号发生器或脉冲序列发生器产生。这些信号发生器有时可自制，例如，一个二进制计数器的输入信号就是一个周期脉冲序列发生器，一般可用移位寄存器或带有译码器的计数器产生。测试时可用脉冲示波器观察输出信号是否跟得上变化的输入信号，是否有正确逻辑关系的稳定的输出波形。

二、 时序逻辑电路的测试

1. 时序逻辑电路的静态测试

所谓时序逻辑电路的静态测试实际是一种“半动态测试”，因为时序逻辑电路通常是有时钟脉冲加入的，因此，输入信号中既有电平信号，又有脉冲信号，故称为“半动态测试”。设某时序逻辑电路有两个信号输入端，一个时钟脉冲信号输入端和四个输出端，则测试连接线路可按图 3-2 连接。

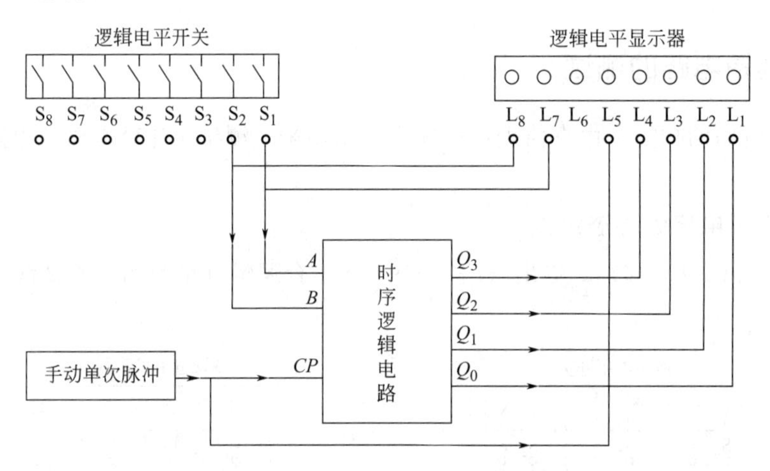

图 3-2 时序逻辑电路测试连接框图

① 把输入端 A、B 分别连到逻辑电平开关上，输入信号由逻辑电平开关提供；把时钟脉冲输入端 CP 连到手动单次脉冲输出端，CP 由手动单次脉冲发生器提供。手动单次脉冲发生器即消除抖动的 0—1 按钮。

② 把输入端 A、B 和时钟脉冲 CP 端与输出端 Q_3、Q_2、Q_1、Q_0 分别连接到逻辑电平显示器，连接时注意输出信号在显示器上高、低位的排列顺序。

③ 测试时，每按动一次手动单次脉冲按钮，可从显示器上观察到输入、输出状态的变化和转换情况。若全部转换情况都符合状态转换表（图）的规定，则该电路的逻辑功能是符合要求的。

2. 时序逻辑电路的动态测试

动态测试通常是借助示波器来进行的。若所有的输入端都接适当的脉冲信号，则称为“全动态测试”，而一般情况下，多数属于半动态测试，只是时钟脉冲是由连续时钟脉冲信号源提供的。测试连接如图 3-3 所示。

① 把连续时钟脉冲接到时序逻辑电路的 CP 端，同时连接到二踪示波器的 Y_B 通道和外触发输入端，使示波器的触发信号为时钟脉冲信号。当然，连续时钟脉冲也可不接到外触发输入端，而只要接到 Y_B 通道输入端即可，此时，必须拉出“内触发拉 Y_B”开关，使示波器的触发信号以“内触发方式”取自于 Y_B 通道输入的信号，这样可使触发信号同样为时钟脉冲信号。这两种方式达到的目的是相同的，即在屏幕上观察到的两个信号波形都具有同一个触发源——时钟脉冲 CP，使这两个波形在时间关系上对应起来。

② 将时序逻辑电路的输出端 Q_0、Q_1、Q_2、Q_3 依次接到 Y_A，分别观察各输出信号与时钟脉冲 CP 所对应的波形。由于 Y_B 通道始终接时钟脉冲 CP，当“内触发拉 Y_B”开关拉出后，触发源就取自 CP，因此，分别依次记录下来的 Q_0、Q_1、Q_2、Q_3 的波形可以保证与时钟脉冲 CP 的波形在时间上是完全对应的。

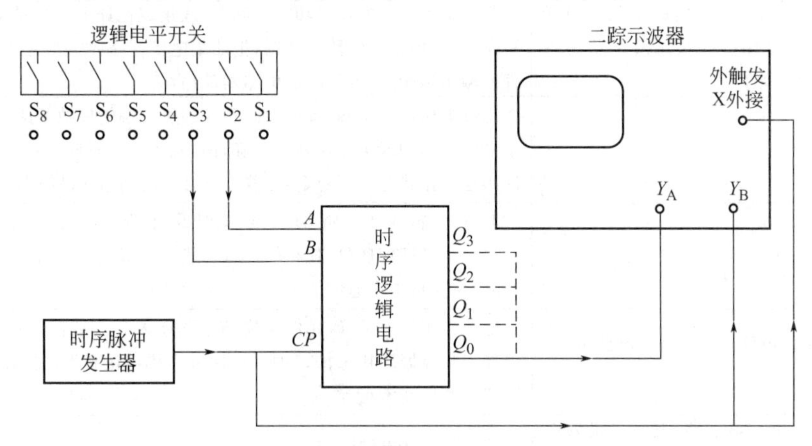

图 3-3 用示波器测试时序逻辑电路连接框图

③ 对记录下来的波形进行分析，则可判断被测时序逻辑电路的功能是否正确，状态转换是否跟得上时钟频率。

至于“全动态测试”，则是根据需要，在所有的输入端加上一定的信号（例如由信号序列发生器提供的序列脉冲信号），用示波器来观察各个状态变量的情况。要注意的是，整个测试过程一般均应以时钟脉冲作为触发源才能获得具有准确的时间关系的波形图，以得到正确的分析判断。

第三节 数字电路的故障检测

一、 数字电路的常见故障

在数字电路实训中，凡是对于一定的输入信号或输入序列，不能完成所组成电路应有的逻辑功能，不能产生正确输出信号的现象称为故障。确切地说，对于组合逻辑电路，当电路不能正确地按照真值表工作时，就认为该组合逻辑电路存在故障；对于时序逻辑电路，当电路不能正确地按照状态转换表（图）工作时，就认为该时序逻辑电路存在故障。表 3-2 列出了数字电路实训中的一些常见故障现象及其主要原因。

表 3-2 数字电路的常见故障

故障现象	故障原因
线路板无电源	线路板电源母线因线路中有严重故障而断开
单个集成电路器件无电源	搞错标记，把集成电路器件插反，致使电源极性接反而损坏集成电路器件；引线端子辨认有误，电源未加到指定引脚上；实验内预留插座过松，与集成电路器件引线端子接触不良；连接导线内部断路
集成电路器件输出高电平等于电源电压值	输出端与电源线短路

续表

故障现象	故障原因
集成电路器件的输出高电平达不到标准输出高电平，即$U_{OH}<U_{SH}$	集成电路器件本身功能不好，该集成电路器件所带的负载过重
不论输入信号如何变化，电路中某一单元的输入或输出总是保持0状态或1状态不变，即状态"黏附"现象	集成电路器件的逻辑功能有问题，或集成电路器件内部对地或对电源短路；线路中某点短路或断路；把非集电极开路或三态输出的集成电路器件的输出端相连，致使集成电路器件损坏
状态不稳定	电源电压值不正确；集成电路器件的引线端子接触不良，或连接线接触不良时钟脉冲或信号序列不正确；因"竞争——冒险"现象产生的干扰脉冲影响工作状态的不稳定；某些电路必要的初始化措施未设计好
计数电路状态转换不正确	时序逻辑电路（特别是异步时序电路）中的组合逻辑电路有"竞争——冒险"现象；各相同逻辑功能的集成电路器件不是同一厂家的产品（主要指工作速度的不同）；电路设计有误
振荡电路（用门电路或555时基电路组成）不起振	电源电压值不正确；元件参数（R、C）未设计好，或使实际电路在工作时仅处于临界振荡状态；555时基电路外引线辨认有误而使接线不正确；某一门电路功能不正确
与非门输出至电平显示器，发光二极管似亮非亮现象	与非门外接电源未加上

二、数字电路的故障检测

在进行数字集成电路实训过程中，故障是常常发生的。有时，虽然只要换一片集成电路或重新连接某些连线就可排除故障，这看似简单，但对初学者来说，迅速查找和排除故障的技术并不是很容易就学会的，特别是当电路较为复杂，要想在多片、多种类集成电路及众多连线中迅速检测、排除故障就更不易了。当然，高超的检测技术要有充分的理论知识和丰富的实践经验，但遵循一定的检测方法和步骤，经过一定的训练，积累一定的经验，也能提高检测和排除一般故障的能力。

（一）数字电路常用的检测仪器

1. 示波器

用于数字电路检测的示波器的带宽一般需大于10MHz，至少要大于信号的频率，这是为了能显示数字电子电路中快而窄的脉冲，例如，CA8022双踪示波器的带宽为20MHz，可以满足一般要求。此外，用于检查数字脉冲波形的示波器必须具有比被测脉冲更快的上升时间。

数字存储示波器具有能将瞬时脉冲进行存储显示的功能，当分析非周期性的（如窄噪声脉冲、"毛刺"等短时间的闪烁脉冲）脉冲时很有用，如VP7530A型。较新颖的数字存储示波器还可与微机组成一体而成为数字信号处理示波器，成为微机化的智能示波器。

2. 逻辑测试笔

逻辑测试笔是一种重要的数字测试工具，在故障初步测试中特别有用，可以用来确定故障范围，然后用示波器（存储型示波器更好）确定故障的详情。当要测试某点是高电平还是低电平时，逻辑测试笔比示波器或万用表更易于使用。

逻辑测试笔对不同输入信号的响应如图3-4所示。

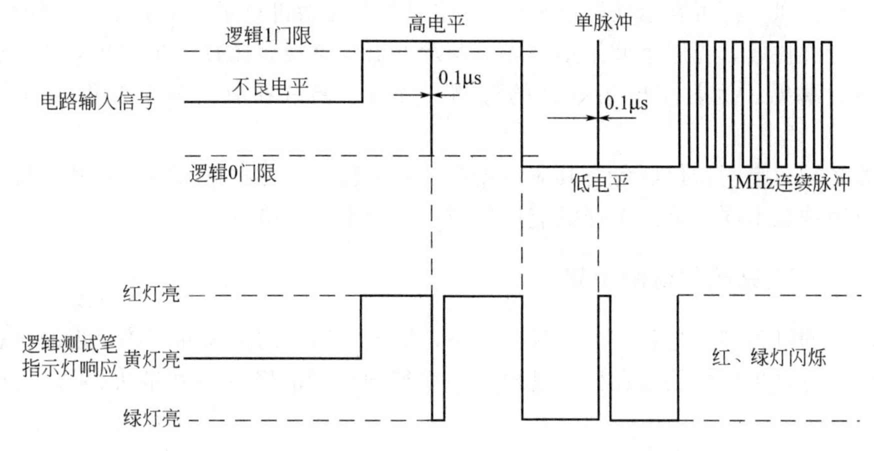

图 3-4　逻辑测试笔对不同输入的响应

3. 脉冲发生笔

脉冲发生笔是一种具有高输出电流能力的单脉冲发生器，外形与逻辑测试笔相类似，通常与逻辑测试笔一起使用，进行故障的检测。脉冲发生器能对电路的节点强制注入连续脉冲或单次脉冲，输出较大的脉冲电流，迫使在线的门电路打开或关闭而不会损坏器件。由于脉冲发生笔在与逻辑测试笔一起使用时，可以在不拆下集成电路器件的情况下，直接判断和寻找出逻辑电路的故障，因而可以大大提高检测故障的速度。

4. 数字集成电路测试仪

数字集成电路测试仪是用于判断集成电路器件的功能是否正常的专用仪器。全部检测过程是自动的，能确切地指明器件功能的好坏，但必须将集成电路器件取下插入测试仪中才能检测。

还有一种名称为逻辑比较器的仪器可夹到在线的集成电路器件上，用发光二极管的显示来识别双列直插式集成电路器件引线端上的逻辑差异，全部比较过程也是自动的。使用时，将一片带有功能良好的同类型集成电路器件的标准板插入比较器中，手握住比较器，夹子夹到被测集成电路器件上，故障就被立即指示出来，即使是很短暂的动态错误也可检出，并经过展宽后显示出来。

5. 电子电路实验系统

根据电子电路系统上的电平指示器所指示的状态可检测电路中某些点或集成电路器件的输入、输出情况。与逻辑测试笔一样，实验系统上的电平指示器也只能显示有关点或有关集成电路器件引线端上的状态，而不能指明该集成电路器件是否有故障，需要使用者根据所指示的状态及对电路和器件所掌握的知识来作分析和判断是否有故障。

6. 逻辑分析仪

通用示波器和双踪示波器可分别观测一路或二路具有周期性变化的信号，是最常用的电子仪器。当需要同时显示分析多路随机而又非周期性变化的逻辑信号时，一般的示波器就无法显示了。逻辑分析仪能存储 16 或 16 路以上的数字脉冲波形，可观察与分析一般示波器无法观察或很难观察到的单个脉冲、毛刺信号或偶发寄生峰干扰信号波形，对故障前后的波形可从容地分析。但逻辑分析仪价格较昂贵，一般的实验室难以配备，因此人们又研制了不少有效而廉价的测试设备，例如 MLOI16—Ⅲ型逻辑分析仪。只要配备具有外触发的普通示波器或者微型计算机，便可在示波器上显示 16 路时序图在微机显示屏上显示 16 路时序图及进行打印、存盘、比较，克服了使用单踪或双踪示波器逐点观察比较、难以建立整体逻辑概念等不利分析的弊端，为数字电子电路的检测、分析、调试和故障分析提供了方便的显示的工具。

总之，各种数字测试仪器各有其应用场合和使用特点，可根据实验条件和实验电路的不同，根据故障现象不同，灵活选择并应用于数字电子电路的检测。

（二）数字电路故障检测步骤

诊断故障的过程实际上就是通过运行电路，把各输出端的结果和应该呈现的状态相比较的过程。需要着重指出的是，在检测过程中要仔细地记录故障现象和解决办法，便于分析、积累经验。

(1) 检测前应注意：在电源断开时，不得加上测试信号；在电源接通时，不得随意移动或插入集成电路，以避免由此引起的过电流冲击而造成集成电路器件的永久性损坏，甚至造成一连串器件的损坏；应避免使用大探头，因为大探头容易使集成电路器件引线端子间短路，以致造成更大的故障；应当直接在集成器件本身的外引线上检查电压。

(2) 检测时先大范围寻找故障源，然后再在较小的范围沿信号通路进行测试，检查每一单元、器件，直到找出第一次丢失信号或信号不正常的地方。

方法是：先加入适当的测试信号，用宽带示波器或逻辑测试笔、实验仪上的电平显示器等将进行的结果动态地实现，逐级检查，把故障的寻找从整个电路缩小到一个小区域，然后用静态测试的方法检查小区域中每个集成器件的功能，可采用以下做法。

① 在故障区可用手指触摸各元、器件外表，寻找有没有过热的情况。若有过热现象，则很快可以找到有故障的元、器件，但要注意防止触电，可断开电源进行或用绝缘温度计进行。

② 检查集成电路器件是否插反或型号不对。

③ 检测有关的集成电路器件的电源电压是否正确，所有外引线上的电压是否在额定电压范围内。

④ 检查集成电路器件的输出端是否有短路现象，是否有细小导线桥接现象（导线搭接现象)。要进一步寻找短路点可用万用表进行测量，沿故障区域的电路逐点测量，找出短路点。

⑤ 对组合逻辑电路，检查当前的所有输入信号，看是否符合要求；检查相对应的输出信号，看是否符合电路所要求的逻辑功能。

⑥ 对时序逻辑电路，可用单次脉冲或低重复频率的脉冲，用逻辑测试笔或示波器仔细观测故障现象。若出现不正常的现象，不要急于判断，应多次重复输入信号，反复观测电路的工作状态后再作判断。

(3) 取下有疑问的器件，作静态测试，若检查后确信功能正常，就仍插回电路原处；若有问题，就可用同型号器件替换之，然后再观测电路的输入输出关系是否正常。用替换法置换器件时，最重要的是要避免再次出错。不要对已有故障的电路粗心大意而使检测工作变得复杂起来，即要注意插拔集成电路器件时先切断电源，换上去的电路器件的型号必须核对正确，功能必须完好，还要注意不要将器件插反或插错位置。

(4) 若其他因素都正常，则应检查故障点处的集成电路器件输出端是否有过载现象。因为在实际电路中，由于电源、连接线、级数、器件间的互相影响等诸多因素会使集成电路器件的负载能力下降。此时，可断开负载，观测该输出端功能是否正确。如果确因后级负载过重，则可在不改变逻辑功能的情况下增加一些门，使负载分流，减轻前级门的负载；或选用输出驱动电流较大的缓冲器；如果是由于负载电路中的故障使集成电路器件输出过载，则应在负载电路中继续查找；如果断开负载后，前级输出端仍然功能不正常，则应在前级查找，例如，加入的信号有没有问题、前级带负载能力是否够等。

（5）如果电路存在时有时无的故障，那就可适当加热电路板，以加速故障的发生，但要注意以不损坏电路为原则。然后，在冷却过程中观察电路的输出响应变化。

（6）在检测故障过程中，遇到困难问题时，最好的办法是暂时“中断”一下，停下来冷静地专门研究问题的各个方面及各种可能，研究测试数据，能使困难问题变得容易解决。

第四节　数字电路的干扰与抑制

数字电路处理的是数字信号，因此存在的干扰及抑制方法除了与模拟电路相类似的以外，还有些传输和处理数字信号所特有的情况，下面分外部和内部两方面说明。

一、 数字电路外部的干扰及抑制方法

1. 外来干扰

外来干扰是指外界环境通过辐射或者耦合，经过电源线、地线、信号线进入电路系统内的干扰。例如，工业中的火花放电、电力变压器和电动机及一些机械触点产生的干扰等。

抑制方法：

① 实训电路的逻辑部件远离大功率部件，并采取屏蔽措施。

② 附加接地（接大地）。

③ 用去耦电容分别对电源线引入的干扰加以退耦，如图 3-5 所示，还在紧靠逻辑门的电源线上并接退耦电容。电解电容具有良好的低频性能，陶瓷片电容的高频响应很好，这样可以有效地抑制外来干扰。

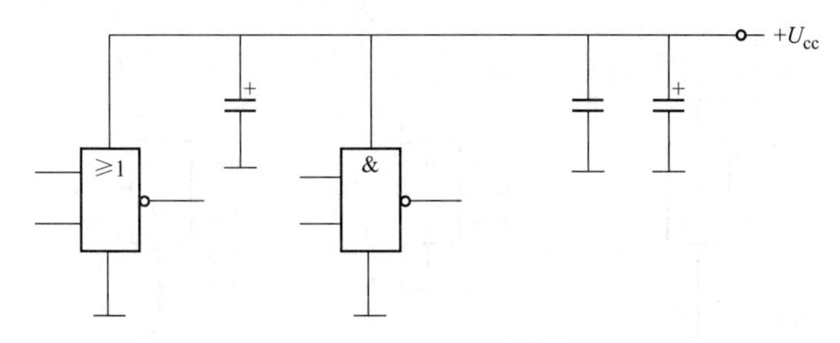

图 3-5　用去耦电容抑制干扰

④ 电源线具有低的动态阻抗。

⑤ 不可用大电阻串入电源和地之间。

⑥ 当继电器或开关的机械触点与集成电路输入端相连时，为了防止这些机械触点产生颤抖干扰而影响电路正常工作，可在机械触点与电路输入端之间用一个简单的 RS 触发器进行缓冲，在实验室中还可作单次脉冲发生器。

⑦ 对扳键、控制开关的触点干扰，可用旁路电容或施密特触发器作输入缓冲来控制，如图 3-6 所示。

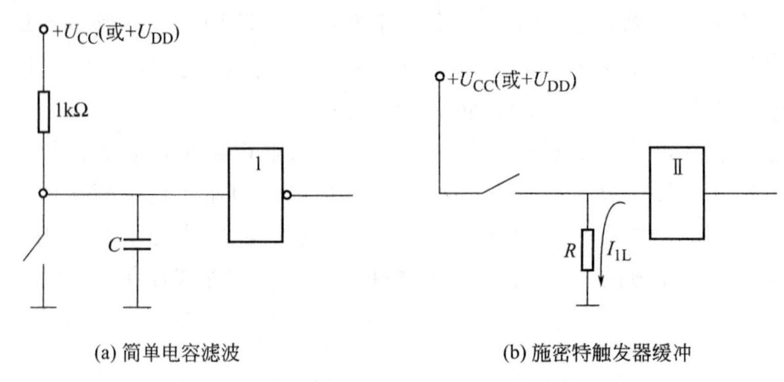

(a) 简单电容滤波　　(b) 施密特触发器缓冲

图 3-6　扳键、控制开关触点干扰的控制

⑧ 集成电路器件的多余输入端的处理要严格遵照使用规则，特别要注意的是：TTL 电路的多余输入端不要悬空，应分别根据逻辑功能接地或用大于（或等于）1kΩ 的电阻连到 U_{CC}上，或几个门的多余输入端通过公共电阻连到 U_{CC}上，或与已用的输入端并联使用等，如图 3-7 所示。对于 CMOS 电路的所有输入端都不得悬空，应按电路功能分别接应有的电平，如图 3-8 所示。

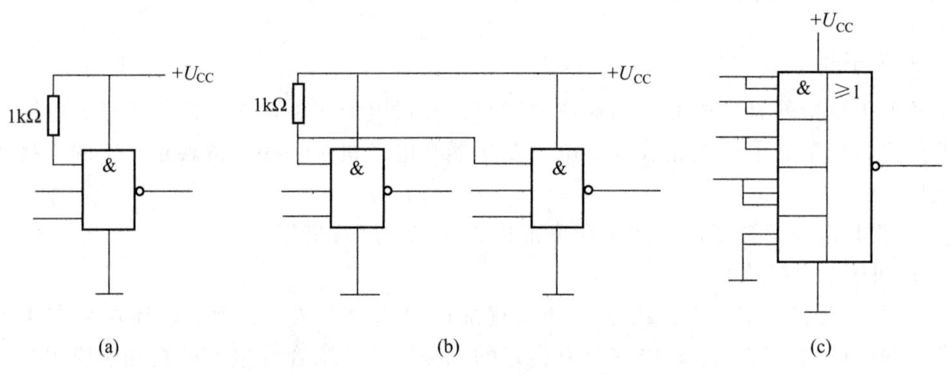

图 3-7　TTL 电路多余输入端的处理

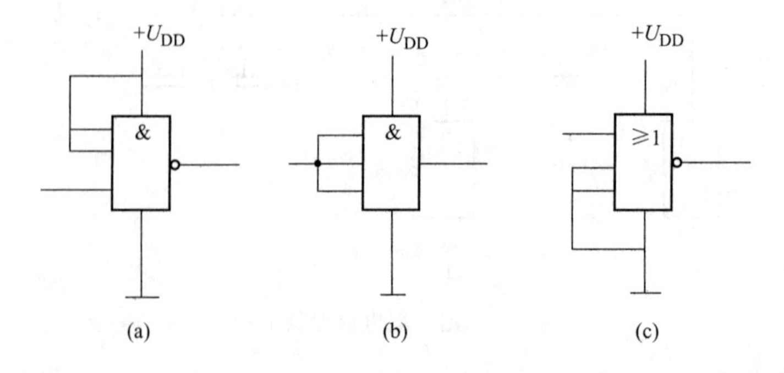

图 3-8　CMOS 电路多余输入端的处理

2. 电源线干扰

电源线干扰是指直流滤波不佳、电源电压不稳定，或者电源变压器的 50Hz 电源通过电源线馈入到数字电路内电源的干扰。

抑制方法

① 电源电压要有较高的稳定度。

② 电源变压器加上滤波电容除去高次谐波的干扰，并采用屏蔽的措施。

③ 尽量采用粗而短和动态电阻小的电源线。

④ 采用低输出阻抗的直流电源，以减小瞬时过冲（如开启或切断电源时的瞬时过冲），并缩短瞬时过冲的维持时间。

3. 地线的干扰

如果地线布置不合理，可能沿地线分布着干扰电流和干扰电压，这些叠加在地线上的干扰信号很容易超过电路的噪声容限，使电路的输入端受到干扰。

抑制方法

① 尽量采用粗而短的地线。

② 印制电路板设计时，尽可能具有地平面或使地线尽量宽阔，并使地线和电源线自成一个闭合回路。

③ 若采用接大地方式接地，则电路和各种有关设备仪器的接地端均需用低阻导体可靠而牢固地连接到大地的公共点。

二、 数字电路内部的干扰及其抑制方法

1. 瞬态电流干扰

瞬态电流主要是电路中输出电压从低电平到高电平转换时出现的尖峰电流以及负载电容的充、放电等因素产生的，且随着工作速度的提高而增加。瞬态电流比静态电流大得多，不仅增加功耗，而且给电源带来干扰。

抑制方法

① 采用接地和电源去耦措施（即采用各种方式滤波），使电源线上的干扰尖峰不足以使门的输出状态发生变化为原则，图 3-9 示出了常用配电和去耦线路。

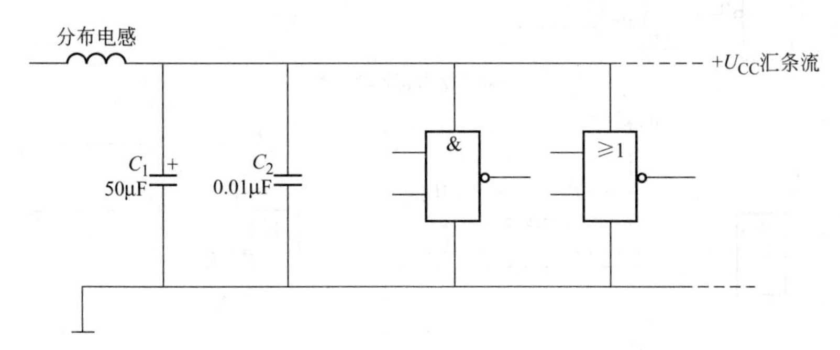

图 3-9 常用的配电和去耦电路

② 布线时，尽量减少不必要的杂散电容，连线尽量短。

③ 尽量使地线粗而短。

④ 有大电容负载时，必须串入限流保护电阻 R_p，如图 3-10 所示，以避免由于关断电源或者电流电压下跌时使得大电容上的电压可能大于电源电压的情况。

2. 窜扰

信号在传输线上传送时，若信号线在大于数厘米的长度内靠拢，就有可能在线间产生互

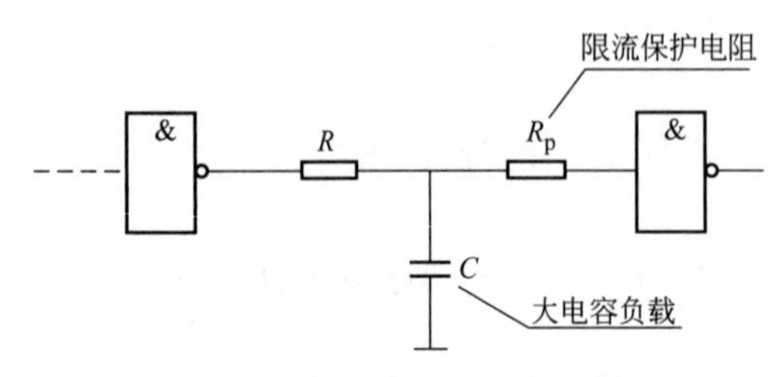

图 3-10 大电容负载时的保护措施

感和互容的电能量耦合现象。这种一根线上的信号通过电磁耦合到邻近线上产生的干扰就称“窜扰”。窜扰与信号频率有关，而数字电路中状态转换速度很快，信号线之间就容易引起窜扰；窜扰还与传输线的阻抗有关。由于 TTL 电路和 CMOS 电路的输出阻抗均很低，因此短线窜扰是不严重的。此外，已证明了双绞线抑制窜扰的能力是较强的。

抑制方法

① 尽量使用短线连接线路。

② 在组成电路系统时可采用双绞线（或同轴电缆线）。

③ 信号的发送线与接收线间，或同相的信号线间应避免平行走线，要分散、交叉地走线。在必须走长线且平行的情况下，则尽可能靠近地线走线，且使各信号间的平行段尽可能短。

④ 在信号输入处加施密特触发器，利用施密特触发器具有可变阈值的特性来消除窜扰引起的噪声，使其不至于被逐级放大；图 3-11(a) 示出了由窜扰引起的噪声被放大的情况；图 3-11(b) 示出了施密特触发器对噪声的抑制。

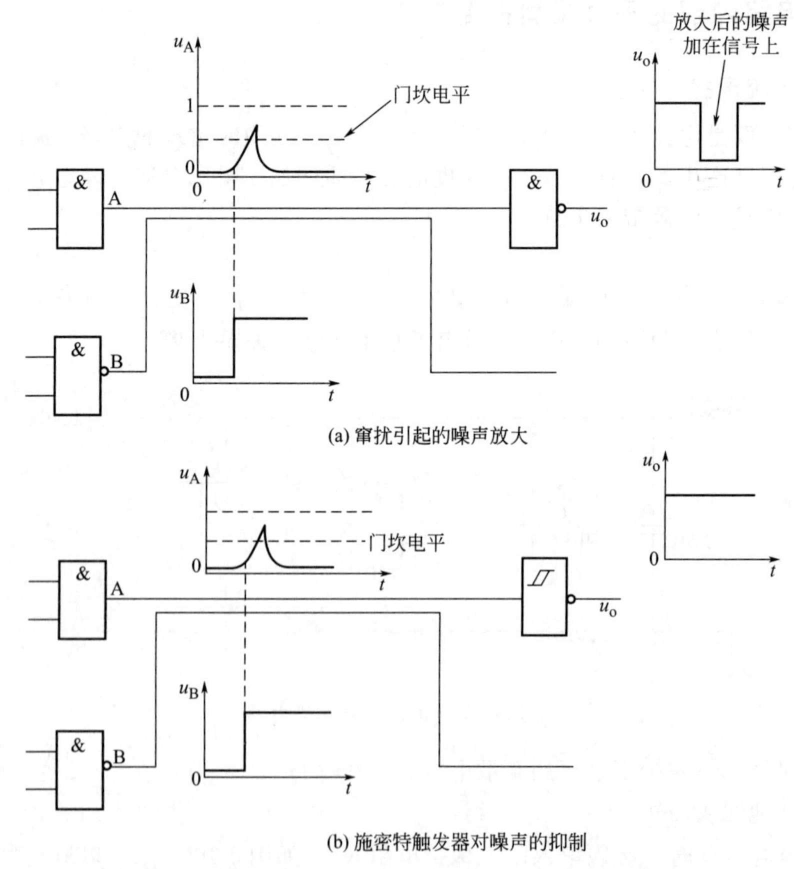

图 3-11 窜扰及其抑制方法（在输入端接施密特触发器）

3. 反射

数字电路中互相连接的导线可以看做传输线。当门电路的信号传输线长度大于 1m，上升和下降时间小于 1ns 时，必须考虑信号的反射。产生反射的原因是输出器件、传输线和接收器件之间的阻抗不匹配，因此不可避免有反射。而且长的输入线必然伴随着分布电容、电感，还容易有 LC 振荡。造成的后果是：信号的延迟；产生振荡；出现上冲、下冲、边沿台阶和缺口等各种不好的波形，甚至使门电路的动作延迟或出错。一般说来，在数字电路中，传输线的信号反射是最主要的干扰源。

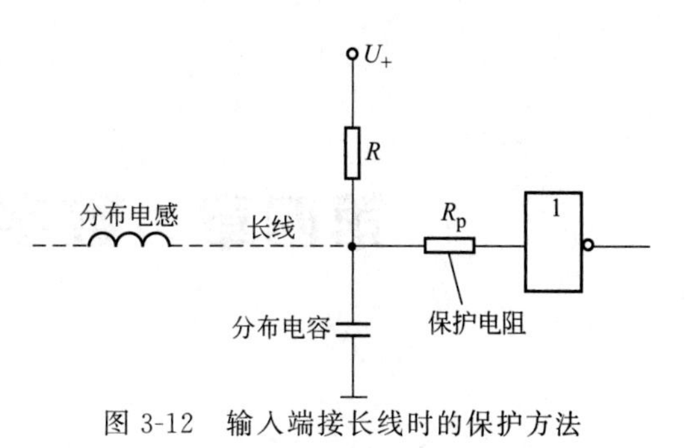

图 3-12　输入端接长线时的保护方法

抑制方法如下。

① 尽量缩短连接线的长度。

② 输入端接长线时要加保护，进行阻抗匹配，即在输入端串接 R_p，如图 3-12 所示。

③ 在长线的始端（驱动门的输出端）不要再接门电路，以免因反射导致信号畸变而产生逻辑错误。

第四章　数字电路基础实训

实训十三　TTL 与非门的测试及功能转换

一、实训目的

① 掌握 TTL 与非门逻辑功能的测试方法。
② 熟悉 TTL 与非门主要参数的测试方法。
③ 掌握用与非门组成其他功能逻辑门电路的方法。
④ 熟悉数字电路实验系统的使用方法。

二、实训仪器与设备

① 多功能数字电路实验系统　　　一台
② MF-47 型万用表　　　一块
③ 74LS00 四 2 输入与非门　　　一块
④ 示波器　　　一台

三、实训原理

（一）与非门逻辑功能

二输入端与非门：　$F=\overline{AB}$

四输入端与非门：　$F=\overline{ABCD}$

（二）TTL 与非门主要参数

1. 空载通导电源电流 I_{E1}

I_{E1}是与非门处于开启状态下流过电源的电流，其大小标志着门电路开态功耗 P_1 的大小。$P_1=U_{CC}I_{E1}$

一般产品规定指标 $I_{E1}\leqslant 10mA$。

2. 空载截止电源电流 I_{E2}

I_{E2}是与非门处于关闭状态下流过电源的电流，其关态门的功耗是 $P_2=U_{CC}I_{E2}$，与非门静态平均功耗 $P=\dfrac{P_1+P_2}{2}$。

一般产品规定指标 $I_{E2}\leqslant 5mA$。

3. 输入短路电流 I_{iS}

I_{iS}是低电平输入时灌进前级门的负载电流。I_{iS}太大将影响前级门的扇出系数。

产品规定指标为 $I_{iS} \leqslant 1.5mA$。

4. 输入漏电流 I_{iH}

I_{iH}是寄生晶体管效应产生的输入电流。

一般产品规定指标为 $I_{iH} \leqslant 70\mu A$。

5. 输出高电平 U_{OH}

输出高电平U_{OH}就是电路的关态输出电平，即电路输入端有一个以上接低电平时的输出电平值。

产品规定指标 $U_{OH} \geqslant 3.2V$。

6. 输出低电平 U_{OL}

输出低电平U_{OL}就是与非门的开态输出电平，即所有输入端均接高电平时的输出电平值。

产品规定指标 $U_{OL} \leqslant 0.35V$。

7. 开门电平 U_{ON}

开门电平U_{ON}是指输出为额定低电平时的最小输入电平。

产品规定指标 $U_{ON} \leqslant 1.8V$。

8. 关门电平 U_{OFF}

关门电平U_{OFF}是指输出电平达到额定高电平的90%时的输入电平。

产品规定指标 $U_{OFF} \geqslant 0.8V$。

9. 扇出系数 N

扇出系数是指门电路正常工作条件下带同类型门的个数，它反映了门电路的带负载能力。$N=\frac{I_L}{I_{iS}}$，其中I_L为门电路开态时的负载电流，I_{iS}为输入短路电流。

产品规定指标 $N \geqslant 8V$。

（三）与非门逻辑功能的转换

按照逻辑代数的变换规则，用与非逻辑可以实现其他逻辑关系。因此，用与非门也可构成其他逻辑门电路，如或门、异或门等。

四、实训内容与步骤

（一）多功能数字电路实验箱的使用练习

① 实验箱上设有十个逻辑开关作为输入逻辑变量。开关向上拨输出为高电平“1”，向下拨输出为低电平“0”。用示波器观测或用万用表测量各开关输出插孔的输出电平的电压值。若有故障请注意记录。数据记录于表4-1。

表4-1 逻辑开关和电平显示器的测量

逻辑开关的电压值	0电平	/V	电平显示器	0电平	（色灯亮）
	1电平	/V		1电平	（色灯亮）

② 实验箱上设有十个逻辑电平显示器，作为输出逻辑状态指示。用连接导线将测试合格的逻辑开关逐一分别连至十个逻辑电平显示器，观察其发光情况，并记录于表 4-1（正常时红灯亮表示为“1”，绿灯亮表示为“0”）。

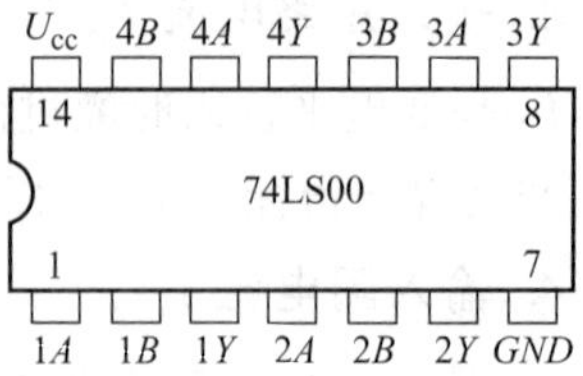

（二）与非门（74LS00）逻辑功能的测试

U_{cc} 4B 4A 4Y 3B 3A 3Y
14 8
74LS00
1 7
1A 1B 1Y 2A 2B 2Y GND

图 4-1 74LS00 端子排列图

74LS00 四 2 输入与非门的端子排列图如图 4-1 所示。将逻辑电平开关接入某一与非门的各输入端，与非门输出接至逻辑电平显示器，测试与非门的逻辑功能。结果记录于表 4-2 中输出第一栏。

（三）与非门逻辑功能的转换

① 用 74LS00 组成二输入端或门，测其逻辑功能，结果记录于表 4-2 中的输出第二栏。

表 4-2 门电路功能测试

输入		输出		
		与非门	或门	异或门
A	B	F_1	F_2	F_3
0	0			
0	1			
1	0			
1	1			
输出逻辑表达式		$F_1=$	$F_2=$	$F_3=$

② 用 74LS00 组成二输入端异或门，测其逻辑功能，结果记录于表 4-2 中的输出第三栏。

（四）与非门主要参数的测试

1. 静态功耗测试

电源电压 $U_{CC}=5V$

① 空载通导电源电流 I_{E1}

测试条件：输入端全部悬空，输出悬空。

测试电路如图 4-2 所示。

② 空载截止电流 I_{E2}

测试条件：任一输入端接低电平（“0”），输出悬空。

测试电路如图 4-3 所示。

2. 传输特性测试

即测试关门电平 U_{OFF} 和输出高电平 U_{OH}，开门电平 U_{ON} 和输出低电平 U_{OL}。

测试条件：输出空载，任一输入端接可调电平，其余输入端悬空。

测试电路如图 4-4 所示。

方法：利用 2.2kΩ 电位器调节输入电压值，实测输出电压值 U_o，绘制电压传输特性曲线，并从曲线上读出 U_{OH}，U_{OL}，U_{ON}，U_{OFF}，实训数据填入表 4-3 中。

测试时，在逻辑门输出状态转换的区域内，要反复多测几个点，以便准确判断 U_{ON} 和 U_{OFF}。

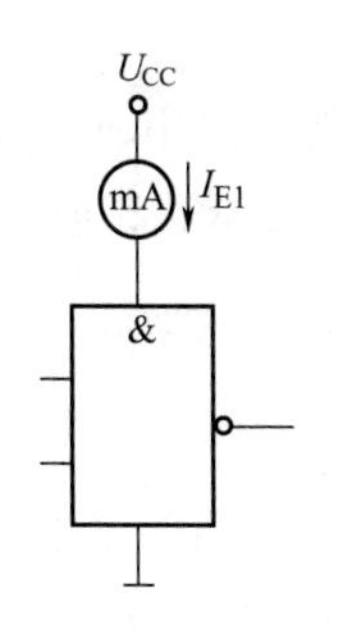

图 4-2 空载通导电源电流测试电路

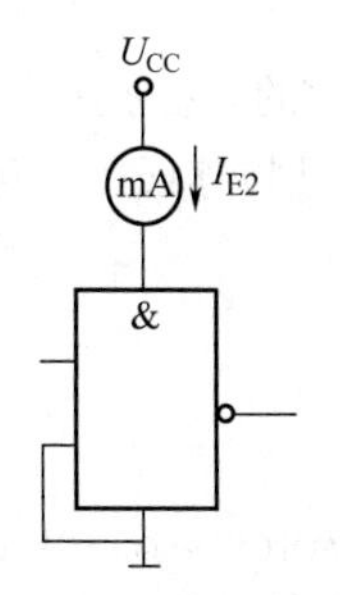

图 4-3 空载截止电源电流测试电路

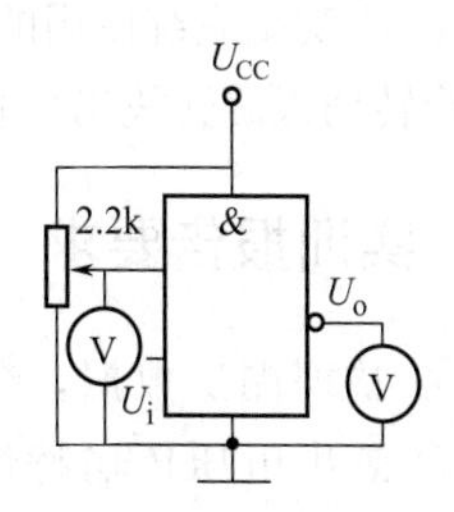

图 4-4 电压传输特性测试电路

表 4-3 与非门传输特性的测试

U_i/V	0.3	0.5	0.8	1.0	1.1	1.2	1.3	1.4	1.5	1.6	1.7	1.8	1.9	2.0
U_o/V														

3. 带载能力测试

① 开态负载电流 I_L

测试条件：所有输入端悬空

测试电路如图 4-5 所示。

调节 R_{PL} 使输出电压 U_o＝0.35V，测出此时的负载电流 I_L 的值。

② 输入短路电流 I_{iS}

测试条件：被测输入端通过电流表接地，其余输入端和输出端悬空。

测试电路如图 4-6 所示。

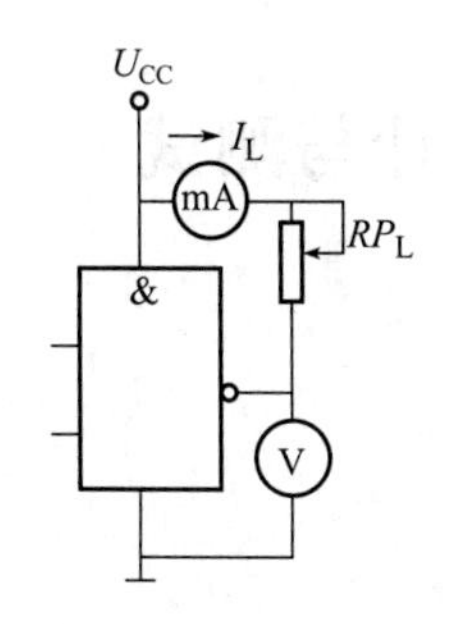

图 4-5 开态负载电流测试电路

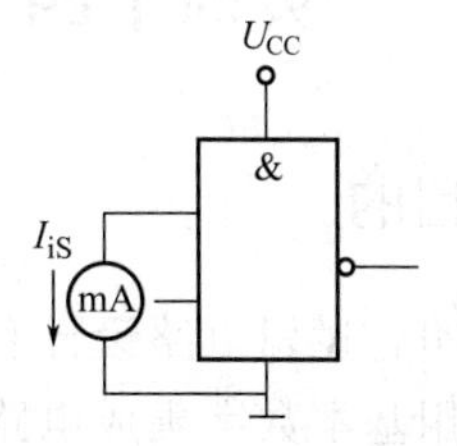

图 4-6 输入短路电流测试电路

换算出扇出系数
$$N=\frac{I_L}{I_{iS}}$$

五、 实训注意事项

① 多功能数字电路实验系统是一个综合实验系统，可以完成《电子技术》课程的全部数字电路实训内容。因此，实训时要确认所用部位，确认所选用的集成电路的型号。

② 为便于测试与非门的有关参数，实验系统内 74LS00 集成芯片的 U_{CC}（＋5V）端未加电源，使用该芯片时应就近取＋5V 电源加至芯片的＋U_{CC}端（已经外留有接线插孔）。

③ 两个与非门的输出端切忌直接相连；与非门的输出端也不可与逻辑开关直接相连，

以免烧坏集成电路。

④ 本实验系统使用的插接线为一次性的，插孔和插销具有自锁紧功能，使用时应捏住插销体，旋转插入旋转拔出，且勿用力过猛或扯拉连线，以免连接线内部断开，造成实验故障。

六、 实训报告要求

① 整理测试数据，分析实训结果。

② 画出电压传输特性曲线，标出 U_{OH}，U_{OL}，U_{ON}，U_{OFF} 的值。

③ 计算与非门的静态平均功耗和扇出系数。

七、 实训预习要求

① TTL 与非门的逻辑功能和主要参数。

② 用与非门组成或门、异或门时各需用几片 74LS00？分别画出逻辑图，写出转换后的逻辑表达式。

③ 预习本实训的全部内容。

④ 预习本书第三章的第一、四节有关内容。

八、 实训思考题

① TTL 数字集成电路的电源电压是多少？

② 为什么普通集成 TTL 逻辑门输出端不可以直接并联？

③ 如何检测逻辑电平开关、逻辑电平指示灯、插接线？

④ 描述在实验中遇到的故障现象，并简述排除故障的方法。

实训十四　组合逻辑电路的设计与测试

一、 实训目的

① 掌握组合逻辑电路设计和功能检测的基本方法。

② 掌握用基本数字集成电路连接电路，合理布线的方法。

③ 学习简单故障的检测方法。

二、 实训仪器与设备

① 多功能数字电路实验系统	一台
② MF-47 型万用表	一块
③ 集成数字器件：74LS00　2 输入 4 与非门	一块
74LS04　六反相器	一块
74LS51　双 2 路 2 输入正与或非门	一块
74LS86　2 输入 4 异或门	一块
74LS08　四 2 输入与门	一块
74LS20　双 4 输入与非门	一块

74LS32　四 2 输入或门　　　　　　　　　　一块

三、 实训原理

（1）组合逻辑电路设计的一般思路

① 根据实际问题，确定输入、输出逻辑变量及其含义；

② 根据功能要求列出真值表；

③ 写出逻辑表达式并进行化简，得到最简逻辑表达式（或依据器件要求变换逻辑表达式）；

④ 根据最简的逻辑表达式画出逻辑图；

⑤ 选择标准器件实现该逻辑功能。

其步骤如下：

实际问题 → 真值表 → 逻辑表达式 → 化 简 → 逻辑图

逻辑化简是组合逻辑设计的基本要求之一，为了使电路结构简单和使用较少的器件，往往要求逻辑表达式尽量简化。一般来说，在保证速度、稳定可靠与逻辑清楚的前提下，尽量使用最少的器件，以降低成本，减少故障源。

（2）全加器的逻辑表达式

$$S_i = A_i \oplus B_i \oplus C_{i-1}$$

$$C_i = (A_i \oplus B_i) C_{i-1} + A_i B_i$$

（3）故障排除　当电路有故障时，要冷静、仔细地检查，参阅本书第三章有关内容，查找并排除故障。

常用器件端子排列图见图 4-7。

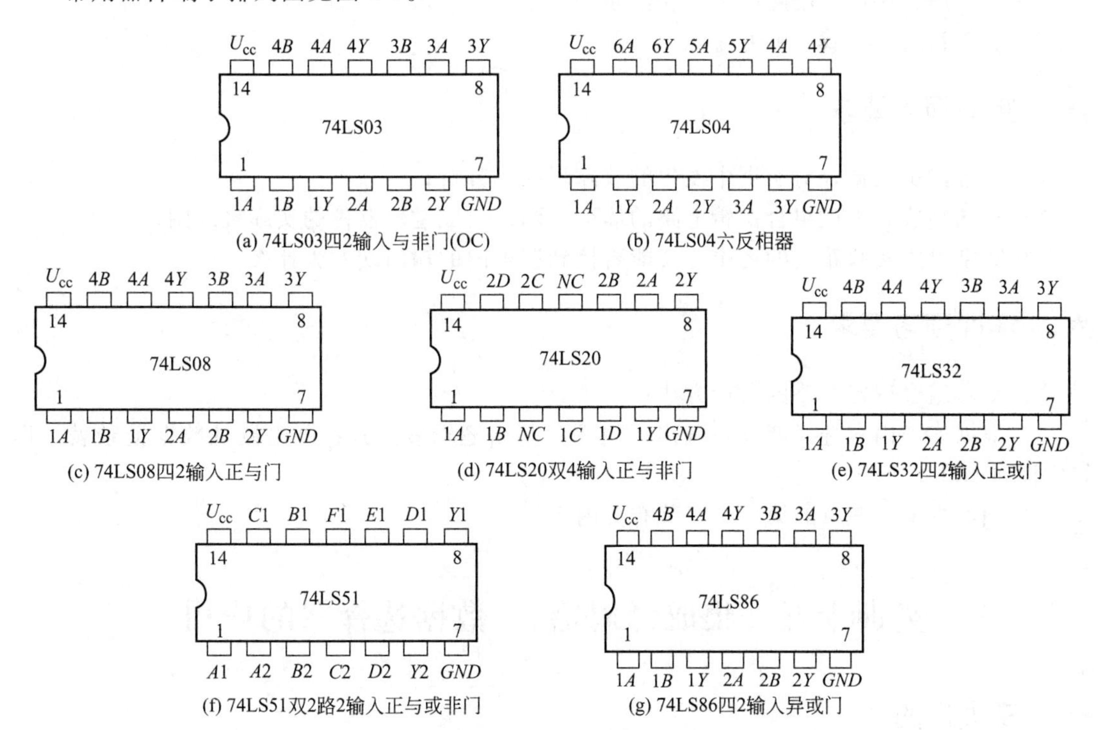

(a) 74LS03四2输入与非门(OC)　(b) 74LS04六反相器

(c) 74LS08四2输入正与门　(d) 74LS20双4输入正与非门　(e) 74LS32四2输入正或门

(f) 74LS51双2路2输入正与或非门　(g) 74LS86四2输入异或门

图 4-7　常用逻辑器件外引线端子排列图

四、 实训内容与步骤

1. 实训课题

以下课题中，题①为必作；题②、③、④选择其一必作；题⑤选作。

① 用最少的集成芯片组成一位全加器。

② 三输入表决电路，当输入多数为1时输出为1，否则为0。用与非门实现。

③ 8421BCD码转换成2421BCD码的代码转换器。用74LS00和74LS04组成。

④ 某车间有三台机器用红、黄两个故障指示灯表示机器的工作情况。当只有一台机器有故障时，黄灯亮；若有两台机器同时发生故障，红灯亮；只有当三台机器都发生故障时，红、黄同时亮。设计一个控制灯亮的逻辑电路。

⑤ 某实验室常用试剂有8种，编号为1～8号。在配用时有以下条件：

- 第2号必须和第5号同时用；
- 第3号不得与第7号同时用；
- 第3、4号同时配用时必须配合上第1号。

设计一个逻辑电路，其功能是当配用试剂违反上述任一条件时给出指示。用与非门实现。(若实验箱面板上的与非门不够用时，可用其他门电路)。

2. 实训步骤

① 按事先设计好的逻辑图连接电路。

② 测试所连接逻辑电路的逻辑功能是否符合设计要求。

③ 若不符合，查找故障并排除。

五、 实训报告要求

① 整理测试数据，对实训中发生的故障现象作分析；

② 总结组成并测试组合逻辑电路的体会；画出集成逻辑器件的实际接线图。

③ 数字电路实验箱上的逻辑开关能否接到逻辑门的输出端？为什么？

六、 实训预习要求

① 复习组合逻辑电路的设计方法；

② 根据实训内容选择课题，画出逻辑图；写出逻辑表达式；画出测试数据记录表，作好实训前的准备工作。

③ 预习本书第三章的第一～三节有关内容。

实训十五 集成译码器、数据选择器的应用

一、 实训目的

① 学习集成译码器、数据选择器逻辑功能的测试方法。

② 了解中规模集成译码器、数据选择器的功能、外引线排列，掌握其逻辑功能。

③ 掌握用集成译码器、数据选择器组成组合逻辑电路的方法。

二、 实训仪器及设备

① 多功能数字电路实验系统		一台
② 74LS138	三线-八线译码器	一块
③ 74LS153	双 4 选 1 数据选择器	一块
④ 74LS20	双 4 输入与非门	一块
⑤ 74LS04	六反相器	一块

三、 实验原理

（一）中规模集成译码器 74LS138

74LS138 是集成三线-八线译码器，在数字系统中应用广泛。图 4-8 是 74LS138 的外端子排列图和逻辑符号，其中，S_A、$\overline{S_B}$、$\overline{S_C}$ 为片选输入端（或称为控制端）；A_2、A_1、A_0 为数码输入端；$\overline{Y}_7 \sim \overline{Y}_0$ 为译码器输出端，低电平有效。表 4-4 所示为 74LS138 真值表。

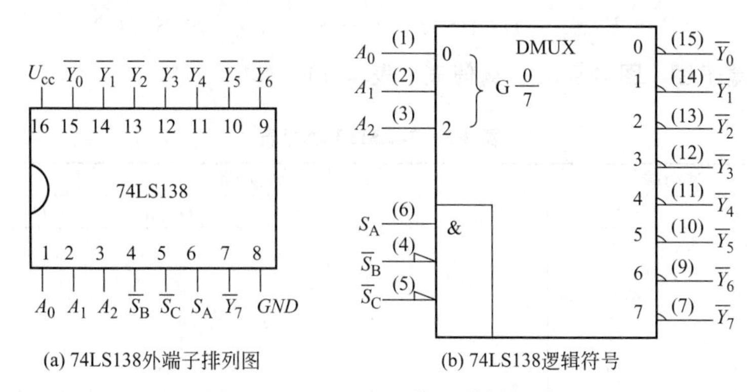

(a) 74LS138外端子排列图　　(b) 74LS138逻辑符号

图 4-8　74LS138 三线-八线译码器

表 4-4　三线-八线译码器真值表

输入						输出							
S_A	$\overline{S_B}$	$\overline{S_C}$	A_2	A_1	A_0	$\overline{Y}_0$	$\overline{Y}_1$	$\overline{Y}_2$	$\overline{Y}_3$	$\overline{Y}_4$	$\overline{Y}_5$	$\overline{Y}_6$	$\overline{Y}_7$
0	×	×	×	×	×	1	1	1	1	1	1	1	1
1	1	1	×	×	×	1	1	1	1	1	1	1	1
1	0	0	0	0	0	0	1	1	1	1	1	1	1
1	0	0	0	0	1	1	0	1	1	1	1	1	1
1	0	0	0	1	0	1	1	0	1	1	1	1	1
1	0	0	0	1	1	1	1	1	0	1	1	1	1
1	0	0	1	0	0	1	1	1	1	0	1	1	1
1	0	0	1	0	1	1	1	1	1	1	0	1	1
1	0	0	1	1	0	1	1	1	1	1	1	0	1
1	0	0	1	1	1	1	1	1	1	1	1	1	0

注：表中，“×”表示任意状态。

1. 外引线端子图、逻辑符号、真值表

其工作原理为：

当 $S_A=1$，$\overline{S_B}+\overline{S_C}=0$ 时，电路完成译码功能，输出低电平有效。其中：

$\overline{Y}_0=\overline{\overline{A}_2\overline{A}_1\overline{A}_0}$　　$\overline{Y}_1=\overline{\overline{A}_2\overline{A}_1A_0}$　　$\overline{Y}_2=\overline{\overline{A}_2A_1\overline{A}_0}$　　$\overline{Y}_3=\overline{\overline{A}_2A_1A_0}$

$\overline{Y}_4=\overline{A_2\overline{A}_1\overline{A}_0}$ $\overline{Y}_5=\overline{A_2\overline{A}_1A_0}$ $\overline{Y}_6=\overline{A_2A_1\overline{A}_0}$ $\overline{Y}_7=\overline{A_2A_1A_0}$

2. 译码器应用

因为三线-八线译码器的输出包括了三变量数字信号的全部八种组合，每一条输出线表示一个最小项，因此利用八条输出线的组合可以构成三输入变量的任意组合电路。

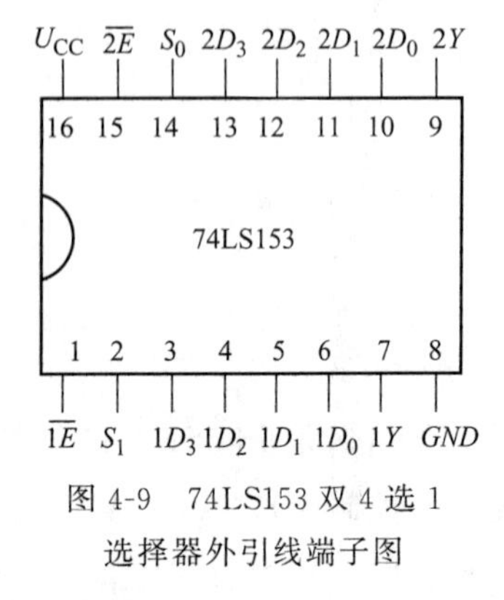

图 4-9 74LS153 双 4 选 1 选择器外引线端子图

（二）中规模集成选择器 74LS153

数据选择器又称多路开关，其作用是实现在公共数据通道上多路数据的分时传送。

74LS153 是集成双 4 选 1 数据选择器，带有选通输入端。图 4-9 所示为它的外引线端子排列图。其中 S_1、S_0 为选择输入端（两组共用）；$1D_0$～$1D_3$ 和 $2D_0$～$2D_3$ 为两组数据选择器的数据输入端；1Y 和 2Y 为各自输出端；$1\overline{E}$、$2\overline{E}$ 为各自选通输入端（低电平有效）。表 4-5 为其功能表。4 选 1 数据选择器的输出表达式为：

$$Y=E(\overline{S}_1\overline{S}_0D_0+\overline{S}_1S_0D_1+S_1\overline{S}_0D_2+S_1S_0D_3)$$

1. 外引线端子图（图 4-9）、真值表（表 4-5）

表 4-5 74LS153 功能表

选通端	选择端		数据端				输出端
$\overline{E}$	S_1	S_0	D_3	D_2	D_1	D_0	Y
1	×	×	×	×	×	×	0
0	0	0	×	×	×	0	0
0	0	0	×	×	×	1	1
0	0	1	×	×	0	×	0
0	0	1	×	×	1	×	1
0	1	0	×	0	×	×	0
0	1	0	×	1	×	×	1
0	1	1	0	×	×	×	0
0	1	1	1	×	×	×	1

2. 数据选择器的应用

由数据选择器的输出表达式可得，当 $\overline{E}=0$ 时，若 S_1、S_0 代表输入逻辑变量，则当 D_0～D_3 为某种常量组合时，Y 就是变量 S_1、S_0 的两变量逻辑函数；若 D_0～D_3 中包含有其他变量时，Y 就是一个多变量逻辑函数。显然，应用数据选择器可以实现组合逻辑函数。

四、实验内容与步骤

（一）集成译码器 74LS138

1. 译码器功能测试

① 控制端功能测试。如图 4-10 所示连接测试电路。先将 A_2、A_1、A_0 端开路，在 S_A、$\overline{S}_B$、$\overline{S}_C$ 端接入逻辑开关 S_{K3}-S_{K1}，按表 4-6 所示条件输入开关状态 $S_{K3}-S_{K1}$，观察并记录译码器输出状态（红灯-"1"，绿灯-"0"）。

② 逻辑功能测试。仍按图 4-6 连接测试线路，将 S_A、$\overline{S}_B$、$\overline{S}_C$ 分别置"1"、"0"、"0"，将 A_2、A_1、A_0 连接至 S_{K6}～S_{K4}，按表 4-7 所示改变 A_2、A_1、A_0 的组合值，观察并记录

$\overline{Y}_7 \sim \overline{Y}_0$ 的状态。

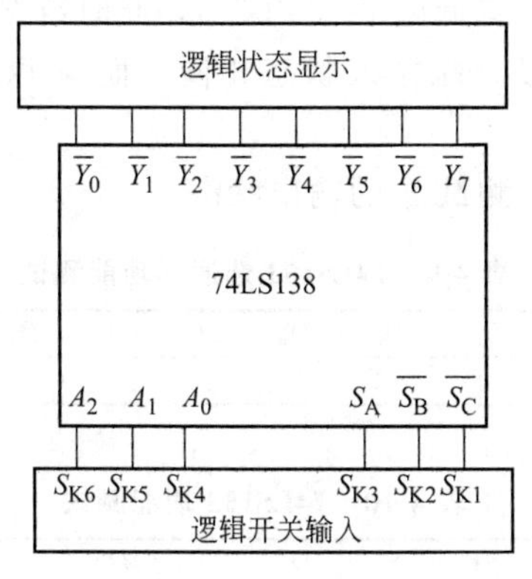

图 4-10　测试电路

表 4-6　74LS138 控制端功能测试

S_A	$\overline{S}_B$	$\overline{S}_C$	A_2	A_1	A_0	$\overline{Y}_0$	$\overline{Y}_1$	$\overline{Y}_2$	$\overline{Y}_3$	$\overline{Y}_4$	$\overline{Y}_5$	$\overline{Y}_6$	$\overline{Y}_7$
0	×	×	×	×	×								
1	1	0	×	×	×								
1	0	1	×	×	×								
1	1	1	×	×	×								

表 4-7　74LS138 译码器功能测试

S_A	$\overline{S}_B$	$\overline{S}_C$	A_2	A_1	A_0	$\overline{Y}_0$	$\overline{Y}_1$	$\overline{Y}_2$	$\overline{Y}_3$	$\overline{Y}_4$	$\overline{Y}_5$	$\overline{Y}_6$	$\overline{Y}_7$
1	0	0	0	0	0								
1	0	0	0	0	1								
1	0	0	0	1	0								
1	0	0	0	1	1								
1	0	0	1	0	0								
1	0	0	1	0	1								
1	0	0	1	1	0								
1	0	0	1	1	1								

2. 用集成译码器组成一位全加器

如果设 A_2 为第 i 位加数 A_i，A_1 为第 i 位被加数 B_i，A_0 为第（i−1）位的进位 C_{i-1}，则第 i 位全加器的逻辑图如图 4-11 所示，测试该全加器的功能记录于表 4-8 中。并与实训十四进行比较。

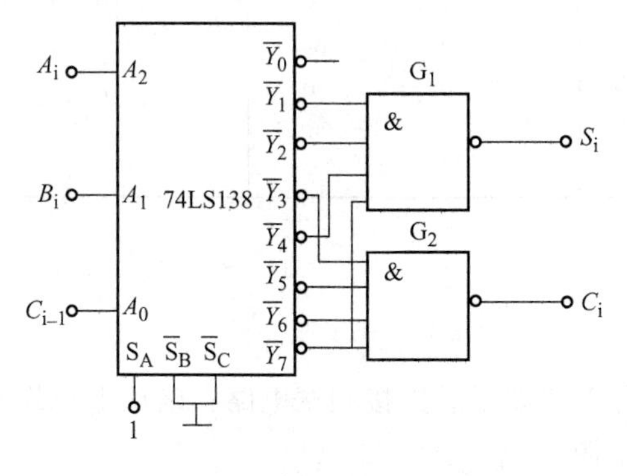

图 4-11　用译码器组成的全加器

表 4-8　全加器功能测试

$A_2(A_i)$	$A_1(B_i)$	$A_0(C_{i-1})$	C_i	S_i
0	0	0		
0	0	1		
0	1	0		
0	1	1		
1	0	0		
1	0	1		
1	1	0		
1	1	1		

（二）集成数据选择器 74LS153

1. 数据选择器功能测试

（1）选通端功能测试　按图 4-12 所示电路连接测试电路。将逻辑开关 S_{K1} 置高电平

（“1”），任意改变 S_{K2}～S_{K7} 的状态，观察输出 Y 的状态，数据记录于表 4-9 中。

（2）逻辑功能测试　按照图 4-12 连接电路，将 S_{K1} 置低电平（“0”），此时数据选择器开始工作。当 $S_1S_0=00$ 时，$Y=D_0$，即输出状态与 D_0 端输入状态相同，而与 D_1、D_2、D_3 端输入状态无关。当 $S_1S_0=01$ 时，$Y=D_1$；……

按表 4-10 要求改变 S_1、S_0、和 D_0～D_3 的数据，测试 Y 的输出状态。

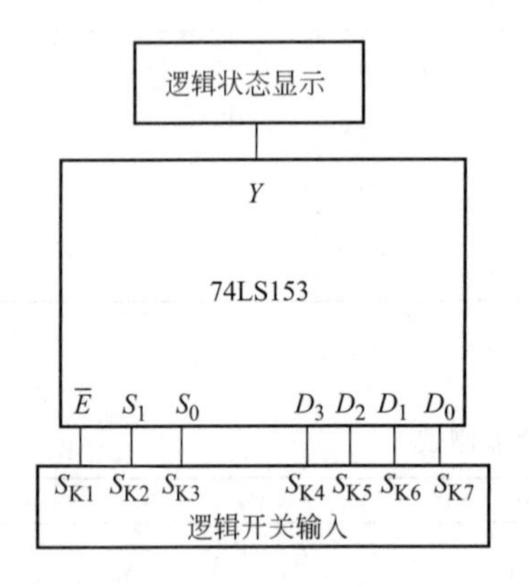

图 4-12　数据选择器测试电路

表 4-9　74LS153 选通端功能测试

$\overline{E}$	S_1	S_0	D_3	D_2	D_1	D_0	Y
1	×	×	×	×	×	×	

表 4-10　74LS153 功能测试

$\overline{E}$	S_1	S_0	D_3	D_2	D_1	D_0	Y
0	0	0	×	×	×	0	
0	0	0	×	×	×	1	
0	0	1	×	×	0	×	
0	0	1	×	×	1	×	
0	1	0	×	0	×	×	
0	1	0	×	1	×	×	
0	1	1	0	×	×	×	
0	1	1	1	×	×	×	

2. 用数据选择器构成一位全加器

用双 4 选 1 数据选择器构成的一位全加器如图 4-13 所示，按照图 4-13 各端子信号状态，写出 S_i 和 C_i 的表达式，并按表 4-11 要求测其逻辑功能。

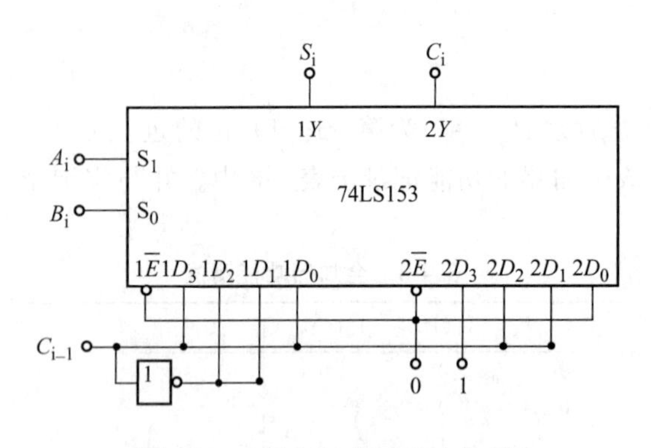

图 4-13　74LS153 组成的全加器

表 4-11　全加器功能测试

A_i	B_i	C_{i-1}	C_i(2Y)	S_i(1Y)
0	0	0		
0	0	1		
0	1	0		
0	1	1		
1	0	0		
1	0	1		
1	1	0		
1	1	1		

五、 实训注意事项

将 74LS138、74LS153 芯片对照端子图确认各引线端子后连接测试电路；确认电源端和地端并接入电路。电路连接确认无误后，再接通电源。

六、 实训思考题

① 如何对译码器 74LS138 进行逻辑功能测试？

② 如何对译码器 74LS138 的控制端进行赋值（2 种方案）？

③ 在译码器组成的全加器实验中为什么译码器输出端要加 74LS00 或 74LS20？如果没

有这 2 种芯片只有 74LS08 和 74LS04 你该如何实现逻辑功能？

④ 画出用 74LS153 组成 8 选 1 数据选择器的电路。

⑤ 译码器和选择器都可以组成组合逻辑电路，试说出它们之间的区别。

七、 实训报告要求

① 列表整理测试数据。

② 根据实训结果总结译码器和数据选择器的功能和应用。

③ 对实训中出现的问题进行分析；如遇到故障，你是如何排除的？

八、 实训预习要求

① 复习译码器和数据选择器的有关内容。

② 预习本实训内容。

③ 阅读本书第三章有关内容。

实训十六　四组智力竞赛抢答器

一、 实训目的

① 熟练掌握触发器逻辑功能测试的方法。

② 掌握抢答器逻辑电路的设计思路。

③ 掌握数字电路的正确连接和合理布线。

④ 掌握数字电路的故障检测和排除。

二、 实训仪器与设备

① 数字电路实验系统	一台
② 万用表	一块
③ 74LS32　四二输入正或门	2 块
④ 74LS20　双四输入正与非门	1 块
⑤ 74LS74　双 D 触发器	2 块
⑥ 74LS48　BCD-7 段显示译码器	1 块
⑦ 数码管	1 块
⑧ 电阻	若干

三、 实训原理

电路如图 4-14 所示，是由集成 D 触发器 74LS74、双四输入端与非门 74LS20、四二输入端或门 74LS32 组成的智力竞赛抢答器。

电路工作前，先将电路中的 SA_1 按下，使 $\overline{R}_D=0$，则各 D 触发器清零，即 $Q=0$，

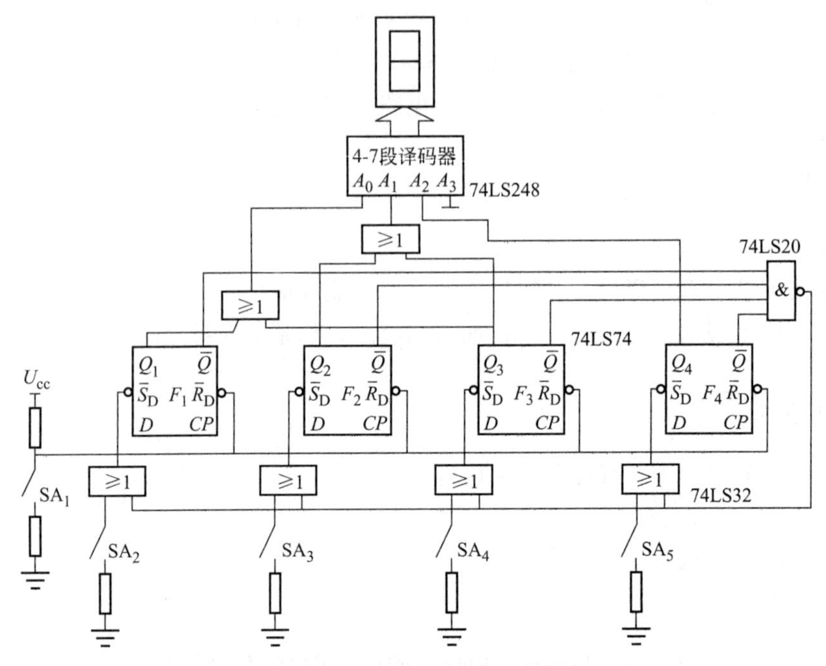

图 4-14 四路智力竞赛抢答器

$\overline{Q}=1$。由于按键开关 SA_2～SA_5 均未按动，各或门相当于输入高电平，输出为高电平，各 D 触发器中 F_1～F_4 的 $\overline{S}_D=1$，$\overline{R}_D=0$，则 F_1～F_4 的$\overline{Q}$均输出高电平“1”状态，74LS20 中的与非门输出低电平，D 触发器输出 $Q_4Q_3Q_2Q_1=0000$，数码管显示为 0。

SA_1 按键放开，允许抢答。

若第一组最先按动按键开关 SA_2 时，F_1 的置位端 $\overline{S}_D$ 呈低电平，F_1 状态发生翻转，Q_1 输出高电平“1”状态。此时各 D 触发器输出为 $Q_4Q_3Q_2Q_1=0001$，通过译码显示出所按键台位的数字“1”。同时$\overline{Q_1}$ 的输出通过与非门加到各路或门反馈给各触发器的置位端，使 $\overline{S}_D$ 呈高电平，因此，无论是第二组还是其他两组再按按键开关时，由于或门输出为高电平而不起作用。故此，F_2～F_4 触发器被锁住保持原状态，即此时 SA_3～SA_5 再抢答无效。

当主持人确认是第一组最先抢答时，便按动按键开关 SA_1，F_1～F_4 的各 $\overline{R}_D$ 端均获得低电平，Q_1～Q_4 便被复位，$\overline{Q}_1$～$\overline{Q}_4$ 均输出高电平“1”状态，抢答器则又重新开始新的一轮抢答。

四、 实训内容与步骤

1. 实训步骤

（1）集成双 D 触发器 74LS74 的功能测试　图 4-15 为 D 触发器逻辑符号图。

图 4-16 为集成双 D 触发器 74LS74 的外端子排列图。

① 复位、置位功能测试　将 D、CP 端开路。将 $\overline{R}_D$、$\overline{S}_D$ 端分别接到逻辑开关 S_{K1} 和 S_{K2}对应的插孔。在 $\overline{R}_D$、$\overline{S}_D$、端取表 4-12 中的值时，观察 Q 端显示的高低电平。（红灯亮为高电平，绿灯亮为低电平）并转换成逻辑状态填入表 4-12 中，用万用表测试 Q 端电平电位加以验证。

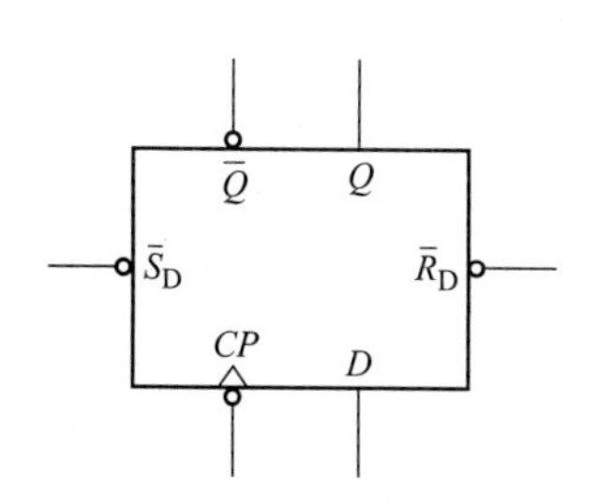

图 4-15　D 触发器逻辑符号图

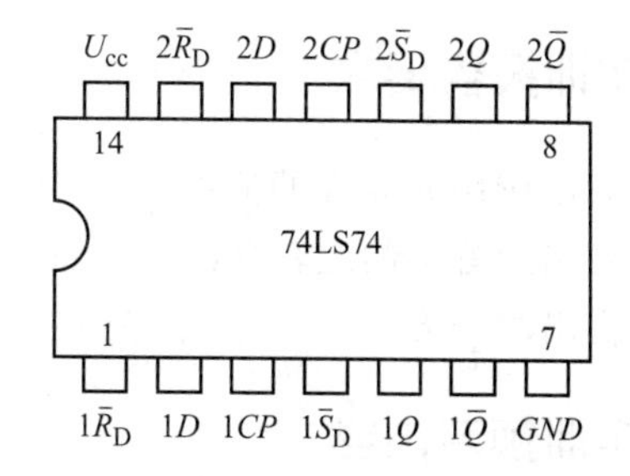

图 4-16　集成双 D 触发器 74LS74 的引脚图

表 4-12　集成双 D 触发器 74LS74 复位、置位功能测试

CP	D	$\bar{R}_D$	$\bar{S}_D$	Q
×	×	0	1	
×	×	1	0	

② D 触发器逻辑功能测试　将 $\bar{R}_D$、$\bar{S}_D$ 端置高电平，将 D 端接至逻辑电平输入插孔，将 CP 端接至实验系统的单脉冲插孔。

先将 D 触发器初始状态分别预置成 0 或 1，再按表 4-13 改变 CP、D 的状态，观察 Q 显示，填入表 4-13 中。

表 4-13　集成双 D 触发器 74LS74 逻辑功能测试

CP	0	↑	↓	0	↑	↓	0	↑	↓	0	↑	↓
D	0	0	0	1	1	1	0	0	0	1	1	1
Q	1											
	0											

（2）与非门电路功能测试

① 双四输入端与非门 74LS20 的功能测试。

② 四二输入端或门 74LS32 的功能测试。

（3）按图 4-14 连接电路，确认无误后打开电源。

（4）电路复位功能测试　SA_1 按下，电路复位，数码管显示 0。

（5）抢答器功能测试　SA_2 按下，此时数码管显示为 1，按下 SA_3、SA_4、SA_5 无效，依次类推。

2. 实训内容

① 测试各集成块逻辑功能。逻辑功能正常者方可接入电路。

② 正确连线，并进行检查，连线无误方可通电调试。

③ 测试抢答器功能。看是否出现多路显示的问题，测试结果记入表 4-14。

表 4-14　抢答器功能表

开关状态	各触发器输出				译码器输入				数码管状态
	Q_4	Q_3	Q_2	Q_1	A_3	A_2	A_1	A_0	
SA_1 按下	0	0	0	0	0	0	0	0	0
SA_2 按下	0	0	0	1	0	0	0	1	1
SA_3 按下	0	0	1	0	0	0	1	0	2
SA_4 按下	0	1	0	0	0	0	1	1	3
SA_5 按下	1	0	0	0	0	1	0	0	4

五、 实训报告要求

① 列出所用元器件的清单。

② 列出抢答器的逻辑功能表并进行验证。

③ 提出改进方案。

六、 实训预习内容

① 预习 D 触发器和门电路的相关内容。

② 预习本实训内容。

③ 参考以下第二套方案，并予以实施。

用 CC4042 集成 D 触发器实现的四路智力竞赛抢答器。

CMOS 集成 D 触发器 CC4042 的功能真值表如表 4-15 所示。

表 4-15 CC4042 功能真值表

D	*CP*	*POL*	*Q*	*D*	*CP*	*POL*	*Q*
D	0	0	*D*	*D*	1	1	*D*
D	↑	0	锁存	*D*	↓	1	锁存

POL 为极性控制端：

当 $POL=1$ 时，于 $CP=1$ 时接收 *D* 信号，并于 $CP\downarrow$ 时锁存 *D* 信号。

当 $POL=0$ 时，于 $CP=0$ 时接收 *D* 信号，并于 $CP\uparrow$ 时锁存 *D* 信号。

抢答器工作原理：

原理图如图 4-17(a) 所示，图（b）为 CC4042 的外引线端子排列图。

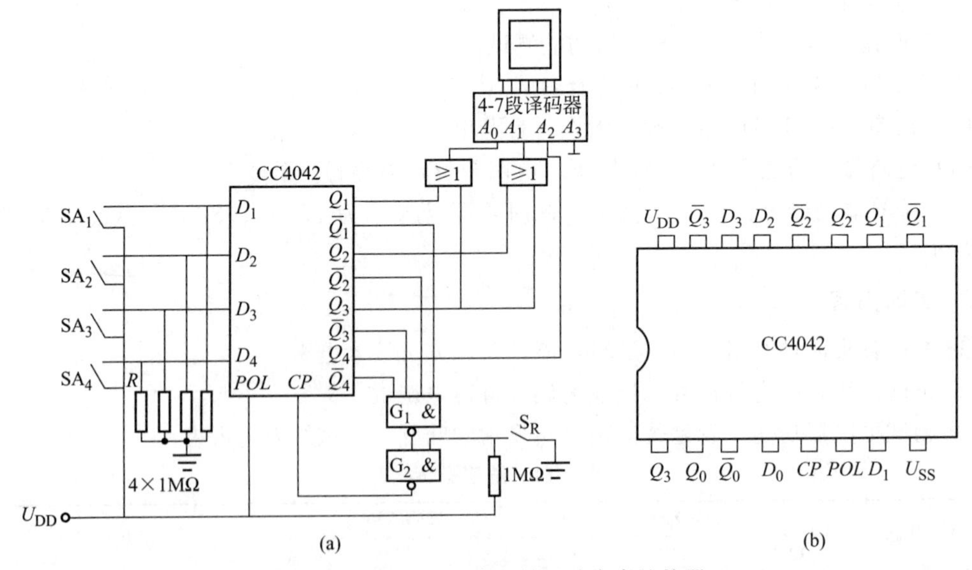

图 4-17 用 CC4042 实现的四路竞赛抢答器

开始抢答前，先按下复位按钮 S_R，门 G_2 接收低电平而输出高电平，使 CC4042 的 $CP=1$，为接收各抢答信号（D_i）做好准备。此后，在 $SA_1 \sim SA_4$ 均未按下时，松开 S_R，不影响 *CP* 的状态。

当有任一选手按下抢答按钮进行抢答时，如 SA_2 按下按钮，则 $D_2=1$，使 $Q_2=1$，

$\overline{Q_2}=0$，则 G_1 门输入有 0 便输出 1，G_2 门输入全 1 输出为 0，使 $CP=0$，CP 由 1 变 0 产生下降沿↓，锁闭各 D 触发器，此时，再有其他选手按下抢答按钮将不起作用。

若重复进行下一次抢答，需按下复位按钮 S_R 进行系统复位。

译码显示部分同第一方案。

七、实训思考题

① 测试 74LS74 芯片复位、置位功能时，若使 $\overline{R}_D$、$\overline{S}_D$ 同时为低电平时，输出状态如何？请分析原因。

② 抢答器正常工作时，若 74LS74 芯片 $\overline{S}_D$ 全为低电平，分析数码管显示结果。

③ 连接电路时，能带电接线和拆线吗？

实训十七　计数器逻辑功能测试及应用

一、实训目的

① 掌握计数器电路的连接及逻辑功能的测试方法。

② 了解中规模集成计数器的功能、外端子排列，掌握其逻辑功能。

③ 掌握用集成计数器构成任意进制计数器的方法。

二、实训仪器与设备

① 多功能数字电路实验系统	一台
② 74LS290 二—五—十进制计数器	一块
③ 74LS112 双 JK 触发器	两块
④ 74LS08 四 2 输入与门	一块
⑤ 双踪示波器	一台

三、实训原理

1. 计数器

计数器是由触发器为基本单元构成的时序逻辑电路，具有累计输入脉冲个数的功能，常用于产生分频信号、程控、测量等领域。

计数器按各触发器的动作是否一致分为同步和异步计数器，图 4-18 所示为一个异步五进制计数器的逻辑图，其中 $\overline{CR}$ 为公共清零端（低电平有效），CP 为脉冲输入端，$Q_1 \sim Q_3$ 为计数器输出端。

2. 集成计数器 74LS290

74LS290 是二—五—十进制计数器，它是在图 4-18 的基础上再级联一级一位二进制计数器构成十进制计数器的。二、五进制计数器的级联顺序不同，可分别得到 8421BCD 码的十进制计数器和 5421 码的十进制计数器。图 4-19 为 74LS290 的外端子排列图，表 4-16 为其功能表。

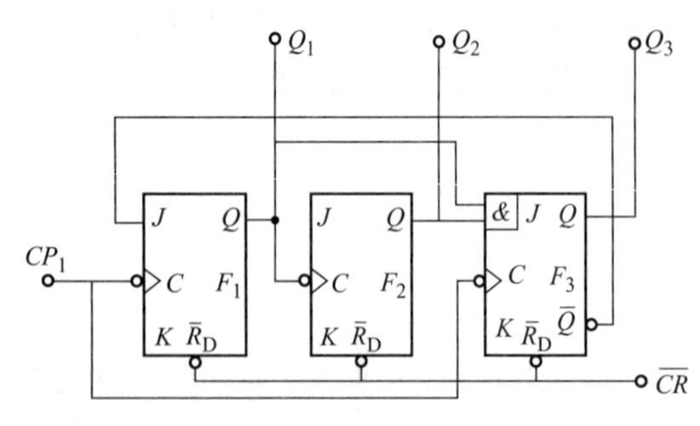

图 4-18　异步五进制计数器

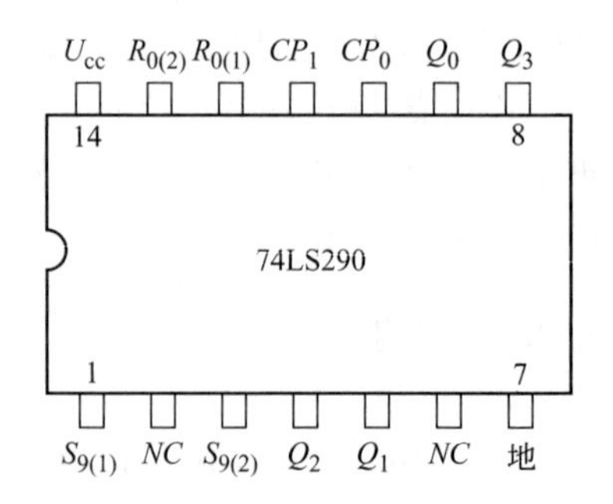

图 4-19　74LS290 外引线端子排列图

表 4-16　74LS290 功能表

CP	$R_{0(1)}$	$R_{0(2)}$	$S_{9(1)}$	$S_{9(2)}$	Q_3	Q_2	Q_1	Q_0
×	H	H	L	×	L	L	L	L
×	H	H	×	L	L	L	L	L
×	×	×	H	H	1	0	0	1
↑	×	L	×	L	计　数			
↑	L	×	L	×				
↑	×	L	L	×				
↑	L	×	×	L				

图 4-19 中：CP_0——二分频时钟输入端，CP_1——五分频时钟输入端（CP_1、CP_0 均为上升沿有效）；Q_0～Q_3 为计数器输出端；$R_{0(1)}$、$R_{0(2)}$为异步复位端，$S_{9(1)}$、$S_{9(2)}$为异步置 9 端。

逻辑功能如下。

异步置 0：当 $R_{0(1)}=R_{0(2)}=1$ 时，无论 $S_{9(1)}$、$S_{9(2)}$、CP_0、CP_1 状态如何，计数器复零；

异步置 9：$S_{9(1)}=S_{9(2)}=1$时，无论 $R_{0(1)}$、$R_{0(2)}$、CP_0、CP_1 状态如何，计数器被置于 $Q_3Q_2Q_1Q_0=1001$（8421BCD 码的“9”）或 $Q_0Q_3Q_2Q_1=1100$（5421BCD 码的“9”）；

当 $R_{0(1)}$、$R_{0(2)}$和 $S_{9(1)}$、$S_{9(2)}$中都至少有一个为 0 时，计数器工作。

3. 集成计数器构成任意进制计数器

利用反馈复位法和异步预置法等可将集成计数器转换成任意进制计数器。

四、 实训内容与步骤

1. 异步五进制计数器功能测试

① 用集成 JK 触发器 74LS112 按图 4-18 接成异步五进制计数器，其中 $J_3=Q_1\cdot Q_2$ 可由与门输出获得。

② 按图 4-20 连接测试电路 1。$\overline{CR}$ 接负脉冲输出插孔；CP_1 接单脉冲输出插孔。

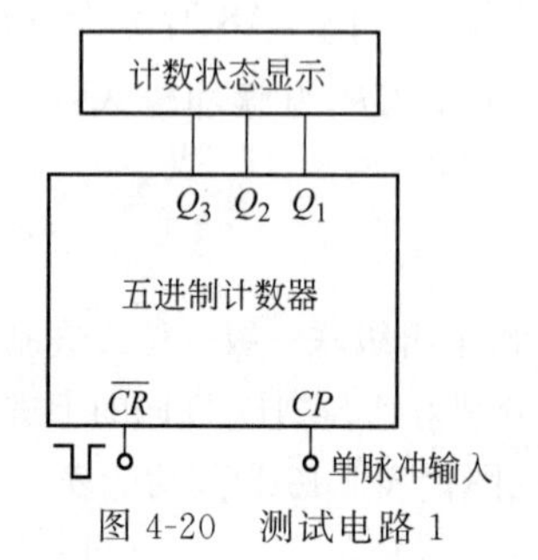

图 4-20　测试电路 1

表 4-17　五进制计数器功能测试

$\overline{CR}$	CP_1（↑）	Q_3	Q_2	Q_1
0	×			
1	0			
1	1			
1	2			
1	3			
1	4			
1	5			

③ 按表 4-17 所列条件输入 $\overline{CR}$ 和 CP_1，观察 $Q_3Q_2Q_1$ 的输出状态，测试该计数器的清零和计数功能。

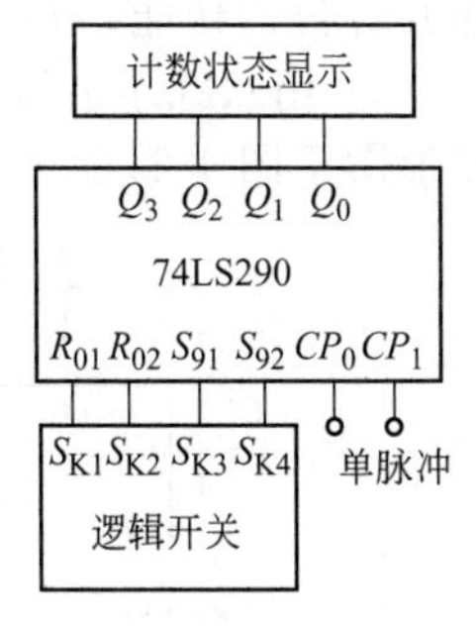

图 4-21　测试电路 2

2. 74LS290 逻辑功能测试

按图 4-21 连接测试电路 2。

① 74LS290 异步复位功能测试。将 $S_{9(1)}$、$S_{9(2)}$ 任一接低电平，$R_{0(1)}=R_{0(2)}=$ "1"，观察 Q_3、Q_2、Q_1、Q_0 是否为 0000。

② 74LS290 异步置 9 功能测试。将 $R_{0(1)}$、$R_{0(2)}$ 任一接低电平，$S_{9(1)}=S_{0(2)}=$ "1"，观察 Q_3、Q_2、Q_1、Q_0 的输出状态。

③ 74LS290 计数器计数功能测试。分别按图 4-22 所示电路，将 74LS1290 连接成二、五、8421BCD 和 5421BCD 计数器。清零后，输入单脉冲，记录计数器输出状态于表 4-18 中。

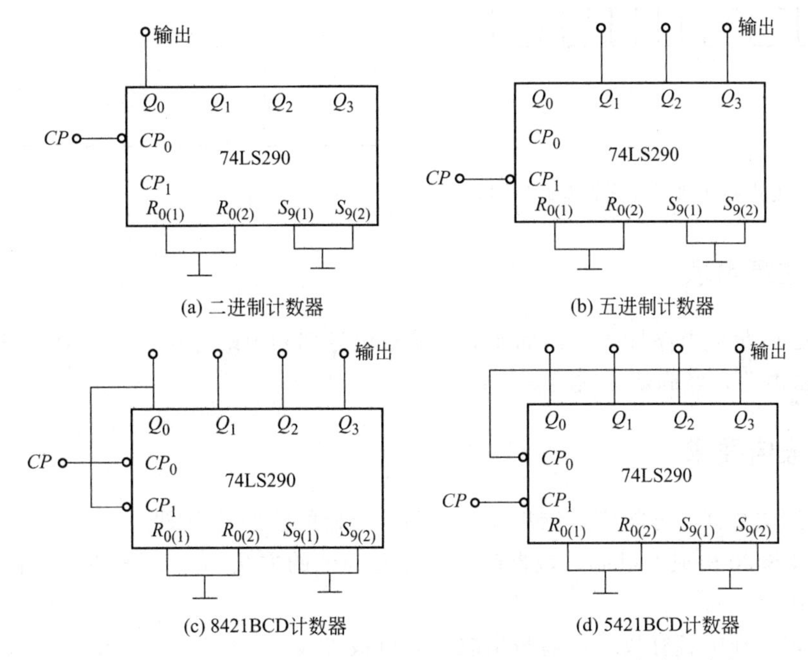

图 4-22　74LS290 构成的二、五、8421BCD 和 5421BCD 计数器接线图

表 4-18　74LS290 逻辑功能测试

CP	二进制	五进制			8421BCD				5421BCD			
	Q_0	Q_3	Q_2	Q_1	Q_3	Q_2	Q_1	Q_0	Q_0	Q_3	Q_2	Q_1
0												
1												
2												
3												
4												
5												
6												
7												
8												
9												
10												

3. 用 74LS290 构成七进制计数器

① 采用反馈预置数法，如图 4-23 改接 74LS290 接线实现非自然序态的七进制计数器，

测其计数器功能，并记录于表 4-19 中。

② 用双踪示波器观察输入脉冲 CP 与 Q_3 端输出脉冲的关系，确定其分频的比率。画出波形图于图 4-24。

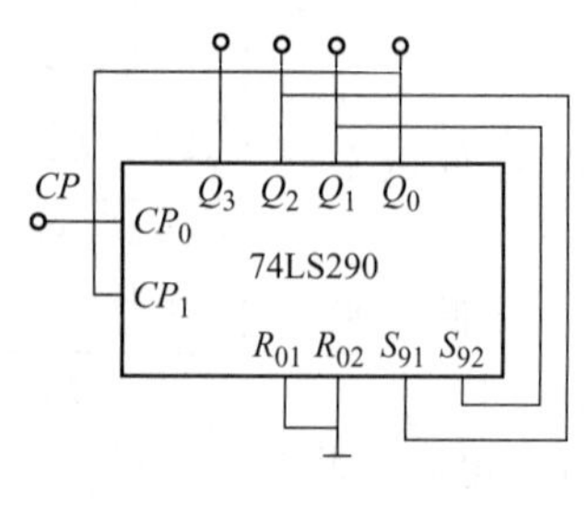

图 4-23 七进制计数器接线图

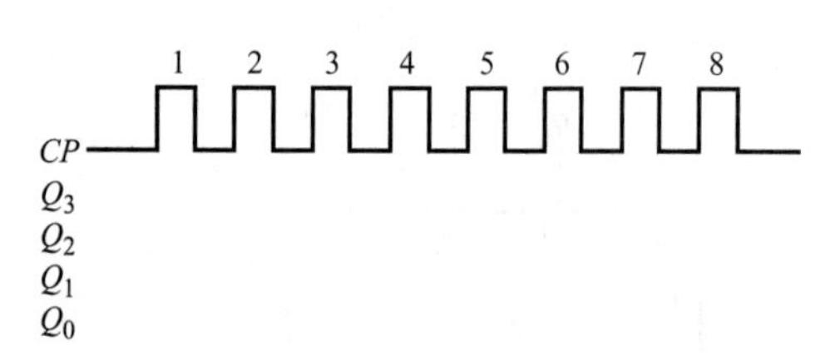

图 4-24 七进制计数器分频关系波形图

表 4-19 七进制计数器功能测试

CP	Q_3	Q_2	Q_1	Q_0
0				
1				
2				
3				
4				
5				
6				
7				
8				

五、实训注意事项

将 74LS290 集成电路插入空白插座后，确认电源端和地端并接入“+5V、⊥”。对照各端子连接测试电路，经确认无误后再接通电源。

六、实训报告要求

① 整理测试数据，分析实训结果，画出各计数器的状态转换图。

② 用 74LS290 构成七进制计数器时，你还有其他的方法吗？请画出逻辑电路图，并列出状态转换图。

③ 在实训过程中若有故障，请写出故障分析报告。

七、实训预习要求

① 复习计数器有关内容。

② 预习本实训的全部内容。

③ 复习双踪示波器比较信号相位时的操作方法。

实训十八 移位寄存器的功能测试及应用

一、实训目的

① 掌握移位寄存器的工作原理及电路组成。

② 测试中规模集成电路 74LS194 四位双向移位寄存器的逻辑功能。

二、 实训仪器及设备

① 多功能数字电路实验系统　　一台
② 74LS74 双 D 触发器　　两块
③ 74LS194 四位双向移位寄存器　　一块
④ 万用表　　一块

三、 实训原理

图 4-25 所示为集成 D 触发器 74LS74 的外端子排列图。

图 4-26(a) 所示电路是由 D 触发器组成的四位右向移位寄存器，图 4-26(b) 所示电路是由 D 触发器组成的四位左向移位寄存器。

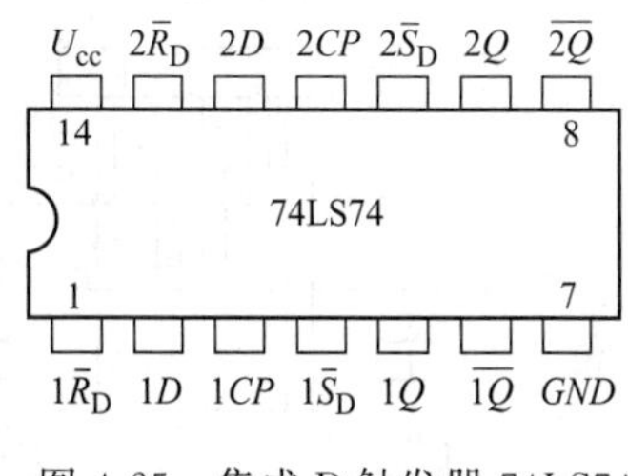

图 4-25　集成 D 触发器 74LS74 外引线端子排列图

1. 单向移位寄存器

移位寄存器是一种由触发器链型连接组成的同步时序网络。每个触发器的输出连到下级触发器的控制输入端，在时钟脉冲作用下，存储在移位寄存器中的信息逐位左移或右移。

移位寄存器的清零方式有两种。一种是将所有触发器的清零端 $\overline{R}_D$ 连在一起，置位端 $\overline{S}_D$ 连在一起，当 $\overline{R}_D=0$，$\overline{S}_D=1$ 时，各 Q 端为 0，这种方式称为异步清零；另一种方法是在串行输入端输入“0”电平，接着从 CP 端送 4 个脉冲，则所有触发器也可清至零状态，这种方式称为“同步清零”。

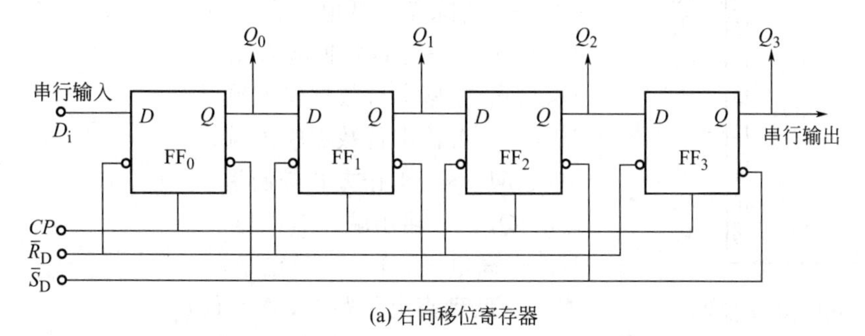

(a) 右向移位寄存器

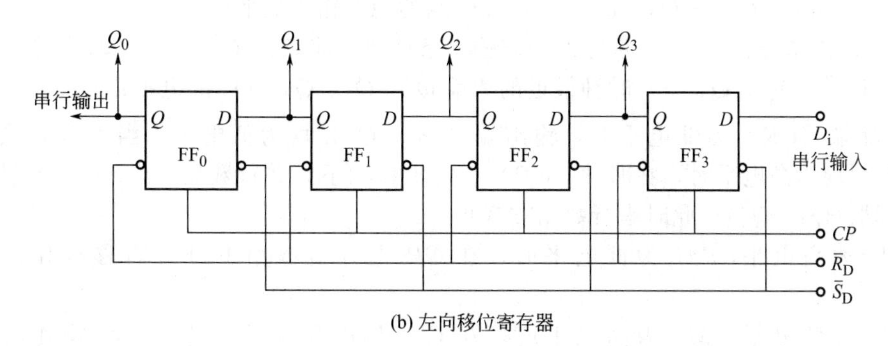

(b) 左向移位寄存器

图 4-26　单向移位寄存器

2. 双向移位寄存器

74LS194 为中规模集成四位双向移位寄存器，其逻辑图如图 4-27 所示，图 4-28 为外引线端子排列图，表 4-20 为其功能表。

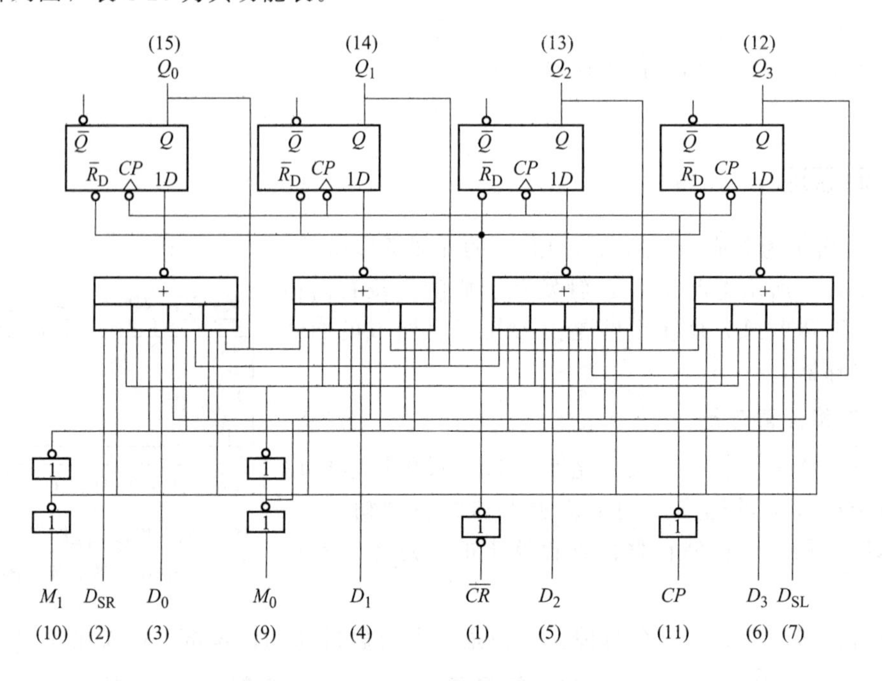

图 4-27 4 位双向移位寄存器（74LS194）

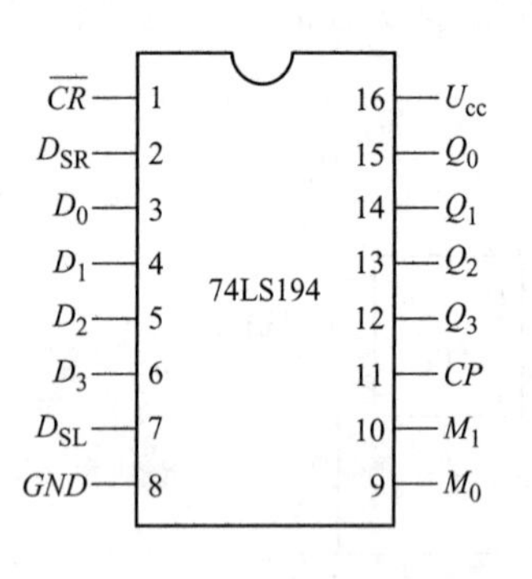

图 4-28 外引线端子排列图

CP——时钟脉冲输入端；

$\overline{CR}$——清除端（低电平有效）；

$D_0 \sim D_3$——并行数据输入端；

D_{SL}——左移串行数据输入端；

D_{SR}——右移串行数据输入端；

M_0、M_1——工作方式控制端；

$Q_0 \sim Q_3$——输出端；

H——高电平，L——低电平；

↑——低到高电平跳变，X—任意；

d_0、d_1、d_2、d_3——D_0、D_1、D_2、D_3 端的稳态输入电平；

Q_{00}、Q_{10}、Q_{20}、Q_{30}——规定的稳态输入条件建立前 Q_0、Q_1、Q_2、Q_3 的电平；

Q_{0n}、Q_{1n}、Q_{2n}、Q_{3n}——时钟最近的↑前 Q_0、Q_1、Q_2、Q_3 的电平；

当清除端（$\overline{CR}$）为低电平时，输出端（$Q_0 \sim Q_3$）均为低电平，当工作方式控制端（M_0、M_1）均为高电平时，在时钟（CP）上升沿作用下，并行数据（$D_0 \sim D_3$）被送入相应的输出端（$Q_0 \sim Q_3$），此时串行数据被禁止。

当 M_0 为高电平，M_1 为低电平时，在 CP 上升沿作用下进行右移操作，数据由 D_{SR}送入。

当 M_0 为低电平，M_1 为高电平时，在 CP 上升沿作用下进行左移操作，数据由 D_{SL}送入。

当 M_0 和 M_1 均为低电平时，CP 被禁止，寄存器保持原状态不变。

表 4-20　74LS194 功能表

功能	输入										输出			
	$\overline{CR}$	M_1	M_0	CP	D_{SL}	D_{SR}	D_0	D_1	D_2	D_3	Q_0	Q_1	Q_2	Q_3
清零	0	×	×	×	×	×	×	×	×	×	0	0	0	0
保持	1	×	×	0	×	×	×	×	×	×	Q_{00}	Q_{10}	Q_{20}	Q_{30}
送数	1	1	1	↑	×	×	d_0	d_1	d_2	d_3	d_0	d_1	d_2	d_3
右移	1	0	1	↑	×	1	×	×	×	×	1	Q_{0n}	Q_{1n}	Q_{2n}
	1	0	1	↑	×	0	×	×	×	×	0	Q_{0n}	Q_{1n}	Q_{2n}
左移	1	1	0	↑	1	×	×	×	×	×	Q_{1n}	Q_{2n}	Q_{3n}	1
	1	1	0	↑	0	×	×	×	×	×	Q_{1n}	Q_{2n}	Q_{3n}	0
保持	1	0	0	×	×	×	×	×	×	×	Q_{00}	Q_{10}	Q_{20}	Q_{30}

四、 实训内容与步骤

1. 由 D 触发器构成的单向移位寄存器

D 触发器用实验系统内的中规模集成 D 触发器 74LS74，连接电路时在实验箱板面右中部找标有 D 触发器的符号的相应插孔即可。

（1）右向移位寄存器　按图 4-26(a) 接线　CP 接单脉冲插孔，$\overline{R}_D$ 接逻辑开关 S_{K1}，$\overline{S}_D$ 接 S_{K2}，D_i 接 S_{K3}，用同步清零法或异步清零法清零，清零后应将 $\overline{R}_D$ 和 $\overline{S}_D$ 置高电平。

将 S_{K3} 置高电平并且输入一个 CP 脉冲，即将数码送入了 Q_0。然后将 S_{K3} 置低电平，再输入 3 个 CP 脉冲，此时已将数码 $D_3D_2D_1D_0=1000$ 串行送入寄存器，并完成数码 1 的右向移位过程。

每输入一个 CP 脉冲同时观察 $Q_0 \sim Q_3$ 的状态显示，并将结果填入表 4-21 中。

（2）左向移位寄存器　同理按图 4-26(b) 接线，进行左向移位实验，并将结果填入表 4-22 中。

表 4-21　右移寄存器功能测试

CP	D_i	Q_3	Q_2	Q_1	Q_0
0	0	0	0	0	0
1	1				
2	0				
3	0				
4	0				

表 4-22　左移寄存器功能测试

CP	D_i	Q_3	Q_2	Q_1	Q_0
0	0	0	0	0	0
1	1				
2	0				
3	0				
4	0				

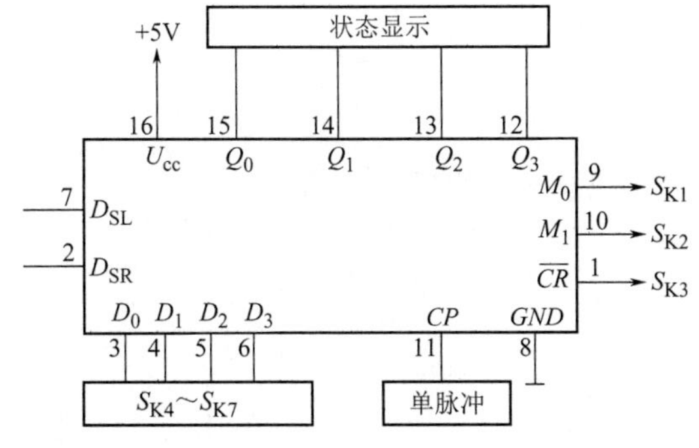

图 4-29　74LS194 测试电路图

2. 测试 74LS194 逻辑功能

① 将 74LS194 插入实验系统板面上的 16 端空插座中，插入时应将集成块上的缺口对准插座缺口。

② 按图 4-29 接线。

③ 置数（并行输入）。接通电源，将 $\overline{CR}$ 置低电平使寄存器清零，观察 $Q_0 \sim Q_3$ 状态为 0，清零后将 $\overline{CR}$ 置高电平。

令 $M_0=1$，$M_1=1$ 在 0000～1111

之间任选几组二进制数，由输入端 $D_0 \sim D_3$ 送入。在 CP 脉冲作用下，看输出端 $Q_0 \sim Q_3$ 状态显示是否正确，将结果填入表 4-23 中。

表 4-23 74LS194 置数功能测试

序	输入				输出			
	D_0	D_1	D_2	D_3	Q_0	Q_1	Q_2	Q_3
1	0	0	0	0				
2	1	0	0	0				
3	1	0	1	0				
4	0	1	0	1				
5	1	1	1	1				
6	1	0	0	0				

④ 右移。将 Q_3 接 D_{SR}（即将 12 端与 2 端连接）。

令 $M_0=1$，$M_1=1$ 置数使 $Q_3Q_2Q_1Q_0=0001$，然后令 $M_0=1$，$M_1=0$ 连续发出 4 个 CP 脉冲，观察 $Q_0 \sim Q_3$ 状态显示，并记于表 4-24 中。

表 4-24 74LS194 右移功能测试

输入	输出			
CP脉冲数	Q_0	Q_1	Q_2	Q_3
0	1	0	0	0
1				
2				
3				
4				

⑤ 左移。将 Q_0 接 D_{SL}（即将 15 端与 7 端连接）。

先将寄存器清零，再令 $M_0=1$，$M_1=1$ 置数使 $Q_3Q_2Q_1Q_0=1000$，然后令 $M_0=0$，$M_1=1$ 连续发出 4 个 CP 脉冲，观察 $Q_0 \sim Q_3$ 状态显示，并记于表 4-25 中。

⑥ 保持。清零后送入一组 4 位二进制数，例如为 $Q_3Q_2Q_1Q_0=0010$，然后令 $M_0=0$，$M_1=0$ 连续发出 4 个 CP 脉冲，观察 $Q_0 \sim Q_3$ 状态显示，并记于表 4-26 中。

表 4-25 74LS194 左移功能测试

输入	输出			
CP 脉冲数	Q_0	Q_1	Q_2	Q_3
0	0	0	0	1
1				
2				
3				
4				

表 4-26 74LS194 保持功能测试

输入	输出			
CP 脉冲数	Q_0	Q_1	Q_2	Q_3
0	0	1	0	0
1				
2				
3				
4				

五、 实训报告要求

① 整理测试结果。

② 设计由 D 触发器组成的双向移位寄存器，只画出逻辑图。

六、 实训预习内容

① 复习教材中有关寄存器的内容。

② 预习本实训内容。

③ 阅读第三章第三节的内容。

七、 实训思考题

① 按图 4-26(a) 进行右向移位寄存器功能测试时，若使寄存器最后输出为 0110，该如何操作？

② 按图 4-26(b) 进行左向移位寄存器功能测试时，若清零后仍将 S_D 置于低电平，按表 4-22 进行实验时，会出现什么结果？分析原因。

实训十九　计数、译码、显示综合应用

一、 实训目的

① 进一步掌握计数、译码、显示电路的工作原理。
② 熟悉中规模集成计数器的逻辑功能及使用方法。
③ 熟悉中规模集成译码器及数字显示器件的逻辑功能及使用方法。
④ 掌握计数、译码、显示电路综合应用的方法。

二、 实训仪器与设备

① 多功能数字电路实验系统　一台
② 万用表　一块
③ 74LS193 四位二进制计数器　一块
④ LA5011—11 共阳型数码管　一块
⑤ 74LS47BCD 七段译码器/驱动器　一块

三、 实训原理

(一) 计数器

计数器是常用的数字部件之一，是能累计输入脉冲个数的数字电路，是一种记忆系统。大、中规模计数器已有很多产品，本实训使用 74LS193 计数器，其功能如表 4-27 所示，外引线端排列图如图 4-30 所示。

表 4-27　74LS193 的功能表

输入								输出			
CR	$\overline{LD}$	CP_U	CP_D	D_0	D_1	D_2	D_3	Q_0	Q_1	Q_2	Q_3
1	×	×	×	×	×	×	×	0	0	0	0
0	0	×	×	d_0	d_1	d_2	d_3	d_0	d_1	d_2	d_3
0	1	↑	1	×	×	×	×	加计数			
0	1	1	↑	×	×	×	×	减计数			
0	1	1	1	×	×	×	×	保　持			

注：1-高电平；0-低电平；×-任意；↑-低到高电平跳变；d_0～d_3-D_0～D_3 稳态输入电平。

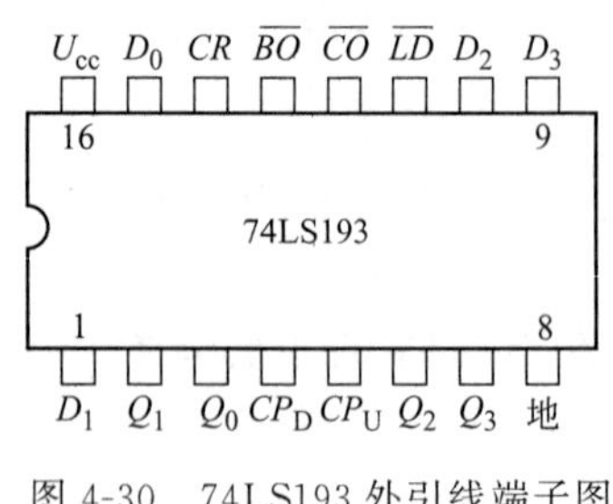

图 4-30　74LS193 外引线端子图

74LS193 计数器是可预置的四位二进制同步加/减计数器，其主要功能如下。

① 异步清零功能。当清除端（CR）为高电平时，不管时钟端（CP_D、CP_U）状态如何即完成清除功能。

② 异步预置功能。当置入控制端（$\overline{LD}$）为低电平时，输出端（$Q_0 \sim Q_3$）即可预置与数据输入端（$D_0 \sim D_3$）相一致的状态。

③ 加计数。信号脉冲由时钟（CP_U）端输入，时钟（CP_D）应为高电平，可完成加计数功能。

④ 减计数。信号由时钟（CP_D）端输入，此时时钟（CP_U）应为高电平，可完成减计数功能。

⑤ 当计数上溢时，进位输出端（$\overline{CO}$）输出一个宽度等于 CP_U 的低电平脉冲；当计数下溢时，借位输出端（$\overline{BO}$）输出一个宽度等于 CP_D 低电平脉冲。

⑥ 当把（$\overline{BO}$）和（$\overline{CO}$）分别连接后一级的 CP_D 和 CP_U，即可进行级联扩展。

引出端符号：

$\overline{BO}$——借位输出端（低电平有效）；

$\overline{CO}$——进位输出端（低电平有效）；

CP_D——减计数时钟输入端（上升沿有效）；

CP_U——加计数时钟输入端（上升沿有效）；

CR——异步清除输入端；

$\overline{LD}$——异步预置数控制端（低电平有效）；

$Q_0 \sim Q_3$——输出端；

$D_0 \sim D_3$——并行数据输入端。

（二）译码器

译码器也叫解码器。

目前数字系统中广泛使用中规模数码显示译码器，它的种类很多，本实训内容中使用的是 74LS47BCD—七段译码器/驱动器，输出低电平有效，可直接驱动共阳型 LED 数码管。它不仅能完成译码功能，还具有一些辅助控制与测试功能，其外引线端子排列图如图4-31所示。

（三）发光二极管数码显示器

通常用特殊的半导体材料（如磷砷化镓）做成的 PN 结，当 PN 结正偏导通时，由于载流子的注入及复合而辐射发光，辐射波长决定了发光颜色，它能发出红、绿、黄不同颜色的光，单个 PN 结用透明环氧树脂装成发光二极管，由七个段状封装成半导体数码管。

本实训采用的是 LA5011—11LED 显示器，此数码管为共阳极接法，要求译码器/驱动器输出低电平，各显示段才点亮，其驱动电路如图 4-32 所示。

四、 实训内容与步骤

（一）计数器的逻辑功能测试

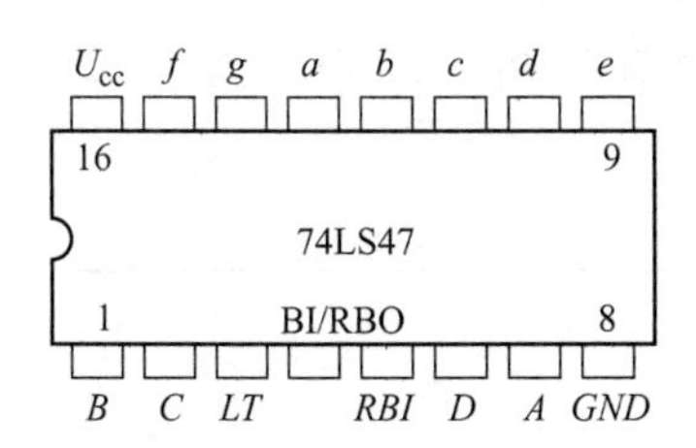

图 4-31 74LS47 外引线端子图

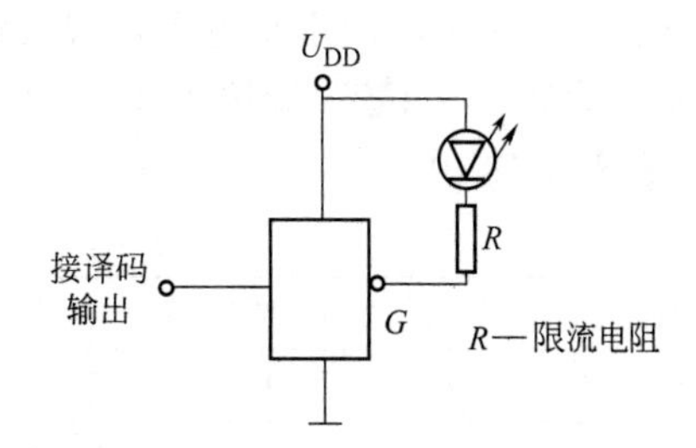

图 4-32 半导体数码管驱动电路

1. 连接线路

U_{cc}——接+5V，GND——接地；

$D_0D_1D_2D_3$ CR $\overline{LD}$——接 $S_{K1}\sim S_{K10}$ 中任六个；

$Q_0Q_1Q_2Q_3$——接发光二极管 0—1 显示电路；

CP_U 或 CP_D——接单脉冲输出插孔。

2. 测试 74LS193 的清除、置入、保持功能

CR、$\overline{LD}$、CP_U、CP_D、D_0、D_1、D_2、D_3 分别按表 4-27 中清零，预置、保持的功能输入电平，观察输出 Q_0、Q_1、Q_2、Q_3 的状态，检测 74LS193 的清零、预置、保持功能。

红灯亮表示 Q 的状态为“1”，绿灯亮表示 Q 为“0”。

3. 测试 74LS193 加计数功能

① 各输入端按表 4-27 加计数功能输入电平。

② 清除：将 CR 端输入高电平，观察输出 Q_0、Q_1、Q_2、Q_3 是否为 0000。

③ 清除后，从 CP_U 端按表 4-28，依次送入计数脉冲，观察 Q_0、Q_1、Q_2、Q_3 的状态，并记录在表 4-28 中。

表 4-28 加计数功能测试

计数脉冲（CP）	计数器逻辑状态				十进制数
	Q_3	Q_2	Q_1	Q_0	
0					
1					
2					
3					
4					
5					
6					
7					
8					
9					
10					
11					
12					
13					
14					
15					

4. 测试 74LS193 减计数功能

① 各输入端按表 4-27 减计数功能输入电平。

② 清除：将 CR 输入高电平，观察输出 Q_0、Q_1、Q_2、Q_3 的状态。

③ 清除后，从 CP_D 端按表 4-29 送入计数脉冲观察输出端 Q_0、Q_1、Q_2、Q_3 的状态，并记录在表 4-29 中。

表 4-29　减计数功能测试

计数脉冲（CP）	计数器逻辑状态				十进制数
	Q_3	Q_2	Q_1	Q_0	
0					
1					
2					
3					
4					
5					
6					
7					
8					
9					
10					
11					
12					
13					
14					
15					
16					

（二）BCD—七段译码器/驱动器及数码管功能测试

① 由 74LS47 七段译码器和 LA5011—11 共阳极数码管构成的译码器显示电路如图 4-33 所示（其中两芯片间连线在实验箱内已接好，无需再接），按图连接线路。

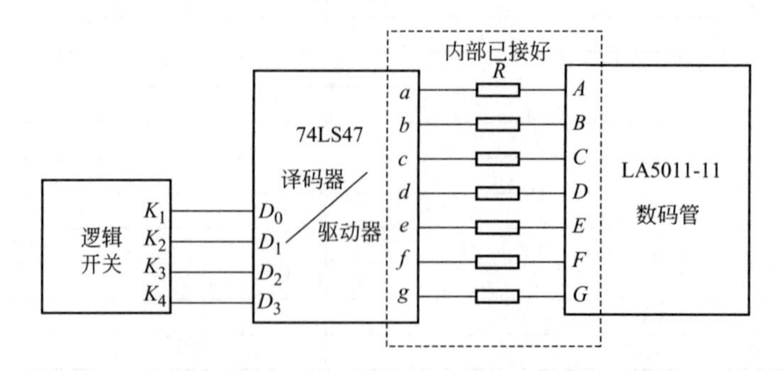

图 4-33　74LS47 功能测试

② 用逻辑开关作为 74LS47 的输入信号，按 8421 码方式改变逻辑开关状态（0000～1111），记录数码管显示的字形于表 4-30 中。

表 4-30 七段译码和数码管显示功能测试

译码输入逻辑状态				数码管显示	译码输入逻辑状态				数码管显示
K_4	K_3	K_2	K_1	字　形	K_4	K_3	K_2	K_1	字　形
0	0	0	0		1	0	0	0	
0	0	0	1		1	0	0	1	
0	0	1	0		1	0	1	0	
0	0	1	1		1	0	1	1	
0	1	0	0		1	1	0	0	
0	1	0	1		1	1	0	1	
0	1	1	0		1	1	1	0	
0	1	1	1		1	1	1	1	

需注意的是：74LS47 是 8421BCD 码七段译码器，当 74LS47 的输入信号为（1010～1111）六个无效状态时，段输出是固定的，因此仍有字形显示，其字形虽不规则却有规律。

（三）组成一位的计数-译码-显示电路

① 将 74LS193 计数器按加计数功能接线。

② 将 74LS193 计数器、74LS47 译码器/驱动器、LA5011—11 数码管按图 4-34 接线。

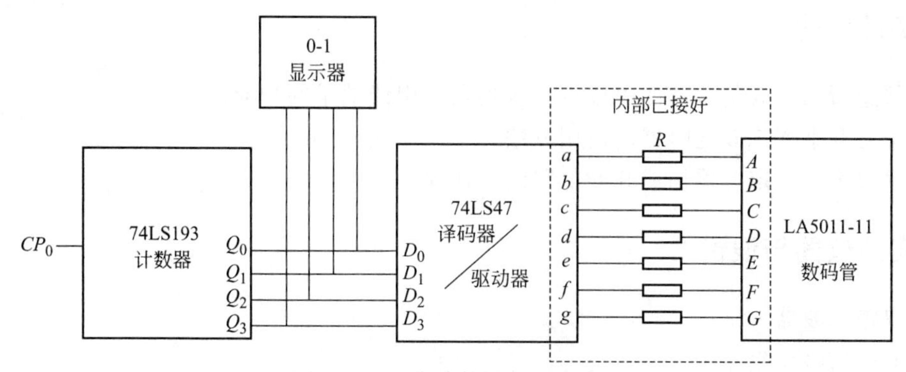

图 4-34 一位计数译码显示电路

③ 将计数器清零，然后由 CP_U 送入计数脉冲，观察由 0—1 显示的计数器输出状态及数码管显示的字形，将结果记入表 4-31。

表 4-31 计数-译码-显示综合测试

计数脉冲（CP）	计数器逻辑状态 Q_3	Q_2	Q_1	Q_0	数码管显示字形
0					
1					
2					
3					
4					
5					
6					
7					
8					
9					

五、 实训报告要求

① 按各部分实训要求整理测试数据，分析实验结果。

② 除了实验中使用的计数、译码、显示器件外，你知道还有哪些这样的器件，使用方法如何？

③ 能否采用反馈复零法将74LS193改接为十进制计数器，并具有清零和预置功能？十进制减法又如何实现？请画出逻辑电路图。

④ 若有故障，请记录故障现象，并说明排除故障的方法。

六、 实训预习要求

① 复习计数器、译码器、显示电路的有关内容。

② 预习本实训的全部内容。

③ 阅读本书第三章第三节相关内容。

实训二十 555时基电路典型应用

一、 实训目的

① 熟悉所用555定时器的引线端子排列及各引线端子的功能。

② 学习并掌握555定时器的使用方法。

③ 学习由555定时器构成脉冲电路的工作原理。

二、 实训仪器与设备

① 双踪示波器 一台

② 低频信号发生器 一台

③ 毫伏表 一台

④ 多功能数字电路实验系统 一台

⑤ 555电路实验电路板 一块

三、 实训原理

555时基电路是模拟和数字相结合的中规模集成电路，只要配置少量外部元件，便可以方便地组成触发器、振荡器等多种功能电路，因此555组件获得迅速发展及应用。

国内生产的型号是5G555、F555等。

其原理电路如图4-35所示。

其外引线端排列如图4-36所示。

各引线端功能如表4-32所示。

TH（6端）——高电平触发端，$\overline{TR}$（2端）——低电平触发端。

$\overline{C}_r$（4端）——复位端，$\overline{C}_r=0$时，电路输出低电平；当复位端不用时，应接高电平。

U_{co}（5 端）——电压控制端，通过该端加入一外加电压（电压范围0～U_{cc}）能在外加电压范围内调节定时器内的比较电压，从而改变电路的低电平触发阈值电压和高电平触发阈值电压的大小。

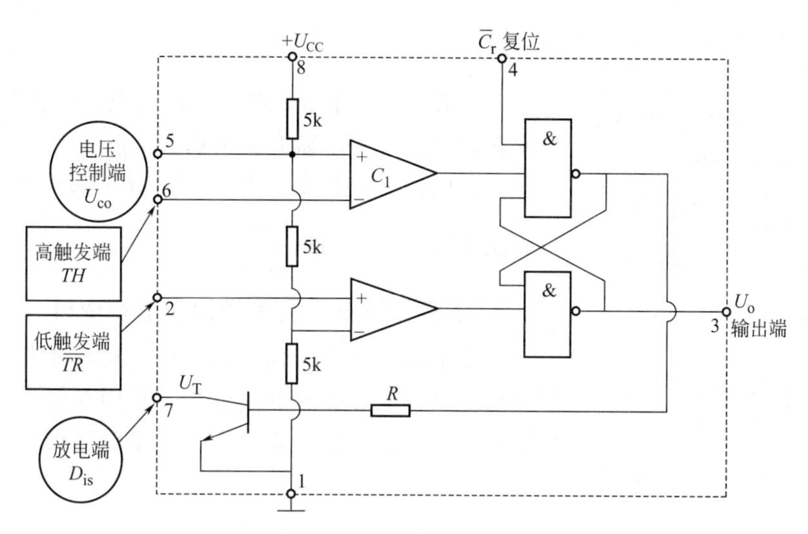

图 4-35　555 时基电路原理图

555 定时器应用十分广泛，在波形的产生、转换、测量仪表、控制设备等方面常用到它。本实训主要是利用 555 定时器来产生和转换波形。

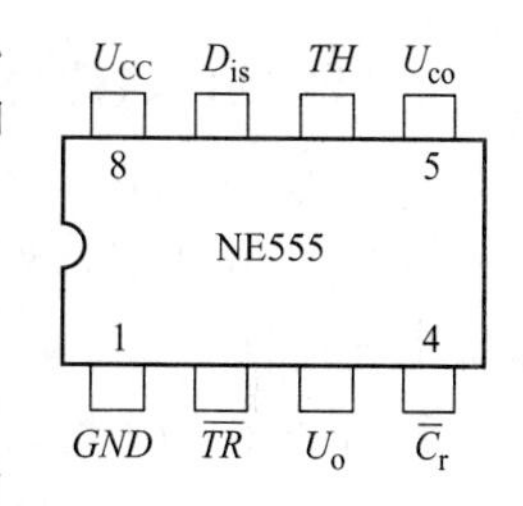

图 4-36　555 集成芯片外引线端子排列图

1. 用 555 定时器构成多谐振荡器

用 555 定时器构成多谐振荡器，其外部电路结构简单使用方便，它是利用电容器的充放电作用，来控制高低电平触发端 TH 和 $\overline{TR}$ 的电平，使 555 定时器内的 RS 触发器变换置“0”、“1”状态，从而在输出端获得矩形波。

多谐振荡器电路结构图及工作波形见图 4-37 和图 4-38。

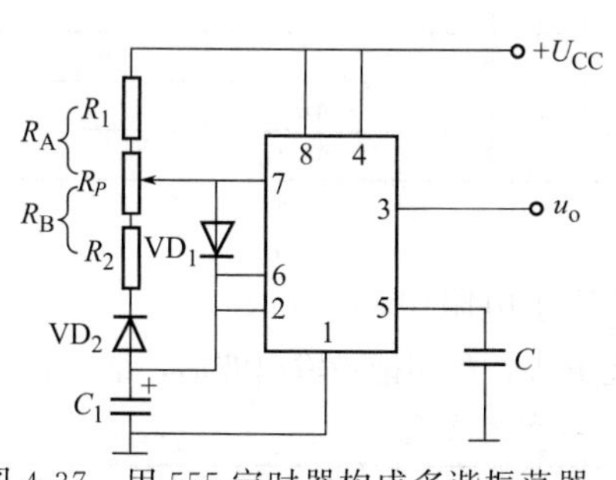

图 4-37　用 555 定时器构成多谐振荡器

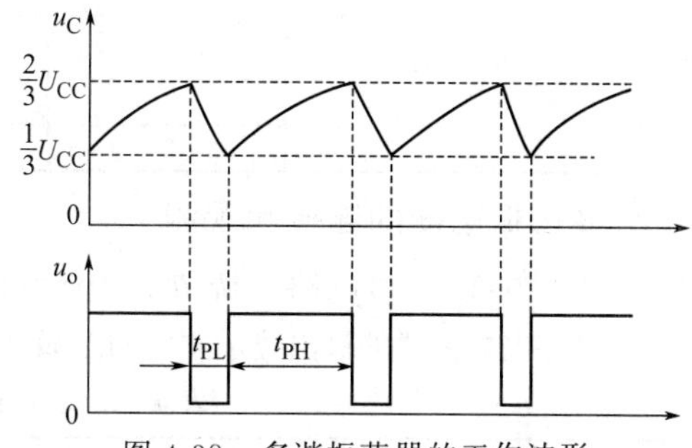

图 4-38　多谐振荡器的工作波形

表 4-32　555 定时器的功能表

外引线号	名称及功能	外引线号	名称及功能
1	GND 接地端	5	U_{co}电压控制端
2	$\overline{TR}$低电平触发端输入阈值信号	6	TH 高电平触发端输入阈值信号
3	U_o 信号输出端	7	D_{is}放电端
4	$\overline{C}_r$ 复位端 $\overline{C}_r=0$，$U_o=0$	8	U_{CC}正电源端电源电压 4.5～18V

由图中电容充放电路径可知：由 U_{CC} 通过 R_A、VD_1 向 C_1 充电，其充电时间为 $t_{PH}=0.7R_AC_1$。

C_1 通过 VD_2、R_B 及集成块中的 VT 放电，其放电时间为 $t_{PL}=0.7R_BC_1$，故振荡频率为 $f=\frac{1.43}{(R_A+R_B)C_1}=\frac{1.43}{(R_A+R_B+R_P)C_1}$

不难看出，调节 R_P 就可以改变充电或放电时间常数，从而获得不同占空比和振荡频率的矩形波。

占空比——矩形波一个周期内处于高电平的时间 t_{PH} 与周期 T 的比，即 $q=\frac{t_{PH}}{T}$。

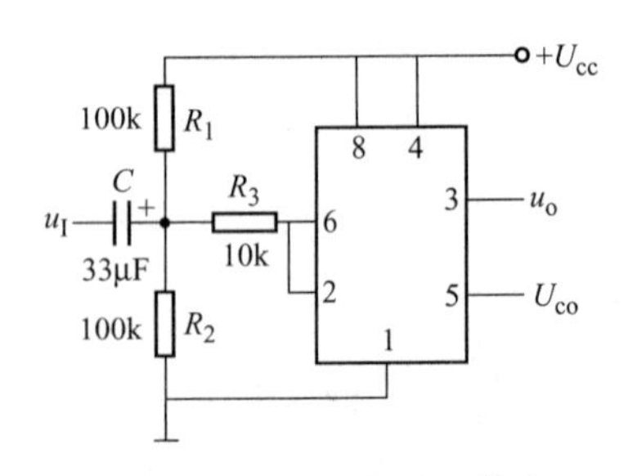

图 4-39 用 555 定时器构成施密特触发器

2. 施密特触发器及信号的整形和变换

其基本原理是利用输入信号的变化电压作为 555 定时器的高低电平触发端的触发电平，从而在输出端获得与外来信号同步变化的矩形波。用 555 定时器构成的施密特触发器的电路结构如图 4-39 所示。

四、 实训内容与步骤

1. 555 定时器的功能检查

① 在数字电路实验系统中，将 555 定时器外引线进行正确连接。

串接 2、6 两端，8 端接+5V，1 端接地，3 端接逻辑电平输出显示，分别用+5V 及 0V 电压作触发源。

② 检查 $\overline{C}_r$（4 端），高电平触发端 TH（6 端）及低电平触发端 TRIG（2 端）的功能。观察输出端（3 端）的输出电平显示，分别记入表 4-33，判断这几部分功能的好坏。

表 4-33 555 定时器功能检查

外引线号	4	2～6	输出电平（3）
名 称	$\overline{C}_r$	$\overline{TR}$ TH	U_0
加入电平	0	1	
	0	0	
	1	1	
	1	0	

2. 多谐振荡器的连接和观测

① 如图 4-37 连接电路，调节 RP 使其滑动触点置于电阻中部。

② 将多谐振荡器的输出接示波器的 Y 输入端，接通电源，观察记录输出波形，记入表 4-34 中。

表 4-34 多谐振荡器的观察和测试

输出 R_A 值	u_o		u_o 频率	占空比
	波形	幅值		
R_1+RP 最小				
R_1+RP 居中				
R_1+RP 最大				

③ 调节 RP 使 $R_A=R_1+RP$ 的阻值为最小，观察并记录多谐振荡器的输出波形；然后调节 RP，使 $R_A=R_1+RP$ 的阻值为最大，观察并记录波形。

以上所得，分别记入表 4-34 中。

比较以上三次观察记录的波形频率及占空比。

3. 施密特触发器的连接与测试

① 如图 4-39 连接电路，输出 u_o 接示波器 Y_2 输入端 u_I 接函数信号发生器。

② 调节信号发生器，使其输出为 1kHz、3V 的正弦信号，接入施密特触发器的 U_i 输入端和示波器的 Y_1 输入端。

③ 调节示波器的“扫描选择”。使两个 Y 输入具有相同的灵敏度，以在光屏上得到4～6个完整波形为佳，注意两个波形的相位关系，观察波形记入表 4-35 中。

表 4-35　施密特触发器的输入输出波形

U_i（1kHz3V）	
U_{co}（未加电压时）	
U_{co}（加入 4V 电压时）	

④在 5 端（U_{co}电压控制端）接入 4V 直流电压，上述其他实验条件不变，观察记录输出波形并比较信号幅度。

五、 实训报告要求

① 记录整理实训观察数据和测试波形；

② 比较多谐振荡器的 R_1+RP 在表 4-34 三种情况的实验测量值和用公式的估算值。

六、 实训预习内容

① 预习本实训全部内容。

② 复习 555 定时器的结构和工作原理。

③ 复习多谐振荡器和施密特触发器。

④ 从理论上估算表 4-34 中，U_o 的频率及空占比 $q=\frac{t_{PH}}{T}$。

七、 实训思考题

① 555 定时器的外引线高电平触发端和低电平触发端，正电源和复位端连在一起，分别起什么作用？

② 555 时基电路中，当 U_{co}端悬空时，TH 和$\overline{TR}$端的触发电平分别为多少？当外接固定电平时，触发电平分别为多少？

③ 在图 4-37 中，555 定时器的 5 端所接的电容起什么作用？

④ 在由 555 定时器构成的多谐振荡器中，振荡频率主要由哪些元件决定？

实训二十一　555 时基电路构成的警笛电路

一、 实训目的

① 能用 555 定时器产生非正弦波，并制作实用电路。

② 熟悉 555 定时器元件参数对输出波形的影响。

二、 实训仪器与设备

① 多功能电子实验系统	1 台
② 示波器	1 台
③ 万用表	1 只
④ 元器件	
NE555	2 块
电容器 4.7μF、10μF、47μF	各 1 只
0.1μF	3 只
电阻：10kΩ	3 只
100kΩ	2 只
可调电阻或电位器、220kΩ～330kΩ	1 只
扬声器 8Ω 0.5～1W	1 只

（以上元器件电路板上已经备好，请仔细查对）

三、 实训原理

用 555 做成的矩形波振荡电路在实训二十中已应用过，其电路如图 4-40 所示。振荡周期约为 $T=0.7(R_1+2R_2)C_1$。其高电平脉冲宽度为 $T_W=0.7(R_1+R_2)C_1$。为了产生占空比接近 50%的近似方波，应选择 $R_2 \gg R_1$。

调整 R_2 的大小，可以改变振荡周期和频率，因此常把 R_2 设成可调电阻。如果利用 U_{co}端控制比较电压，可以实现压控的自动调频电路。

由于振荡频率取决于电容的充放电时间，在图 4-40 中电容 C_1 的充放电范围在$\frac{1}{3}U_{CC}$～$\frac{2}{3}U_{CC}$之间，如图 4-41 的实线部分所示。显然，该范围越窄，则电容充放电时间越短，振荡频率越高，如图 4-41 的虚线部分所示。反之，频率越低。

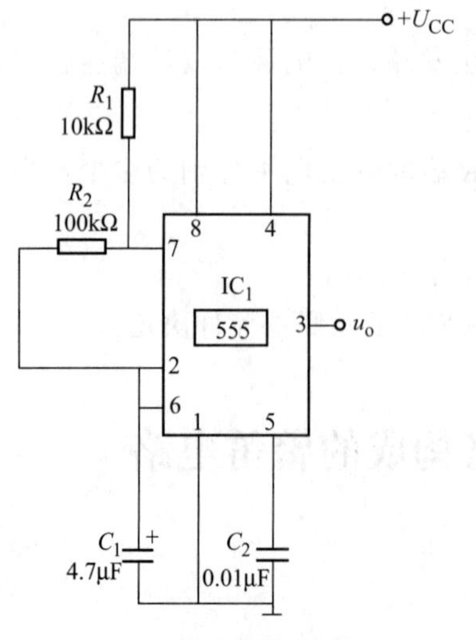

图 4-40 矩形波振荡器

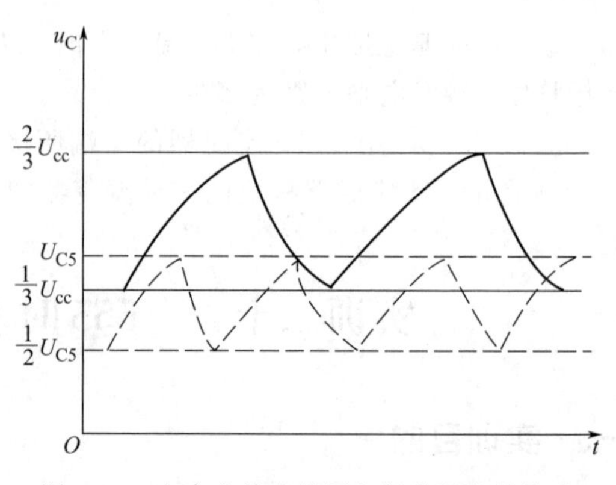

图 4-41 电容充放电范围与振荡频率的关系

5 号端子是外接电压控制端，该端子接的电压越高，则电容充放电范围越宽，振荡频率越低；该端接的电压越低，则电容充放电范围越窄，振荡频率越高。如果在 5 号端子接一个变化的电压，就可产生一个调频波。

若把图 4-40 中的 555 输出端接在 R_3 和 C_3 组成的积分电路上，在电容 C_3 两端就会产生一个三角波。用该波形去控制 IC_2 振荡器的 5 号端子，就可得到一个调频信号，在扬声器就可得到一个调频的警笛信号。电路如图 4-42 所示。

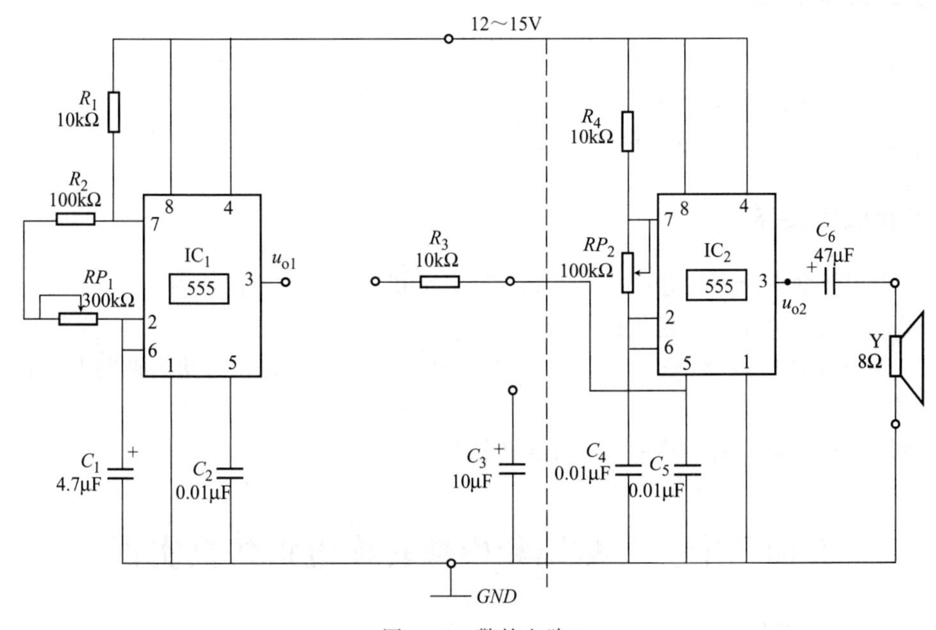

图 4-42 警笛电路

图中 IC_2 构成矩形波产生电路，其输出端经 C_6 接扬声器。其振荡频率 f_2 主要由 R_{P2} 及 R_4 和 C_4 决定，除此以外，振荡频率还受其 5 端电压调制，当 5 端电压变化时，3 端会产生调频波。高频波的频率是随调制电压而变化的，因此从扬声器发出的声音的音调是变化的。

图中 IC_1 构成方波产生电路，其振荡频率 f_1 由 R_1、R_2、R_{P1} 及 C_1 决定，频率比 f_2 低得多。IC_1 的输出端 3 端接有 R_3、C_3 构成的积分电路，对方波积分产生近似的三角波，这个三角波电压送到 IC_2 的控制端 5 端，可使扬声器中产生音调由低到高，再由高到低的警笛声。

如果 IC_1 的输出端不接积分电路而直接接至 IC_2 的 5 号控制端，则 5 端的波形是一个方波，IC_2 构成矩形波产生电路将产生两个频率交变的振荡波。扬声器中则产生两个音调交变的警笛声。

四、 实训内容与步骤

① 在实验系统上按照图 4-41 连线（注意电阻 R_3 和电容 C_3 先不要接上）。检查接线无误后将 15V 直流电压连上。

② 用双踪示波器观察并绘下 IC_1 的 3 端电压波形 u_{o1} 及 IC_2 的 3 端波形 u_{o2} 和 6 端、2 端电压波形。并测量周期和脉宽，记录实验数据。调节 R_P，注意周期的变化，记录最小及最大周期。

③ 接入扬声器，监听其音调的变化。同时可调节 R_{P1} 及 R_{P2} 再监听声音有什么变化。

④ 将 R_3、C_3 接入电路，注意扬声器发出声响的变化。也可以改变 R_{P1} 及 R_{P2} 的数值，注意声响变化。

用示波器观察 IC_2 的 5 端子上电压波形并绘下波形，记录电压波形的最大值和最小值。同时调节 R_{P1}，注意观察 C_5 上电压波形的变化。

五、 实训预习要求

① 掌握 555 定时器工作原理。

② 熟读本训练指导书。

③ 估算图 4-42 中 IC_1 和 IC_2 的振荡频率。

六、 实训报告要求

① 将实训数据整理并与理论计算结果对比，分析误差及产生的原因。

② 图 4-42 中的电容 C_6 起什么作用？

③ 图 4-42 中的电阻 R_3 起什么作用？去掉 R_3，将 IC_1 的输出直接去调制 IC_2 的 5 端行不行？为什么？

④ 按照自我设想的响声效果，设计振荡器控制电路。

实训二十二　数模和模数转换电路仿真实训

一、 实训目的

① 掌握 DAC 的数字输入与模拟输出之间的关系；掌握 ADC 模拟输入与数字输出之间的关系。

② 掌握设置 DAC 的输出范围、测试 DAC 的转换器的分辨率及提高 DAC 分辨率的方法。

③ 掌握设置 ADC 的输入电压范围的方法，进一步理解 ADC 的量化误差（即分辨率）的概念。

④ 观察 ADC 和 DAC 转换电路的工作情况，分析采样频率对转换结果的影响。

二、 实训仪器与设备

PC 机（已安装 Multisim 软件）　　　　一台

三、 实训原理

1. 数/模转换器

数字信号到模拟信号的转换称为数/模转换或 D/A 转换；能实现 D/A 转换的电路称为 D/A 转换器，简称 DAC。

DAC 的满度输出电压是指当全部有效数码 1 加到输入端时，DAC 的输出电压值。满度输出电压决定了 DAC 的输出范围。

DAC 的输出偏移电压是指当全部有效数码 0 加到输入端时 DAC 的输出电压值。在理想的 DAC 中，输出偏移电压为 0。在实际的 DAC 中，输出偏移电压不为 0，许多 DAC 产品设有外部偏移电压调整端，可将输出偏移电压调为 0。

DAC 的转换精度与它的分辨率有关。分辨率是指 DAC 对最小输出电压的分辨能力，可定义为输入数码只有最低有效位为 1 时的输出电压 U_{LSB} 与输入数码为全 1 时的满度输出电压 U_M 之比，即：

$$分辨率=U_{LSB}/U_M=1/(2^n-1)$$

当 U_M 一定时，输入数字代码的位数越多，则分辨率越小，分辨能力就越高。

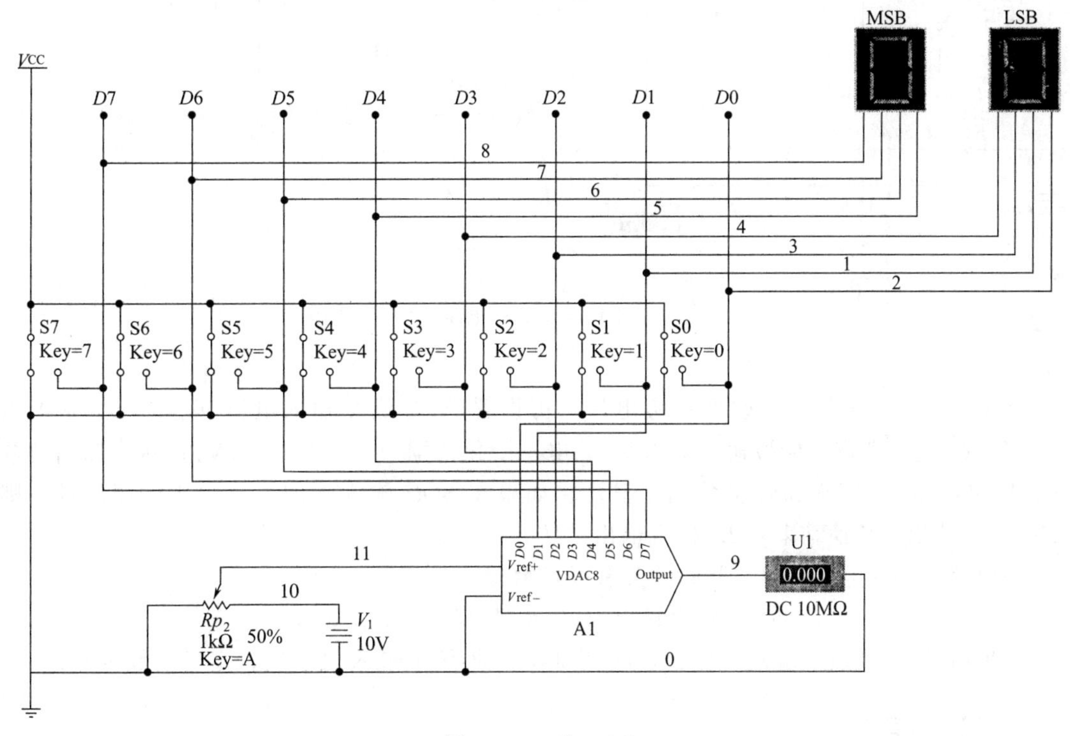

图 4-43　8 位 DAC

图 4-43 为 8 位电压输出型 DAC 电路，输入数字量用逻辑指示探头显示并通过数码管显示对应的十六进制数；输出模拟电压用电压表测量。DAC 满度输出电压的设定方法为：首先在 DAC 数码输入端加全 1（即 11111111），然后调整电位器 R_1 使满度电压值达到输出电压的要求。

2. 模/数转换器（ADC）

ADC 将模拟电压信号转换成一组相应的二进制数码输出。

ADC 一般包括采样、保持、量化、编码四部分。

量化误差与分辨率有关。ADC 输出二进制位数越多，则分辨率越高，转换精度也越高。分辨率常以数字信号最低有效位中的“1”所对应的电压值表示。

一个 n 位的 ADC，若满度输入模拟电压为 U_{IM}，则其分辨的最小电压为：$U_{IM}/2^n$。图 4-44 所示为 8 位 ADC 电路，ADC 芯片内：V_{in} 为模拟电压输入端；D7～D0 为二进制数码输出端；$V_{ref}+$ 为上基准电压输入端。$V_{ref}-$ 为下基准电压输入端；SOC 为转换数据启动端（高电平启动）；OE 为三态输出控制端（高电平有效）；EOC 是转换周期结束指示端（输出

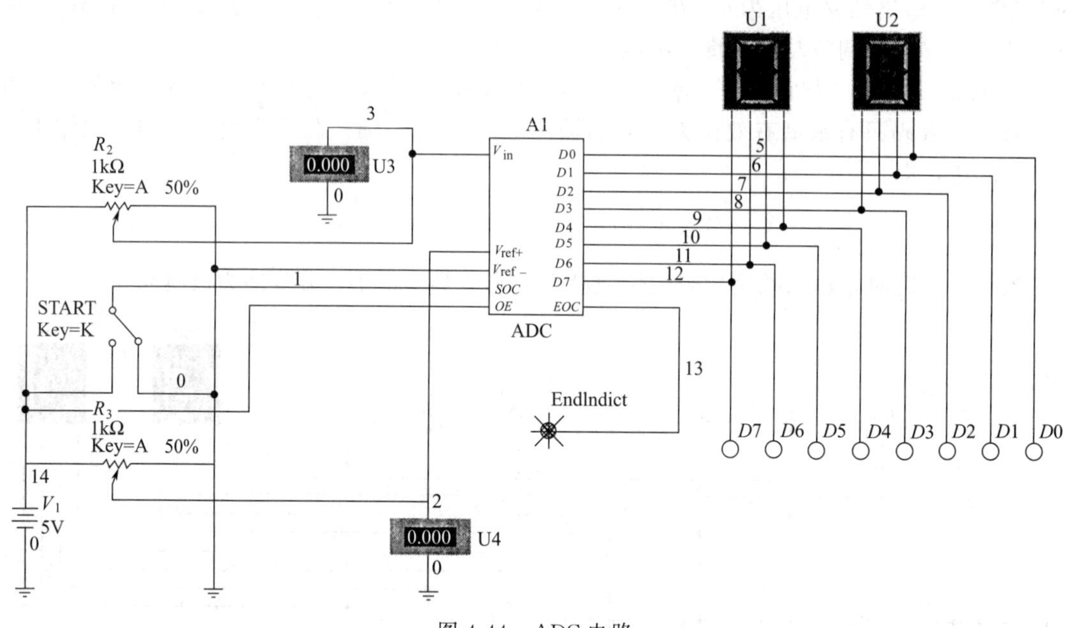

图 4-44 ADC 电路

正脉冲)。

调整 R_3 电位器分压比改变参考电压，可设置 ADC 满度输入电压 $V_{ref}+$（上基准电压）；用 R_2 电位器调节模拟输入电压 V_{in}，电压变化范围为 0～$V_{ref}+$（V）；转换输出的数码分别用逻辑指示探头和两位数码管显示。如果在 *SOC* 输入端加上一个正的窄脉冲，则 *ADC* 开始转换，转换结束时 *EOC* 端输出“1”。

该电路的输入电压与输出数码的关系可表示为：

$$V_{in}=\text{数字输出(对应十进制数)}\times V_{ref}/256$$

SOC(模数转换启动端)在输入信号改变时，可连续单击 K 键两次，实现模数转换。

四、 实训内容

1. DAC 仿真

① 在 Multisim 平台上建立如图 4-43 所示电路，这是一个 8 位电压输出型 DAC。

② 单击计算机键盘上的数字键 0～7（对应数字量 *D*0～*D*7），将 *DAC* 的数码输入为 11111111，单击仿真开关进行动态分析。调整 R_1 电位器，使 DAC 输出电压尽量接近 5*V*，这时 DAC 的满度输出电压设置为 5*V*。

③ 单击计算机键盘上的数字键 0～7（对应数字量 *D*0～*D*7），按照表 4-36 中所列输入数字量，并记录相应的输出电压。

表 4-36 DAC 输出电压仿真测试记录

二进制数码输入(*D*7～*D*0)	模拟电压输出(/*V*)	二进制数码输入(*D*7～*D*0)	模拟电压输出(/V)
00000000		00010000	
00000001		00100000	
00000010		01000000	
00000100		10000000	
00001000		11111111	

④ 根据表 4-36 测试的数据，分析：

该 DAC 的满度输出电压是________伏？

DAC 输出的模拟电压与输入数码成正比吗？

该 DAC 的输出偏移电压是________伏？

该 DAC 的分辨率是________？

2. ADC 仿真

（1）在 Multisim 平台上建立如图 4-44 所示电路，这是一个 8 位 A/D 转换器。用 R_3 电位器设置 ADC 满度输入电压 $V_{ref}+$，使 $V_{ref}+=5V$；用 R_2 电位器调节模拟输入电压 V_{in}，电压变化范围为 0～5V。

（2）仿真测试

① 将转换控制开关 Start 处于接地的位置。

② 单击仿真开关进行动态分析。按表 4-37 要求调节输入电压的数值（调整电位器的方法为：双击这个电位器，在弹出的设置对话框 Potcntiomcter 中，改变设置 Setting 的百分比，然后单击接受按钮 Accept；或者直接按压键盘上的“2”键使 R_2 增大，按压“Shift+2”键使减小；R_3 电位器的调节方法相同）。

③ 将转换控制开关 Start 置电源端（通过单击键盘上的“K”键转换开关状态），ADC 开始转换，逻辑指示探头和数码管应有相应的输出指示；再单击一次“K”键使转换控制开关接地，转换结束。在表 4-37 中记录与输入模拟电压对应的 ADC 数字输出。

④ 根据表 4-37 记录的数据，计算图 4-44 所示电路 ADC 的量化误差。

（3）单击仿真开关停止动态分析。将 *EOC* 与 *SOC* 连接起来（保留 *SOC* 与 Start 开关的连线）。单击仿真开关进行动态分析，单击键盘上的 K 键，使 Start 开关置“1”，开始 A/D 转换。再单击一次 K 键使 Start 开关返回接地的状态。每次转换结束后 EOC 端将有信号输出，ADC 又马上开始新一轮的转换，使转换工作连续进行下去。在 0～5V 之间继续改变模拟输入电压 V_{in}，观察并记录数字输出的变化。值得注意的是，每次用调整电位器 R_2 来改变模拟输入电压 V_{in} 以后，数字输出会随之变化，而不需要再按键盘上的 K 键。

表 4-37　ADC 二进制数码输出测试记录

模拟电压输入 V_{in}(/V)	二进制数码输出	数码管显示的十进制数
	D7D6D5D4D3D2D1D0	
0		
1.0		
2.0		
3.0		
4.0		
5.0		

（4）根据测试结果，分析：

该 ADC 的满度输入电压等于________/V？

ADC 数字输出的大小与模拟输入电压的大小成比例吗？

3. ADC 与 DAC 的综合仿真

① 在 Multisim 平台上构建图 4-45 所示电路，这个电路首先用一个 ADC 将模拟输入电压转换为数字输出，然后再用一个 DAC 将数字信号转换为模拟信号输出。由模拟转换为数字的输出信号用两个带译码器的十六进制 LED 数码管显示；由数字转换为模拟的输出信号

用示波器显示。每次转换结束时，蜂鸣器都会发出响声。

这里，由于采用了一个电流型 DAC，因此在其输出端需外加一个运放将电流转换为电压输出。

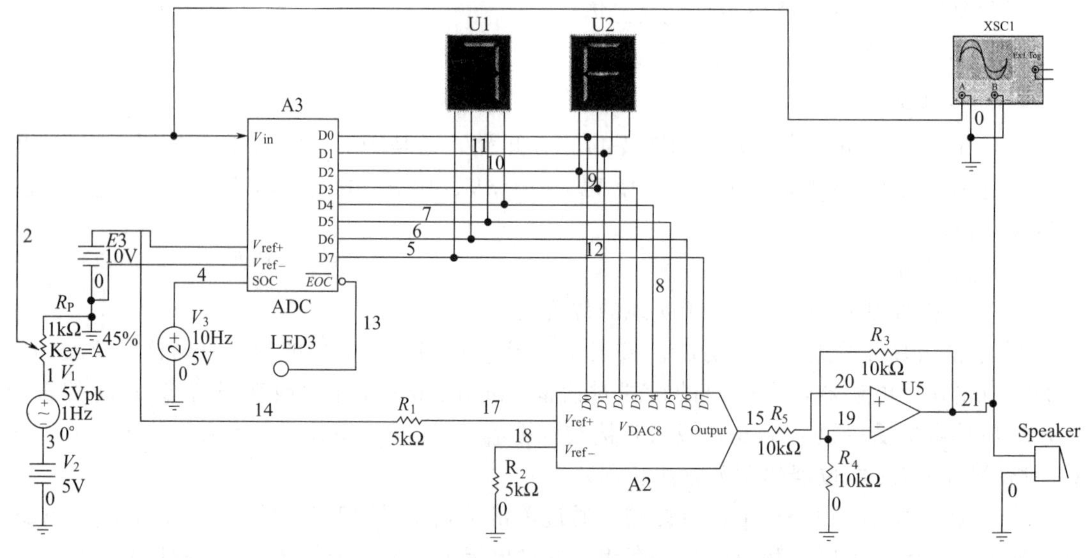

图 4-45 ADC 与 DAC 的连接

② 单击仿真开关进行动态分析。注意观察数码管显示及示波器屏幕的波形变化，并注意听蜂鸣器的响声。

③ 改变输入信号的频率，观察不同采样频率的信号对输出波形的影响，如图 4-46 所示。

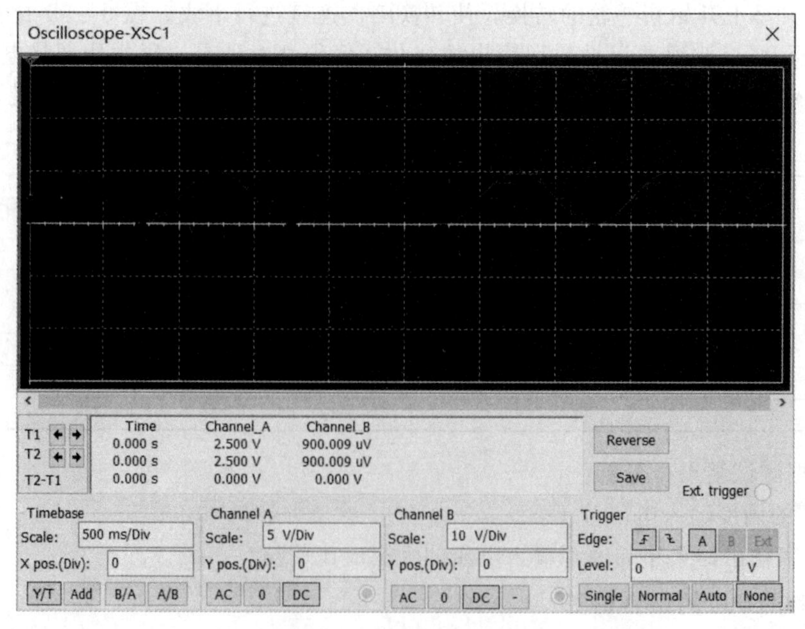

图 4-46 电路的仿真波形

④ 根据测试结果，试分析：

ADC 的转换时间最短是________。

将输入信号调节电位器设定在 50%，此时输入 ADC 的模拟信号的峰峰值 V_{in}＝________/V（p-p）。

该电路的输入信号频率为 f＝100Hz，若采样频率取为 1kHz(由函数发生器设定)，则输入信号每个周期的采样点数为________。当采样频率改为 600Hz 时，示波器所显示的输出波形有什么变化？当采样频率改为 4kHz 时，示波器所显示的输出波形有什么变化？得出采样频率与转化误差之间的关系的结论。

五、 实训报告要求

① 记录整理实验观察数据和测试波形。

② 观察 ADC 和 DAC 转换电路的工作情况，分析采样频率大小对转换结果的影响？

六、 实训预习内容

① 预习本实训全部内容。

② 复习 ADC 和 DAC 转换电路的工作原理。

七、 实训思考题

① 如何设置 DAC 的输出范围、如何测试 DAC 转换器的分辨率以及如何提高 DAC 分辨率？

② 如何设置 ADC 的输入电压范围？

③ 采样频率与恢复的模拟信号的逼真度间的关系如何？

第五章　电子技术综合实训

实训二十三　输出电压可调的稳压电源

一、 实训目的

① 进一步掌握稳压电源的基本工作原理。
② 掌握实用单路直流电压输入、双路直流电压输出电路的工作原理。
③ 掌握集成稳压块的使用方法并对稳压电源进行调试。

二、 实训仪器与设备

① 直流稳压电源	一台
② 万用表	一块
③ 模拟电子电路实验系统	一块

三、 实训原理

本电源采用了有输入、输出及调整端的三端可调集成稳压器 CW337 和固定三端集成稳压器 MC7905，该稳压电源还增设了过压保护电路，使用安全、可靠。

主要技术指标

① 输入电压　－22～－27V
② 输出电压　－5～－18V
③ 输出电流　0.3A，1A
④ 输出可调范围　$U_o \pm 5\% U$
⑤ 电压稳定度　（输入电压为－22～－27V）≤10%

工作原理

电路如图 5-1 所示，CW337 是一种三端可调负电压稳压器，输出电流可达 1.5A，输出电压范围为－1.25～－37V。当输入 U_I 为－24V 直流电压时，通过取样电路 R_6、R_7 及电位器 RP_2，在 CW337 的 1 端得到可变的分压值，输出电压范围为：$U_{o1}=-1.25\left(1+\frac{R_7+R_{P2}}{R_6}\right)$调节 RP_2 使 2 端输出 U_{o1} 为－18V 直流电压；同时，－18V 还供给三端固定稳压器 MC7905 输入的任务，使 3 端输出 U_{o2} 为－5V 的电压。

由电位器 RP_1、稳压二极管 VZ_1、三极管 VT、继电器 K 等元件组成过压保护电路，当输入电压超过额定值时，即 $|U_I| \geq 27V$，VT 导通，K 动作，常闭触点 K-4，5 断开，电源稳压器和用电负载得以保护；增加一组触点 K-1，2 断开，K-2，3 闭合，双色发光二极管 VD_3 将由绿色“工作指示”变为红色“告警指示”，同时讯响电路发出告警声。当输入电

压恢复正常值，电路将自动进入正常工作状态。其中，稳压二极管 VZ_1 和电阻 R_4 为三极管 VT 提供基准电位，电位器 R_{P1} 为调节过压保护动作值，电位器 R_{P2} 可在输出 1V 范围内调

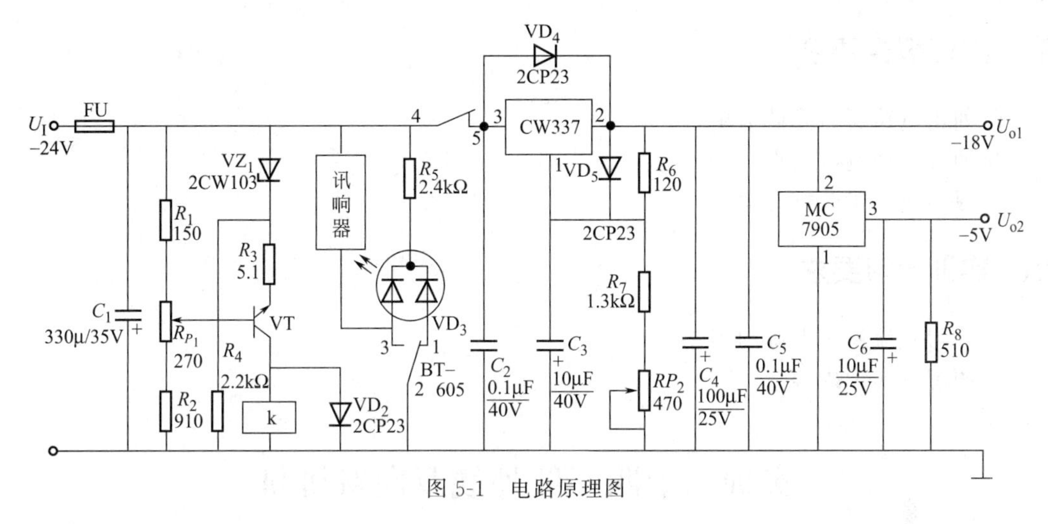

图 5-1　电路原理图

节，电阻 R_7 为电容 C_6 提供泄放电流回路，其阻值可在 1.2～1.4kΩ 范围内调节，以精确满足－18V输出电压。VD_5 用于防止稳压器输出端短路损坏 IC，VD_4 用于防止稳压器输入端短路损坏 IC。

四、 实训内容与步骤

1. 实训内容

① 电路元件的正确选择。用万用表对每个元件进行测量，是否完好正确。损坏元件及时调换。

② 电路焊接。将各个元件正确焊接在电路板上，注意管子和电解电容的极性。且 C_2 应靠近 CW337 的输入端，C_3 应靠近 CW337 的输出端。

③ 接通电源，测量输出电压是否为－18V、－5V。调节 R_{P2} 观察－18V 电压变化情况应满足技术指标。

④ 增大输入直流电压，观察电压高于 27V 时，过压保护情况。

2. 实训步骤

① 将一台 0～30V 的可调直流电源接入输入端 U_1，然后将 RP_1 阻值调至最大，用万用表置于 50V 直流挡进行监测。

② 为安全起见，CW337 暂不接入，以免过压而损坏集成块。

③ 接通电源，将可调直流电源调至 27V，然后缓慢地调节电位器 R_{P1}，致使继电器 K 动作后，R_{P1} 即刻停止调节；再重复将可调直流电源由 0 调至 27V 或大于 27V 时，观察继电器 K 动作即可满足要求。

④ 接入 CW337。一般情况，只要 CW337 和 MC7905 按图连接，不需调试便可工作。

3. 注意事项

① CW337 需加装散热器，使集成块不致过热损坏，同时也可提高用电效率。若 CW337 输出电流为 1A，其散热器的面积约为 $350mm^2$。

② 接通电源－24V，即电压在－22～－27V 内，纹波电压小于 24mV，否则不能开机。

③ 更换保险管应与原来指标相同，严禁以大代小或用铜丝代替（保险管电流 3A～5A）。

④ 电位器 RP_1 调整完毕后，请不要再随意改变，这样会影响电路的可靠保护。

五、 实训报告要求

① 列出电路所需元件清单。

② 列表整理测试结果。

③ 提出进一步改进方案。

六、 实训预习要求

① 预习直流稳压电源内容。

② 预习本实训内容。

实训二十四　红外线双向对讲机

一、 实训目的

① 掌握频率调制、频率解调的基本原理。

② 了解红外发射、接收机的组成框图。

③ 掌握电子电路的基本调试方法。

二、 实训仪器与设备

① 双路直流稳压电路	一台
② 毫伏表	一台
③ 示波器	一台
④ 万用表	一块
⑤ 模拟电路实验箱	一台
⑥ 信号发生器	一台

三、 实训原理

本机方框图如图 5-2 所示。通信时由两台对讲机组成一个通信系统，每台对讲机由发射和接收两部分组成。发射机由低频放大、调频调制、红外线发射三部分构成。接收机由光电转换、调制信号放大、调频、解调、音频功率放大器等部分构成。

图 5-3 为发送机原理图。话音信号经驻极体传声器 BM 转变为音频电信号，然后通过耦合电容 C_1 送到高增益集成运放器 IC_1 进行放大，其放大倍数为 $A_F = U_0/U_I = -R_4/RP$。从式中可知，调节电位器 RP 可改变反相输入式放大器的闭环放大倍数 A_F。放大后的音频信号经调制 IC_2 中的振荡器，用锁相环路（PLL）调频，能够得到中心频率高度稳定的调制信号，克服直接调频中心频率稳定度不高的缺点。此振荡器的工作频率由电阻 R_7 和电容 C_7 来决定。改变其参数值则可改变其载波频率，受语音信号控制的调频载波由 IC_2 的 5 端输出，输出的调频载波信号经耦合电容 C_8 送至三极管 VT_1 放大后，激励红外发光二极管

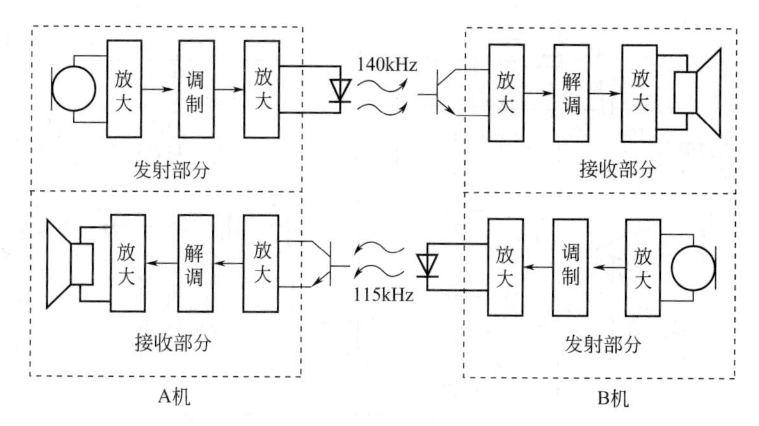

图 5-2　红外双向对讲机方框图

（或者激光二极管）VD工作，并将光信号发射出去。应注意：红外发光二极管频谱调制光辐射不同于脉冲工作方式，而是用于线性工作方式，因此必须设置起始电流，使发光二极管工作于线性区，脉冲工作方式时则不需设置偏置电流。

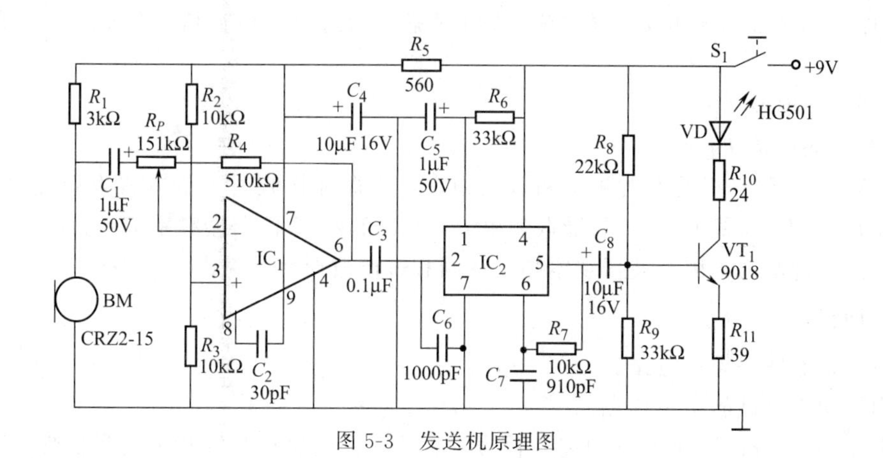

图 5-3　发送机原理图

图 5-4 为接收机原理图。光电三极管 VT_2 接收到对方发射来的光信号后，由集电极产生相应的信号电压，此信号电压经运算放大器 IC_3 放大。为了不衰减载频信号，该放大器 IC_3 选用了频带较宽的运算放大器。放大后的信号经电容 C_{12} 耦合至 IC_4 的 3 端上，经解调后从 2 端取出信号，并经电容 C_{15} 滤波，恢复成原调制信号。解调后的音频信号经电位器 RP_2 调节后送至音频功率放大器 IC_5 放大，由耦合电容 C_{19} 给扬声器 BL 还原成语音信号。

元器件选择：

IC_1 用 $5G_{24}$；IC_2 和 IC_4 用 LM567；IC_3 用 $5G_{28}$；IC_5 用 LM386；扬声器 BL：0.25W 8Ω。三极管 VT19018，$65 \leqslant \beta \leqslant 115$。其他元件按图中标注选用。

本机发射部分和接收部分同时工作时，为保证接收时不受本机发射信号的干扰（即不出现自发自收现象），采用了发送与接收使用不同频率的办法，A 机发射频率和 B 机接收频率约 148kHz，A 机接收频率和 B 机发射频率为 115kHz。由于电容量误差的原因，频率校准在必要时可对电阻 R_7、R_{16}阻值作适当的修正。在 VD 与 VT_2 之间用光导纤维作为传输线时，不但保密性强，而且传输距离远。

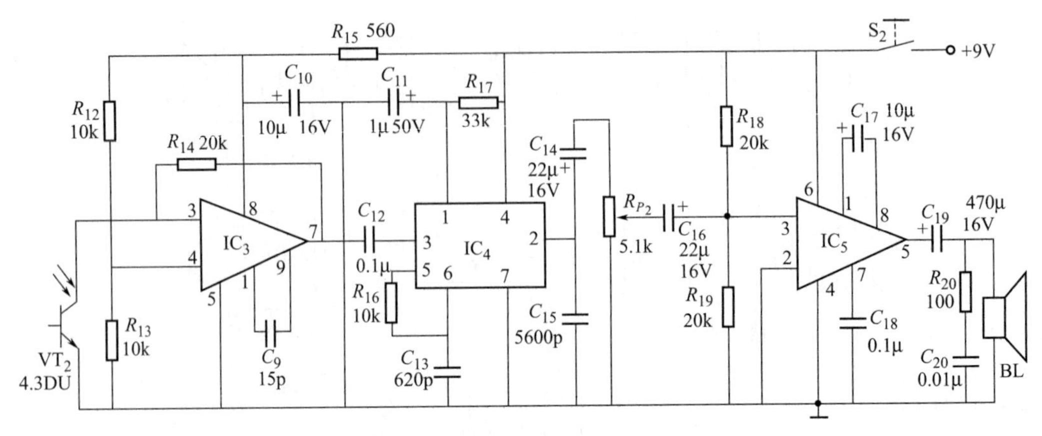

图 5-4 接收机原理图

四、 实训内容与步骤

1. 实训内容

① 测试直流静态工作电流：（注意：如果静态电流过大，检查是否有短路现象或元件损坏）。记录：

发射机静态电流 $I_{发}=$

接收机静态电流 $I_{接}=$

② 调整 A 机和 B 机的发射频率和接收频率：为保证接收时不受本机发射信号的干扰，改变 R_7、R_{16} 可使 A 机 IC_2、IC_4 谐振频率 $F=148\text{kHz}$；B 机谐振频率 $F=115\text{kHz}$。

③ 整机对讲调试：用示波器观察频率调制和解调波形后，对讲实验进行。

2. 实训步骤

① 检测元器件并焊接电路。

② 用万用表测试静态工作点。

③ 按照图 5-5 和图 5-6 连接电路，信号发生器分别输出正弦波和正弦调频波，经过频率调制和解调后，从示波器观察波形如图 5-5 和图 5-6 所示。

④ 将红外发射接收管对准，可进行通话实验。

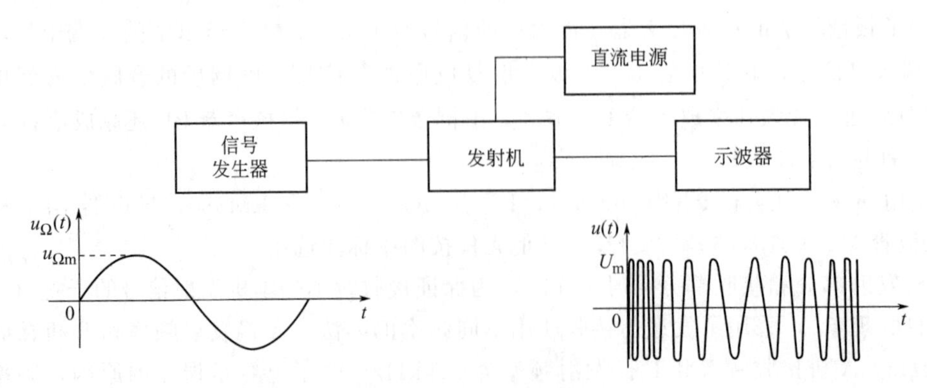

图 5-5 发送机测试连接图

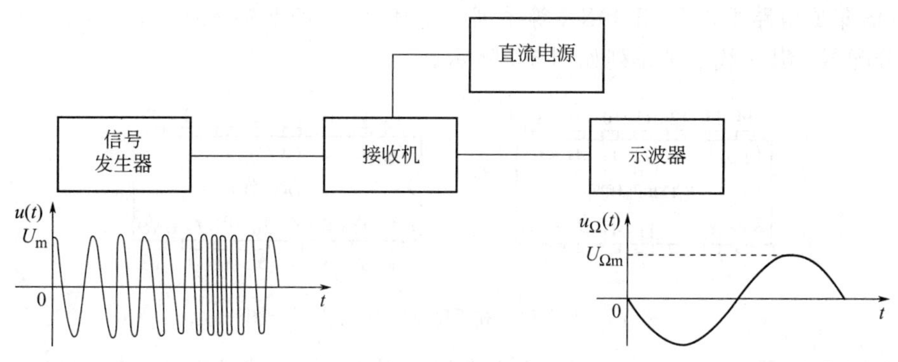

图 5-6　接收机测试连接图

五、 实训报告要求

① 填写静态电流测试结果。
② 画出频率调制和解调的波形图。
③ 提出进一步改进方案。

六、 实训预习内容

① 预习频率调制与解调部分内容。
② 预习所用仪器的使用。
③ 预习本实训内容。

实训二十五　可编程音乐发生器

一、 实训目的

① 进一步掌握 555 定时器、计数器的功能与应用。
② 了解通用数字集成电路的种类及使用方法。
③ 了解可编程音乐发生器的基本原理。

二、 实训仪器与设备

器材	数量
① NE555 芯片	两块
② 多功能数字电路实验系统	一台
③ CD4017	两块
④ CD4001	一块
⑤ 实训电路板	一块
⑥ 电阻、电容	若干
⑦ 数字万用表	一块

三、 实训原理

1. 通用数字集成电路简介

本实训项目电路采用电池供电，所以选用 CMOS 电路。

CMOS 集成电路主要有 CD40XX 等系列，CD4001 为四 2 输入或非门，CD4017 为十进制计数/分配器，其引线端子排列如图 5-7 所示。

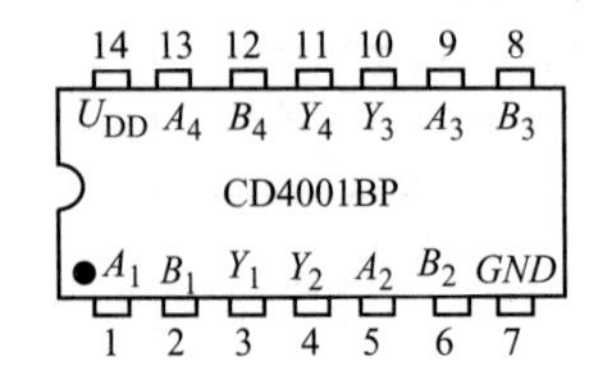

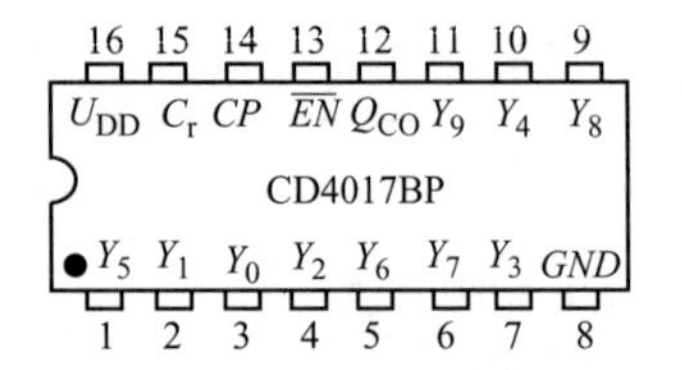

图 5-7 CD4001 和 CD4017 外引线端子图

CD4001BP 内部集成有四个功能独立但电源公用的 2 输入端或非门，在上图中 A_1、B_1、Y_1 为一组，完成 $Y_1=\overline{A_1+B_1}$ 功能，其他以此类推。

CD4017BP 也可称为十进制集成节拍发生器，在 $CP\uparrow$ 作用下，$Y_0 \sim Y_9$ 依次输出 1。其功能如表 5-1 所示。

表 5-1 CD4017 功能表

Cr	CP	EN	输出状态
1	×	×	复位（$Y_0=1$，$Y_1 \sim Y_9=0$）
0	0	×	不变
0	×	1	不变
0	↑	0	进到下一级
0	↓	×	不变
0	×	↑	不变
0	×	↓	进到下一级

2. 电路原理

（1）多于十个输出端的计数/译码电路　十进制计数/译码器 CD4017 具有十个译码输出端；在输入 CP 脉冲的作用下，十个输出端可以依次逐个输出高电平，因此常被用于顺序控制电路中。但是，如果需要十步以上的顺序控制，它就不能满足要求了。这时可以将多个 CD4017 恰当地级联起来，就可以获得更多的译码输出端。

图 5-8 为可编程音乐发生器的原理图，图中将两个 CD4017 级联起来，可以得到 17 个输出端，其工作原理如下。

时钟脉冲同时接至 IC_2 和 IC_3 的 CP 端（14 端子），设它们的初始状态均为零，即 Y_0 为高电平，其余均为低电平。当第一个时钟脉冲到来时，IC_2 的 Y_1 跳变为高电平，其余均为低电平。如果计数次数低于 9，则 IC_2 的第十个输出端 Y_9（11 端子）仍为低电平，它通过反相器 IC5a，使 IC_3 的禁止端 $\overline{EN}$ 为高电平，故在这一段时间内时钟脉冲对 IC_3 不起作用。一旦第十个脉冲到来，IC_2 的 Y_9 为高电平，它一方面使 IC_2 的 $\overline{EN}$ 端为高电平，停止计数；另一方面又通过 IC 5a使 IC_3 开始计数。一直到第十七个脉冲到来后，IC_3 的 Y_9 端跳变为高电平，但是这个高电平保持的时间是非常短暂的，原因如下：或非门 IC 5b和 IC 5c构成了一个上升沿触发的单稳态电路，稳态时它的输出端 4 为低电平，由于它接到了 IC_2 和 IC_3 的复位端 C_r，所以 IC_2 和 IC_3 处于计数状态。但当第十七脉冲到来时，IC_3 的 Y_9 的高电平使这个单稳态电路处于暂稳状态，其输出为高电平，这个暂稳态时间由 R_4C_3 决定，约为 15μs，它使 IC_2 和 IC_3 同时复位，此时只有 IC_2 的 Y_0 为高电

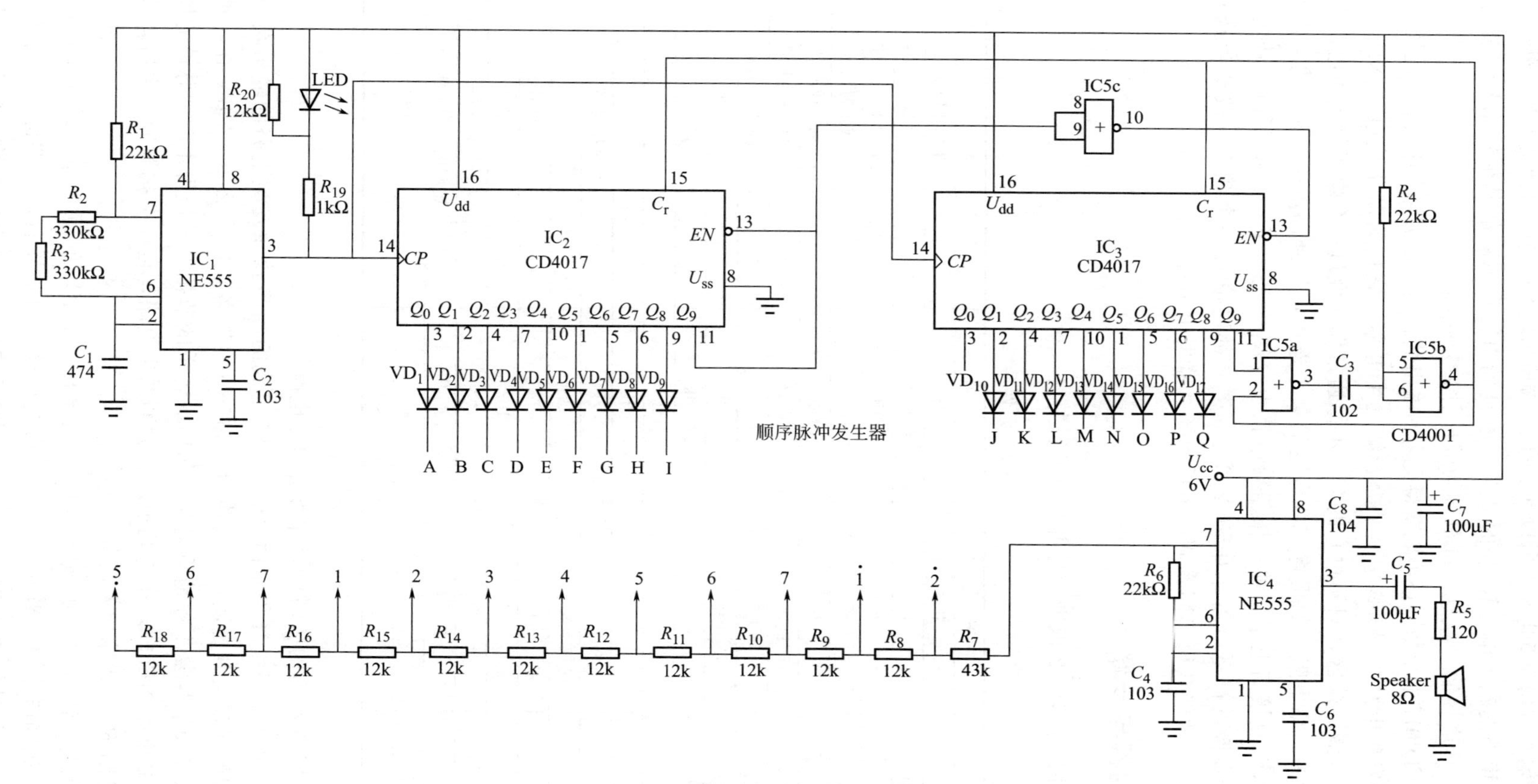

图5-8 可编程音乐发生器原理图

平，其余 16 个输出端均为低电平。所以 IC_3 的 Y_9 端所出现的高电平时间是极其短暂的。

如果将单稳态的输入端（IC 5b的 2 端）改接到 IC_2 和 IC_3 的其他输出端，就可以获得1～17中任意步顺序控制，故这一部分称为顺序脉冲发生器。

如果增加 CD4017 的个数，还可以获得更多的输出端。具体方法与上述类似，此处不再赘述。

（2）音调发生电路 图 5-8 中 IC_4 为音调发生电路，它由时基集成电路 NE555 及相关元件组成一个多谐振荡器，只不过它的 7 端不像通常那样经过一个电阻接到正电源上，而是接有 R_7～R_{18}等一串电阻，如果将这些电阻的某个连接点接到高电平，IC_4 就会产生振荡。例如，若把“7”点接高电平，那么振荡频率就由（$R_7+R_8+R_9$）、R_6 和 C_4 决定。因此，音乐中每一种音调的高低（音乐中称为“音高”）都对应着一个频率，故适当选择 R_7～R_{18}的电阻数值，就能获得不同音调。最后由扬声器发出声音。

四、 实训内容与步骤

① 按元件清单表 5-2 识别元件并检查元件好坏

表 5-2 元件清单

元器件	编 号	数 值	备 注
集成电路	IC_1	NE555	集成定时器
	IC_2	CD4017	十进制计数/分配器
	IC_3	CD4017	十进制计数/分配器
	IC_4	NE555	集成定时器
	IC_5	CD4001	四 2 输入或非门
二极管	VD_1～VD_{17}	1N4148	共 17 个（注意极性）
发光二极管	LED		ϕ3（注意极性）
电阻	R_1，R_4，R_6	22k	共 3 个
	R_2，R_3	330k	共 2 个
	R_5	120Ω	
	R_7	43k	
	R_8～R_{18}，R	12k	共 12 个
	R_{19}	1k	
电容	C_1	474	0.47μF
	C_2，C_4，C_6	103	0.01μF
	C_3	102	1000pF
	C_5，C_7	100μF	电解电容（注意极性）
	C_8	104	0.1μF
扬声器	SP	8Ω	

② 按照图 5-9 给出的印刷板元件布置焊接电路

③ 自编程发生音乐 如果将两个 CD4017 组成的顺序脉冲发生电路的输出端 A—Q 按照某一乐曲的顺序连接到音调发生电路的“567……1”各点，那么 IC_2、IC_3 在时钟脉冲的作用下，就会使 IC_4 反复不停地重复某一乐曲。音乐的节拍的长短可由时钟脉冲的周期来确定。IC_1 是时基电路 NE555，由它构成时钟脉冲产生电路，也叫节拍脉冲发生器。节拍的长短可由调整电阻 R_3（680k）来调节。

例如要产生一段音乐，可按图 5-10 连接。IC_2 和 IC_3 的每个输出端所串接的二极管 VD_1～VD_{17}，起隔离作用。当 IC_2 的 Y_0 为高电平时，VD_1 导通，A 端也为高电平，扬声器中发出“3”音，此时与“3”连接的 D、J 端均为高电平，但 IC_2 的 Y_3 和 IC_3 的 Y_1 端为低

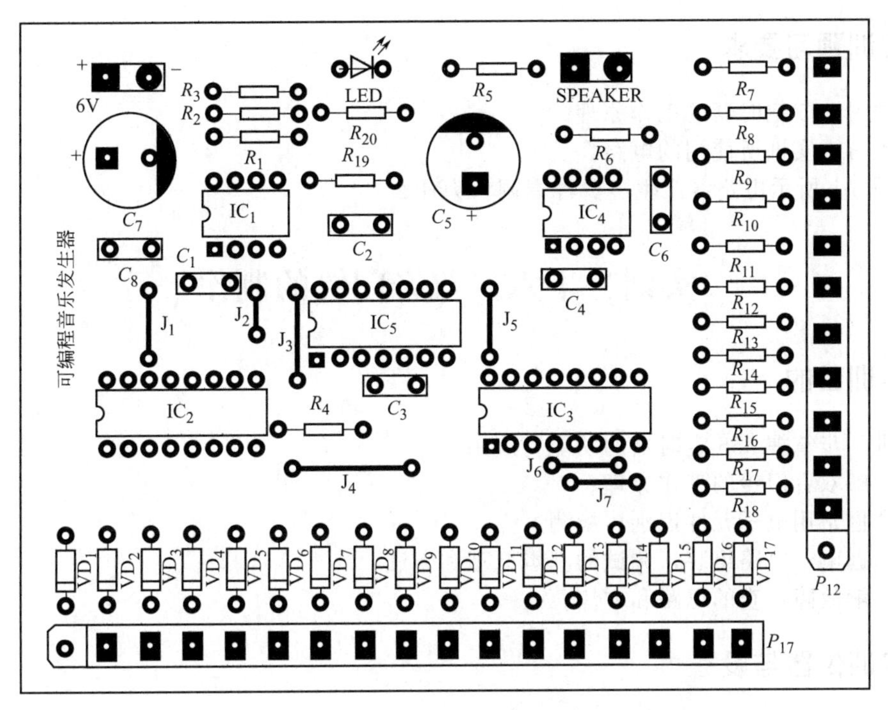

图 5-9　印刷板图

电平，此时二极管 VD_4 和 VD_{10} 均截止。若没有这两个二极管，就会有电流倒灌入 IC_2 的 Y_3 端和 IC_3 的 Y_1 端，造成集成电路损坏。

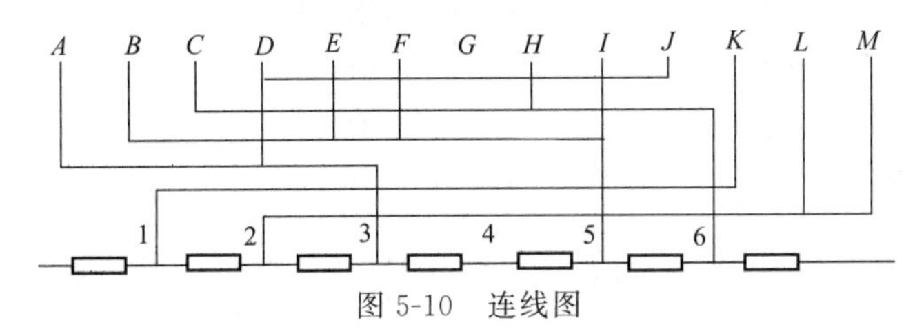

图 5-10　连线图

五、 实训注意事项

① 集成电路安装时必须焊接插座，插座的缺口标记与印制板相应标记对准，不得装反。同时集成电路插入插座也要注意不要插反，否则集成电路将会烧毁。

② 二极管、发光二极管和电解电容也要注意极性，不得装反。

③ J_1～J_7 为七根跳线，可使用剪下的电阻引线将之连接。

④ 所有元件安装完以后，可以通电（切记：千万不要把电源接反）调试，通电后，发光二极管应闪烁，P_{17}的 17 个端子依次输出高电平，从 P_{17} 各点引出多条引线，依次接到 P_{12}各点，扬声器应发出不同音调。

六、 实训报告要求

① 分析电路原理，写出各可调元件作用，如何调整。

② 分析该电路的不足之处，提出改进的思路。

③ 自编一首音乐，画出连线方法。

七、 实训预习要求

① 预习 555 定时器的工作原理。
② 预习本实训所使用的电路。
③ 图 5-8 所示电路可产生多少种音调？为什么？

实训二十六 双音门铃的制作

一、 实训目的

① 进一步掌握 555 定时器的功能与应用。
② 了解双音门铃的工作原理。
③ 掌握常用电子元件识别、检测。
④ 掌握电子电路组装，调试的基本原理和方法。
⑤ 了解故障排查的思路和方法。

二、 实训仪器与设备

① 实训电路板（或面包板）	一块
② 导线	若干
③ 数字万用表	一块
④ 555 芯片	一块
⑤ 电阻、电容、二极管	若干
⑥ 扬声器	一个
⑦ 4 节 5 号干电池	一组

三、 实训原理

555 定时器是中规模集成时间基准电路（time basic circuit），可以方便地构成各种脉冲电路。由于其使用灵活方便、外接元件少，因而在波形的产生与变换、工业自动控制、定时、报警、家用电器等领域得到了广泛应用。555 定时器常组成多谐振荡器、施密特触发器、单稳态电路，实用双音门铃是利用 555 定时器构成多谐振荡器组成。

电路原理图如图 5-11 所示。

① 静态时，门铃按键 AN 在放开的状态，C_3 无电源充电，U_{C3} 两端电压为零，通过 P 点控制 555 的复位端 R，使 $R=0$，555 复位端有效，输出为 0，所以门铃不响。

② 按下门铃按键 AN，D_2 二极管正向导通，给电容 C_3 充电，使 U_{C3} 两端电压快速接近$+5$V，P 点的电位传送到 R 端，使$R=1$，555 芯片可以工作。

按键 AN 按下同时，使 VD_1 导通，与 VD_1 并联的 R_3 短路，由$+5$V 电源经过 R_1 和 R_2 向电容 C 充电，当电容 C 充电到 $U_C\geqslant\frac{2}{3}U_{CC}$时，555 定时器置 0，输出跳变为低电平；同时，555 内部的泄放开关导通，电容 C→电阻 R_2→7 端→地 GND 开始放电。

当电容 C 放电至 $U_C\leqslant\frac{1}{3}U_{CC}$时，555 定时器置 1，输出电位又跳变为高电平，同时泄放开关（VT）截止，电容 C 重新开始充电，重复上述过程。如此周而复始，电路产生振荡。振荡频率为

$$f_1=\frac{1}{T_1}=\frac{1}{0.7(R_1+2R_2)C}$$

③ 松开门铃按键 AN，二极管 VD_1、VD_2 截止，C_3 通过 R_4 放电。电路中采用 TTL 芯片，其门槛电压 U_{th} 为 1.4V。当 C_3 放电，U_{C3} 电压高于 1.4V 时，555 芯片维持正常振荡。其振荡频率为

$$f_2=\frac{1}{T_2}\approx\frac{1}{0.7(R_1+2R_2+R_3)C}$$

当 C_3 继续放电，U_{C3} 电压低于 1.4V 时，使 555 芯片 R 端为低电平，强行复位停止振荡。门铃鸣响的时间，由 C_3、R_4 放电时间常数决定，调节 R_4 可调节门铃响的时间。

$$T\approx\tau\ln\frac{U_{cc}}{1.4}=R_4C_3\ln\frac{U_{cc}}{1.4}\approx1.3R_4C_3$$

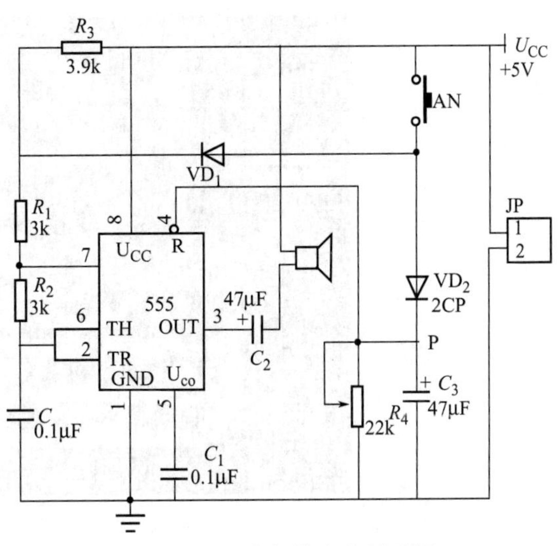

图 5-11　双音门铃电路原理图

综上所述，静态时门铃不响，按键按下时按 f_1 频率响，扬声器发出“叮”的声音，按键松开时按 f_2 频率响，扬声器发出“咚”的声音，“咚”声的余音的长短可通过改变变阻器 R_4 的数值来改变。

四、 实训内容与步骤

① 按元件清单识别元件并检查元件好坏。

TTL 集成芯片 555。

碳膜电阻器 3kΩ 共 2 个；3.9kΩ 电阻 1 个；滑动变阻器 22kΩ。

瓷介电容器 0.1μF、0.01μF 各一个。

电解电容 47μF/16V 共 2 个。

二极管 2AP9，2 只。

扬声器：8Ω/0.25W1 个。

4 节 5 号干电池串联供电。

② 按图 5-12 给出的印制电路板元件布置焊接电路。

印制电路板大小：单层板。长 70mm，宽 48mm。

铜膜导线宽度：50mil（$1\text{mil}=\frac{1}{1000}\text{inch}$）。

电源线、地线需加宽，其宽度为：70mil。

为满足单面板制板的需要，焊盘外径：100mil、内径 30mil。

③ 所有元件安装完以后，可以通电调试。静态时门铃不响，按键按下时按 f_1 频率响，扬声器发出“叮”的声音，按键松开时按 f_2 频率响，扬声器发出“咚”的声音，“咚”声的余音的长短可通过改变变阻器 R_4 的数值来改变。

五、 实训注意事项

① 集成电路安装时最好焊接插座，插座的缺口标记与印制电路板相应标记对准，同时集成电路插座也要注意不要插反，否则集成电路将会烧毁。

② 二极管、电解电容安装时要注意极性。

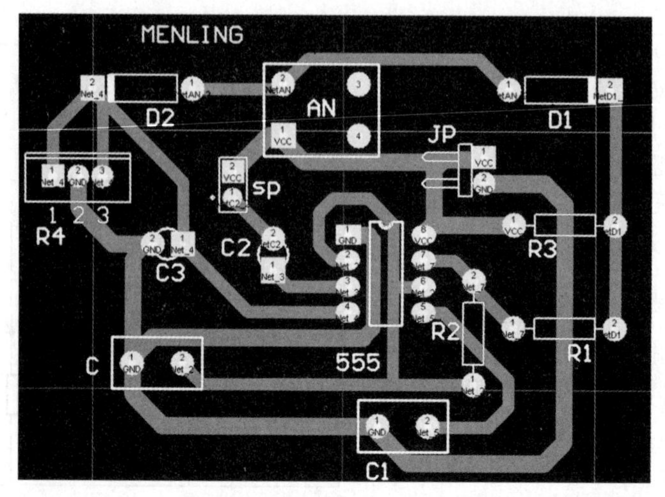

图 5-12 双音门铃印制电路板图

六、 实训报告要求

① 分析电路原理，写出各可调元件作用，如何调整。
② 该电路的改进思路。

七、 实训预习要求

① 预习 555 定时器的工作原理。
② 预习本实训所使用的电路及工作原理。

实训二十七 可编程电脑彩灯控制器

一、 实训目的

① 掌握静态随机存取存储器的基本工作原理。
② 掌握四位 RAM 芯片 2114 的引线端排列与使用方法。
③ 掌握 2114 存储器的基本操作方法。

二、 实训仪器与设备

① 2114 存储器芯片	一块
② 多功能数字电路实验系统	一台
③ C186	一块
④ NE555	一块
⑤ 所需开关、电阻、电容	若干
⑥ 数字万用表	一块

三、 实训原理

这种彩灯控制器使用静态随机存取存储器芯片 2114 组成彩灯“花样编码”存储器，用一组花样选择开关配合任意进制串行计数器组成的十六进制计数器来形成存储器的地址码，它可以形成多种花样，可以由使用者任意编程。

1. 工作过程

该电路工作原理如图 5-13 所示。花样选择开关 S_7～S_{12} 控制 IC_2 的高六位地址，IC_3 的四个输出端形成 IC_2 的低四位地址。S_7～S_{12} 触点的任一种组合便对应 IC_2 中一块有十六个存储单元的小区域。由计数器 IC_3 负责形成区域内的地址。这六个开关最多可区分 64 个小区域，将 IC_3 不断在该区域内以十六进制循环，读出其存储的编码，经 IC_2 的 D_1～D_4 输出，通过缓冲放大后驱动双向晶闸管，达到控制彩灯多变的效果。彩灯循环的速度由 IC_1 及其外围电路形成的多谐振荡器控制。调节电位器 R_P 可改变振荡器的工作频率，从而改变了彩灯变化的速率，IC_3 的外围电路中，C_6、R_{20} 为开机清零电路。S_{13} 是工作/编程转换开关。S_{13} 置于“1”挡位置时，IC_3 的 2 端接 IC_1 的输出端 3 端，并按其工作频率计数。S_{13} 置于“2”挡位置时，开机清零后进入编程状态，按动 AN_2 一次，计数器 IC_3 计一个数，按至第 16 次后，配合 IC_2 的写入电路可以将一个小区域内的彩灯控制码全部存入 IC_2 中，R_{19} 和 C_5 是防止 AN_2 触片抖动而引起 IC_3 误计数而设。在 IC_2 的外围电路中，AN_1 为读/写按钮。S_3～S_6 为状态开关，主要用来编制彩灯控制码。正常工作时，S_3～S_6 应置于“1”挡，其彩灯控制码即输出至三极管 VT_1～VT_4 组成的缓冲电路中。发光二极管 LED_1～LED_4 为彩灯工作状态显示器。整机电源由三端稳压集成电路 IC_1 提供。

2. 花样介绍

该控制器制成后，四路输出各带一组同颜色的彩色灯泡，这样就可以形成四种色彩，安装时宜交叉进行。如 BCR_1 驱动红色组，BCR_2 驱动绿色组，BCR_3 驱动黄色组，BCR_4 驱动蓝色组。其花样编码如表 5-3 所示。一为基本编码，例如正亮点追逐，反亮点追逐，正暗点追逐，反暗点追逐，双色交叉摆动，依次点亮等。另一类为复合编码，即由两种至四种基本编码组成。例如正亮点追逐过渡至反亮点追逐，依次点亮再依次熄灭等等。表 5-3 列出了上述几种编码形式，其余可根据自己的爱好编出。编码完成后，可依次将其写入存储器中。

表 5-3　彩灯花样编码

花样	D_1	D_2	D_3	D_4
正反亮点追逐	1	0	0	0
	0	1	0	0
	0	0	1	0
	0	0	0	1
	0	0	1	0
	0	1	0	0
	1	0	0	0
	0	0	0	0
依次点亮依次熄灭	1	0	0	0
	1	1	0	0
	1	1	1	0
	1	1	1	1
	1	1	1	0
	1	1	0	0
	1	0	0	0
	0	0	0	0

花样	D_1	D_2	D_3	D_4
正亮点追逐	1	0	0	0
	0	1	0	0
	0	0	1	0
	0	0	0	1
反亮点追逐	0	0	0	1
	0	0	1	0
	0	1	0	0
	1	0	0	0
正暗点追逐	0	1	1	1
	1	0	1	1
	1	1	0	1
	1	1	1	0

花样	D_1	D_2	D_3	D_4
反暗点追逐	1	1	1	0
	1	1	0	1
	1	0	1	1
	0	1	1	1
双色交叉	1	0	1	0
	0	0	0	0
	0	1	0	1
	0	0	0	0
依次点亮	1	0	0	0
	1	1	0	0
	1	1	1	0
	1	1	1	1

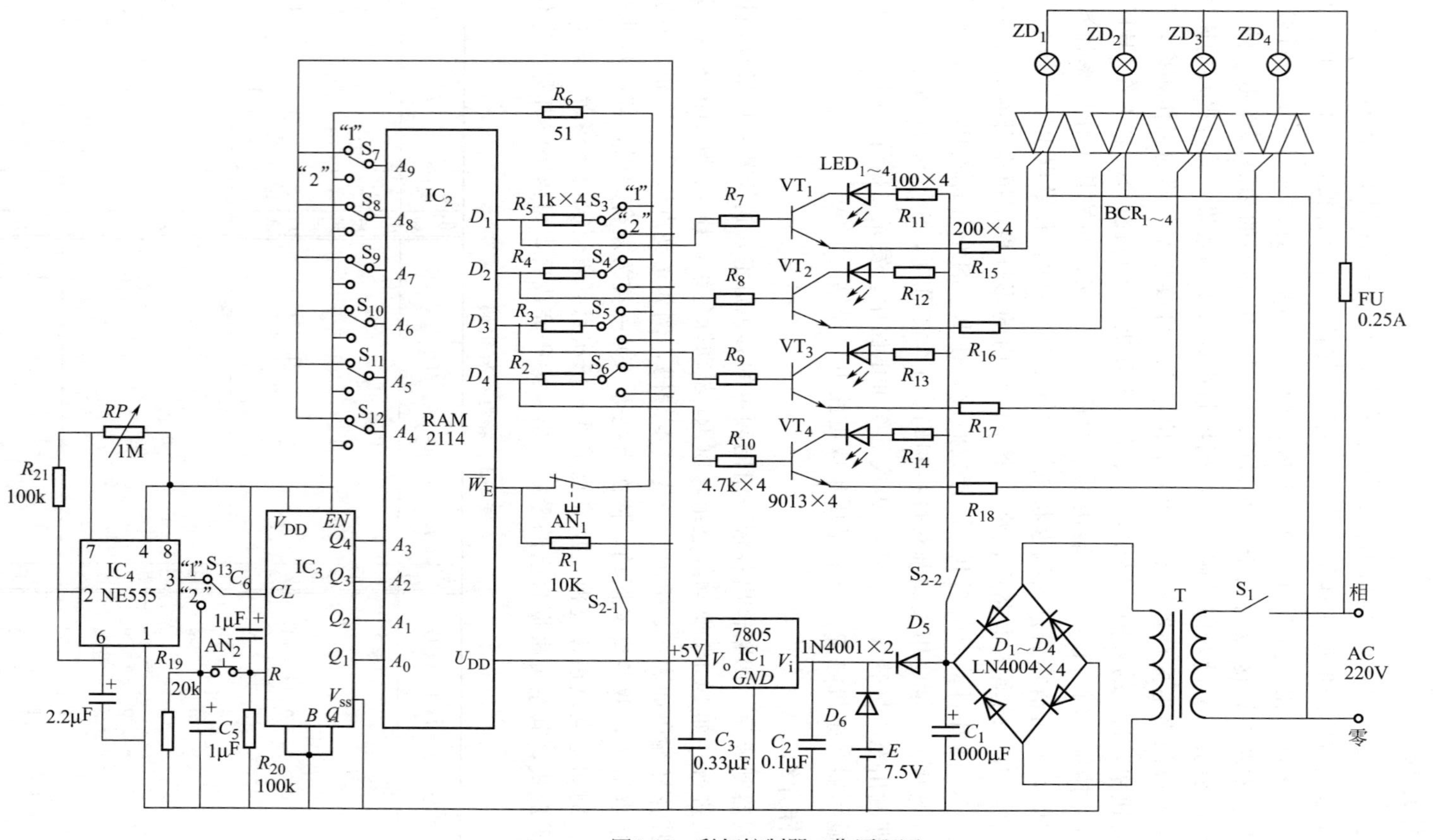

图5-13 彩灯控制器工作原理图

四、 实训内容与步骤

1. 元件选择

IC_1 采用稳压集成电路 7805。IC_2 采用静态随机存取存储器芯片 RAM2114。它的引线端子如图 5-14 所示。IC_3 采用 3～18V 的四位任意进制计数器电路 C186。VT_1～VT_4 可以选用常用三极管 9013、3DK4 等，$\beta \geqslant 100$。状态开关和花样选择开关 S_2～S_{12} 均可选用小型钮子开关（1×2）或拨动开关。T 选用次级电压为 9V，功率大于 5W 的电源变压器。

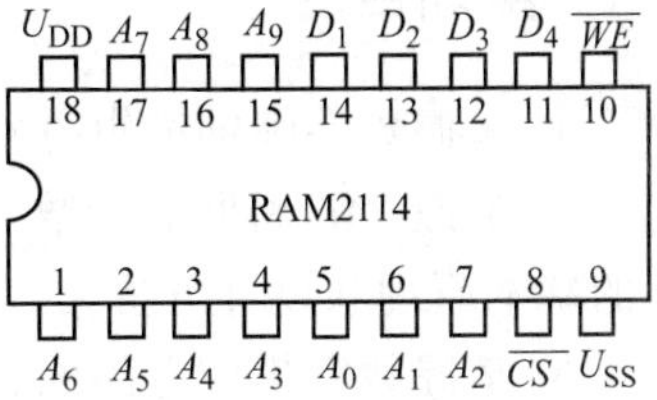

图 5-14　RAM2114 外引线端子图

2. 下面以亮点追逐为例，简述其写入过程

首先将 S_{13} 置于“2”处，打开 S_1、S_2 记下花样开关的位置（假设 S_7 置于“1”，其余置于“2”），把第一组编 1000 用状态开关 S_3～S_6 模拟出来，即 S_3 置于“1”时为高电平，S_4、S_5、S_6 置于“2”为低电平。按动 AN_1 后，该码就被存入第一个存储单元。然后再按动一次 AN_2，便可写入 0100，状态开关 S_4 置于“1”，S_3、S_5、S_6 均置于“2”，再按动一次 AN_1，便有将该码存入第二个单元内，按动 AN_2 后，又可写入 0010，当第三次按动 AN_1 后，该编码就又被存入 IC_2 内部。然后照编码继续写下去，直到十六个单元全部占满，彩灯就可连续变化，故上述过程可以连续写入三遍。当 AN_2 按动 15 次后，写入的一组编码才告完成，此时再按动 AN_2，计数器 IC_3 又重新恢复到零。变换花样开关 S_7～S_{12}后，又可对下一区域内的编码进行写入。这样直至全部编码工作完成，记住花样开关与花样的对应位置后，就可以随意地控制彩灯，变换出各种一般彩灯无法形成的花样来。

五、 实训注意事项

① 由于本控制器的公共线与电源线相连，故不可与外壳短接，否则易引起触电。

② RAM2114 写入编码后就不应断电，否则存储在内部的编码信息就会丢失。若暂时不用，只需关断 S_2，彩灯就不工作。电源 E 是供停电后保持 RAM 内部信息的，不应拆除。

③ BCR 的耐压应大于 600V，通态电流是负载电流的 3 倍。工作时须加相应的散热器。

④ IC_2、IC_3、IC_4 最好采用插座连接，待元器件全部焊接完毕，最后再插接上去，不宜用带电的烙铁直接焊接。

六、 实训报告要求

① 拟一种自创编码，完整写出其编程过程。

② 如果要增加输出路数，你认为怎么办?

③ 在实训过程中若有故障，请写出故障分析报告。

七、 预习要求

① 复习存储器有关内容。

② 复习计数器、555 定时器有关内容。

③ 预习本实训所有电路。

实训二十八 带有校时功能的数字闹钟

一、 实训目的

① 掌握数字闹钟逻辑电路的完整设计过程，并能设计简单的数字电路。

② 掌握24h周期的计数、译码、显示电路的原理和设计方法。掌握校时电路、起闹电路的基本原理和设计方法。

③ 掌握数字集成电路的正确连接及合理布线。

④ 掌握数字电路的故障检测与排除。

二、 实训仪器与设备

① 数字电路实验系统	一台
② 万用表	一块
③ 示波器	一台

三、 实训原理

1. 设计要求

① 有“时”、“分”的十进制显示，“秒”信号驱动发光二极管。

② 计时从一昼夜24h为一周期。

③ 具有校时功能，任何时候可对数字钟进行校时。

④ 计时过程中的任意“时”、“分”均能按需要起闹。

2. 总体方案设计

① 数字钟计时的标准信号应是频率为1Hz的秒信号，需要设置标准信号源。

② 数字钟计时周期为24h，必须设置二十四进制计数器，它应由模为60的秒计数器及模为24的二十四进制的计数器组成。秒显示由发光二极管的亮、暗示意，时和分由七段数码管显示。

③ 为使数字钟的走时与标准时间一致，校时电路必不可少，电路中采用由开关控制校时方法，直接用秒脉冲先后对“时”、“分”、“秒”计数器进行校时操作。

④ 为使数字钟能按用户需要在特定时间起闹，应设置有控制作用的电路及何时起闹的时、分译码电路和选择开关，由用户自行决定起闹时、分。

3. 具体电路

(1) 标准时间源电路　其电路产生的秒信号是计时的基准信号，要求有高的稳定度，通常应由晶体稳频振荡器产生。

采用50Hz的220V交流市电作为标准时间源，其频率稳定度可达10^{-2}/24h，其参考电路如图5-15所示。图中衰减器可用小型降压变压器完成，而整形电路由施密特电路完成，两级分频电路由74LS213完成，这样就得到了驱动TTL电路的秒脉冲信号源。

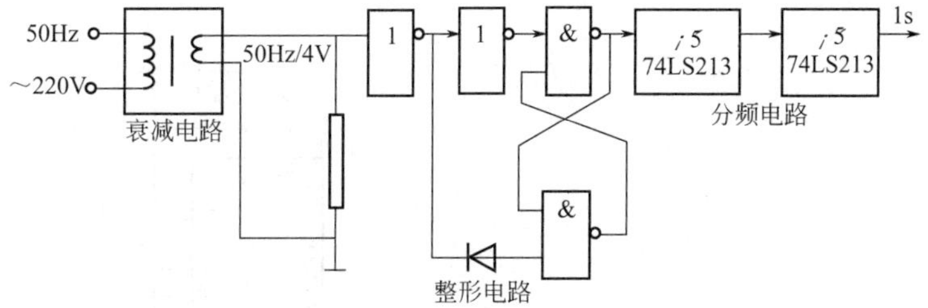

图 5-15　标准时间源组成电路

(2) 24h 计数、译码、显示电路　24h 为周期的计数、译码、显示电路可做如下分割和选择：秒和分计数器分别用两位加法计数器串接而成，它们的个位为十进制，十位为六进制计数器，个位信号送至十位计数器，计到 60 时自动复零；时计数器也是两位加计数器，其模为 24，当计数器为 24h，时、分、秒全部清零。

对于小型专用的数字仪器仪表和简单控制电路来说，往往希望所用的计数器能在达到所要求功能的同时，应具有最简单的线路结构和尽可能低的成本，以及灵活通用等优点。图 5-16 中采用具有异步清零和同步预置数功能的 74LS160 同步十进制加法计数器各两片分别构成秒、分、时计数。

第 (1)、(2) 两片 74LS160 组成六十进制的秒计数器，第 (1) 片是个位，接成十进制，它的进位输出接至第 (2) 片 (十位) 的 CP 输入端，十位采用置数法接成六进制。十位片的进位输出取自门 G_2 的输出。当十位计成 5 以后，门 G_2 输出低电平，使 $\overline{LD}=0$，处于预置数工作状态。当第六个来自个位的进位脉冲到达时计数器被置成 $Q_3Q_2Q_1Q_0=D_3D_2D_1D_0=0000$ 状态，同时 G_2 的输出跳变成高电平，使分计时器个位计入一个“1”。

第 (3)、(4) 片 74LS160 组成六十进制的分计数器，它的接法和秒计数器完全相同。

第 (5)、(6) 片 74LS160 组成时计数器，其中个位仍为十进制计数器，以它的进位输出信号作为十位的脉冲。当计到 24 时 (个位为 4，十位为 2)，门 G_6 输出变成低电平，使两片的 R_0 同时为低电平，两片计数器立即置成 0000。

译码器由四片 74LS247 四线-七段译码器组成，每一片 74LS247 驱动一只数码管，显示时和分。由于 74LS247 是以低电平为输出信号，所以显示的数码管应配共阳极的七段数码管。另 74LS247 是集电极开路输出，所以应加限流电阻串于数码管和 74LS247 的输出端之间。

(3) 数字钟的时、分快速校验电路　它的方法是将秒、分、时三个计数器的串行计时方式改为并行校时计数方式，也就是将秒信号并行送到三个计数器，使时、分计数器快速计到需要的数值，然后再恢复到串行计数方式。

具体方式是：设置两个控制开关 S_5 和 S_6，分别控制时和分计数器校时，其电路如图 5-17所示。当 S_5 和 S_6 接到计时控制信号时，并行信号断开，串行计时；当 S_5 和 S_6 接到校时控制信号时 (开关拨至校时位置)，秒计数器保持，停止计数。此时时和分计时电路的输入脉冲是秒信号，进行快速计数，达到快速校时的目的。

(4) 数字钟起闹控制电路　起闹控制电路由时、分规定的时间起闹，首先要设置译码电路翻译出所需的起闹时间，译码器的地址输入是时、分计数器的有关状态输出，而译码器的

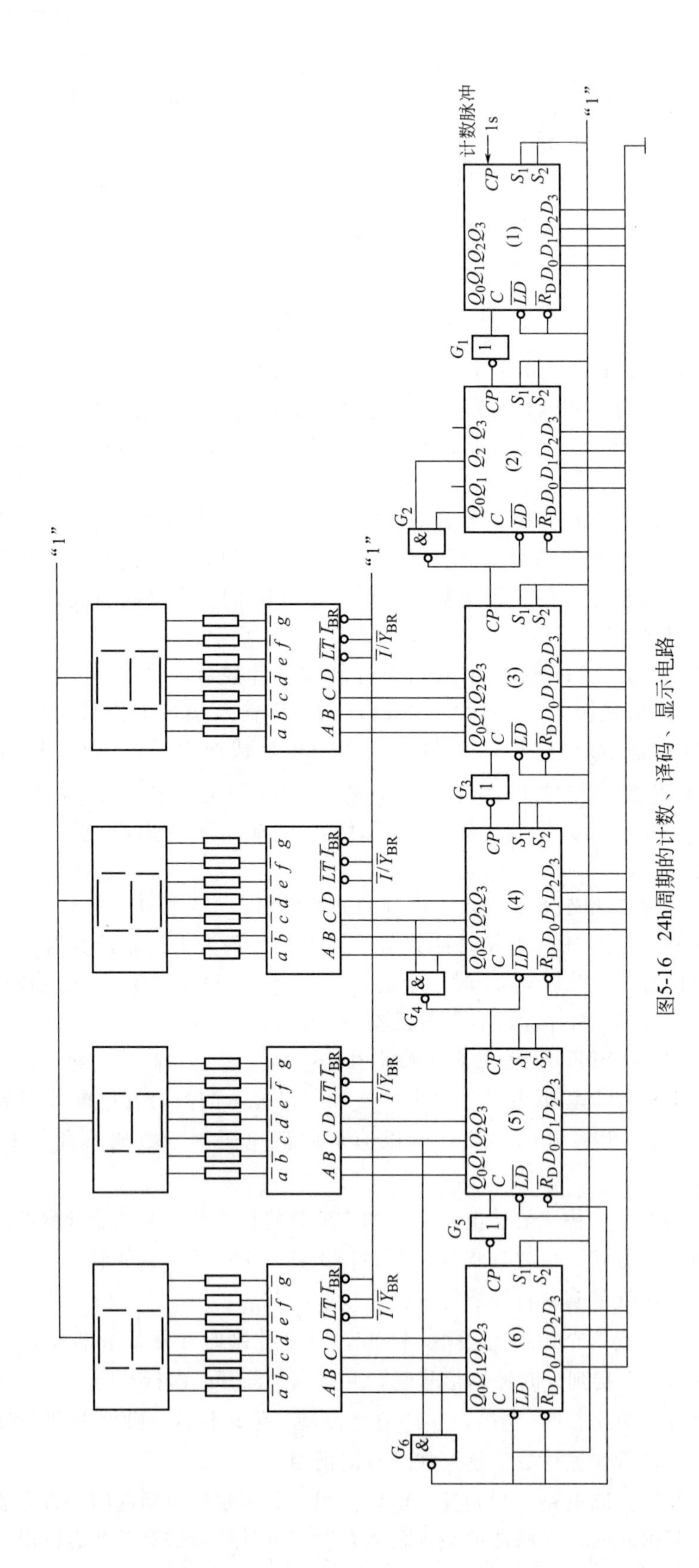

图5-16 24h周期的计数、译码、显示电路

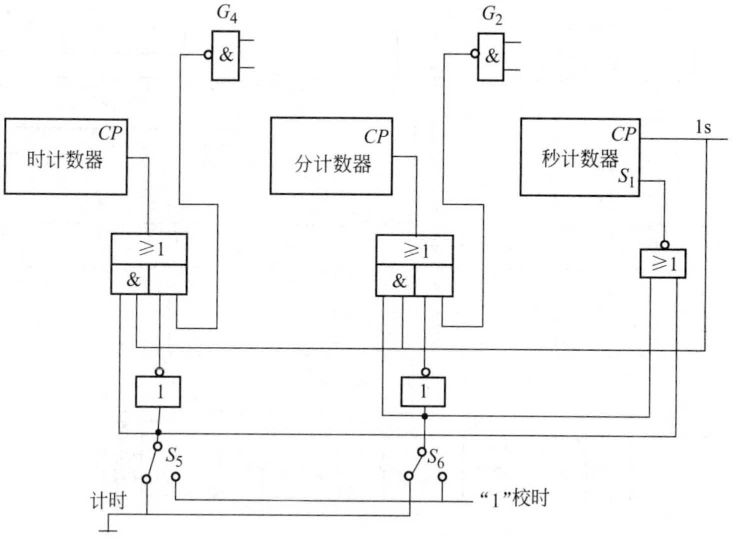

图 5-17　校时电路

输出经开关 S_1、S_2、S_3、S_4 选择时和分，当符合起闹时间时，产生一起闹控制信号，如图 5-18 所示为 22：30 起闹的控制电路。

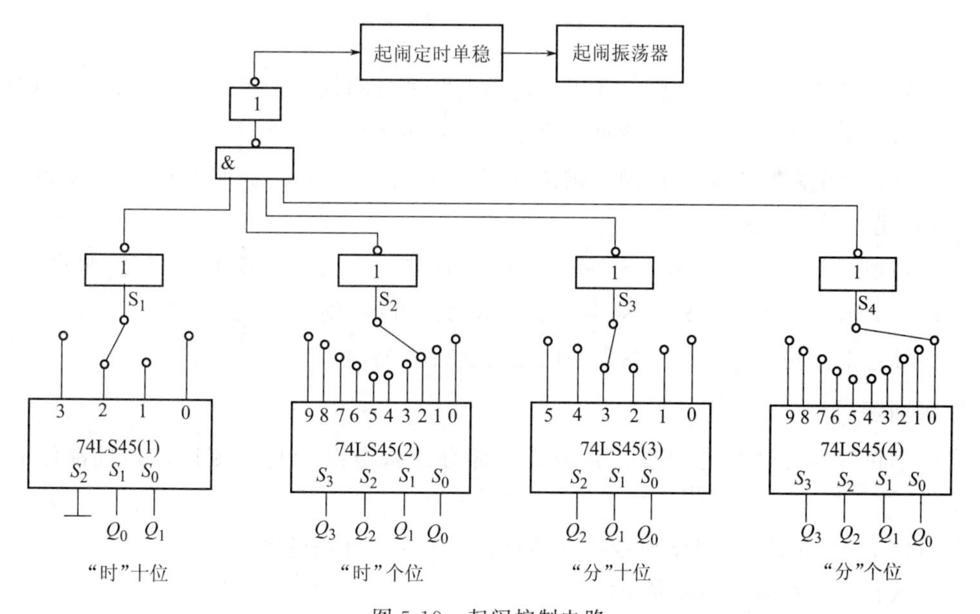

图 5-18　起闹控制电路

4. 逻辑总图

根据已经确定的数字闹钟的功能部件（标准时间源、计数译码显示器、校时电路和起闹电路），最后组装成完整的数字闹钟，其组装图如图 5-19 所示。

四、 实训内容及步骤

1. 实训内容

① 用示波器测图 5-15 标准时间信号源的输出频率为 1Hz；

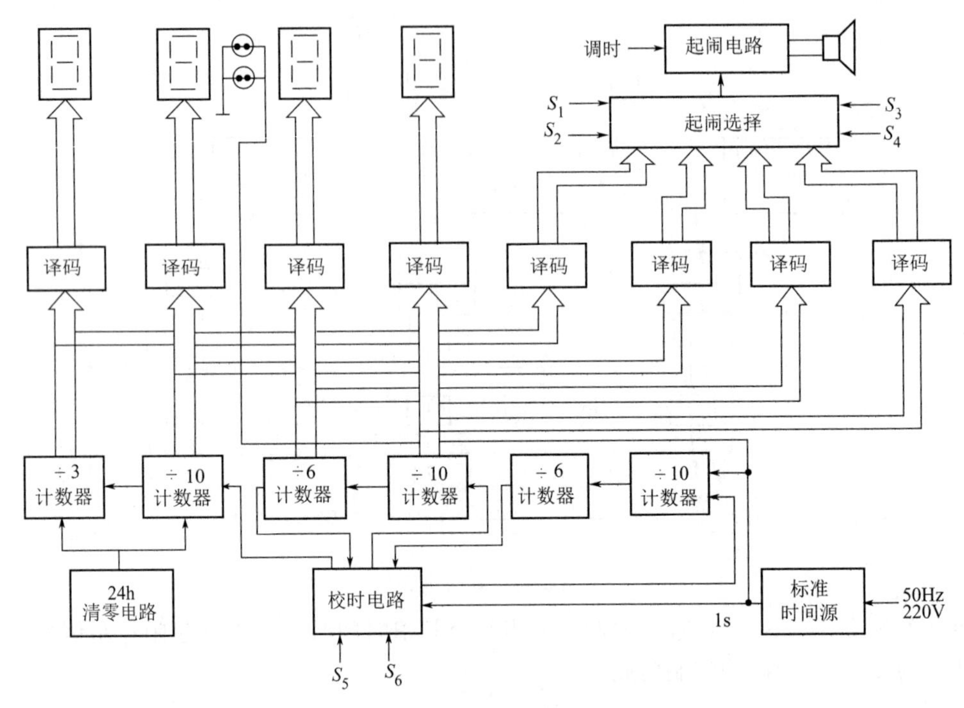

图 5-19 数字闹钟逻辑总图

② 正确连接图 5-16，对计数、译码、显示电路进行测试，先将 74LS160 清零，即$\overline{R_D}=0$，然后再以计数脉冲端输入计数脉冲，观察显示是否正确；

③ 测试校时电路功能是否正确，按图 5-17 电路进行连接，分别将 S_5、S_6 接到校时计时端，观察是否进行快速计数；

④ 正确连接图 5-18，将 S_1、S_2 接 74LS45 四线—十线译码器（1）、（2）两片的 Y_2 输出端，S_3 接 74LS45（3）的 Y_3，S_4 悬空，可在 22：30 起闹；

⑤ 连接各部分功能电路，观察整个电路的运行情况。

2. 实训步骤

① 分别正确连接各部分电路，并进行各部分逻辑电路的功能测试，并且都能有正确输出。

② 将标准时间信号源 1Hz 信号接入译码显示电路的计数脉冲端。

③ 接入校时电路和起闹控制电路。

④ 观察工作是否正常，如有问题，进行故障分析和检查。

五、 实训报告要求

① 分析电路的组成，查清电路器件的功能特征。

② 分析各模块电路的功能和工作原理。

③ 说明整体电路的工作过程和所能实现的功能。

④ 对电路提出进一步改进的方案。

⑤ 列出元器件清单，画电路原理图。

六、实训预习要求

① 复习教材中组合逻辑电路，时序逻辑电路的有关内容。
② 预习本实训内容。
③ 预习数字电路故障诊断与排除方法部分内容。

实训二十九　收音机组装与调试

通过对调幅收音机的安装、焊接及调试，使学生了解复杂电子产品的装配过程；掌握电子元器件的识别及质量检验，学习整机的装配工艺和调试技能，培养动手能力及严谨的工作作风。

一、实训目的

① 熟悉通信设备整机的组成、工作原理。
② 通过收音机的安装、焊接及调试，了解电子产品的生产制作过程。
③ 掌握电子元器件的识别及质量检验。
④ 学会利用工艺文件独立进行整机的装焊和调试，并达到产品质量要求。
⑤ 能按照行业规程要求，撰写实训报告。
⑥ 训练动手能力，培养职业道德和职业技能，培养工程实践观念及严谨细致的科学作风。

二、实训仪表及工具

① 万用表一块（测试用）
② 练习焊接用的印刷板一块
③ 收音机散件一套
④ 尖嘴钳一把
⑤ 剥线钳一把
⑥ 螺丝刀一把
⑦ 剪刀一把
⑧ 锉刀一把
⑨ 电烙铁一把
⑩ 焊锡、松香若干

三、无线电发射与接收的基本原理

（一）无线电发射的基本原理

低频信号在空气介质中传输的损耗很大，不适于长距离传输。因此要实现远程通信，必须将待传输的低频信息（如声音、图像）装载到一个高频信号上，借助高频电磁波实现远程传输。

这种将低频信息装载到高频正弦波信号上的过程称为调制，承担运载功能的高频正弦波称为载波。如果将低频信息附加到载波的振幅信息中（即用低频信号 U_Ω 控制载波的振幅 U_m）则称为调幅；用 U_Ω 控制载波的频率称为调频；用 U_Ω 控制载波的相位称为调相。经调制以后的高频信号称为已调信号或已调波。

利用传输线可把已调信号送到发射天线，变成无线电波，发射到空间去。经调制后的信号可以使广播信号有效的发射，而且不同的发射机可以采用不同的“载波”频率，使彼此间互不干涉。

一台发射机包括四个部分：一是声音的变换与放大，这一部分的频率较低，称作低频部分；二是高频振荡的产生、放大、调制和高频功率放大，统称高频部分；三是天线与传输线；四是直流电源部分。调幅广播发射机的方框图如图 5-20 所示。

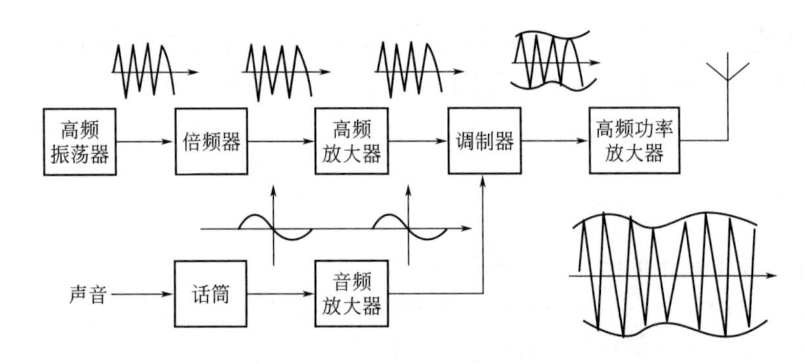

图 5-20　调幅广播发射机的方框图

话筒和音频放大器的作用是把声音（声波）变换成调制器所需的一定强度的音频电信号。高频振荡的作用是产生高频正弦振荡，即载波，其频率称为载频。

在发射机中，高频振荡器所产生的频率不一定就是需要的载波频率，而且功率一般也比较小，需要用倍频器把频率提高到所需要的数值，再用高频放大器放大到调制器所需的强度。调制器的作用是将音频信号调制到载波信号上，成为已调信号，并用高频功率放大器将已调信号进行放大，由传输线送至天线，实现电波的发射。

（二）无线电接收的基本原理

由发射机发出的无线电波，经接收机天线接收，转变为感应电势。从天线感应出的不同频率的已调波信号中选出所需信号的任务由输入电路承担。经输入电路选出的信号，仍是已调波信号，不能用它去直接推动耳机或喇叭，还必须把它恢复成音频信号。这种从已调波信号中检出音频信号的过程，称为解调。其方框图如图 5-21 所示。

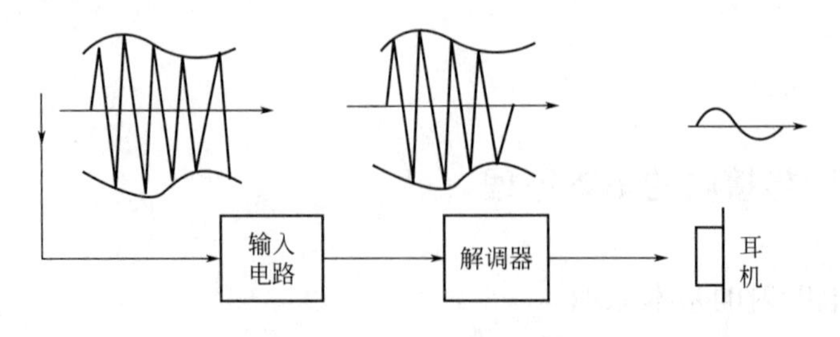

图 5-21　接收机简化方框图

调幅是指高频载波幅度随音频信号的变化而变化，但载波的频率不变。一般中、长、短波广播采用调幅方式。长波的频率范围是 150～415kHz；中波频率范围是 535～1605kHz；

短波频率范围是 1.6～26.1MHz。

（三）超外差式收音机的工作原理

现代广播接收机，不论收音机还是录音机，不管是调幅还是调频，几乎都采用了超外差原理。超外差 HX118-2 收音机是由天线、输入回路、本机振荡器、变频器、中频放大器、检波器、低频电压放大器、功率放大器等部分组成。其方框图如图 5-22 所示。

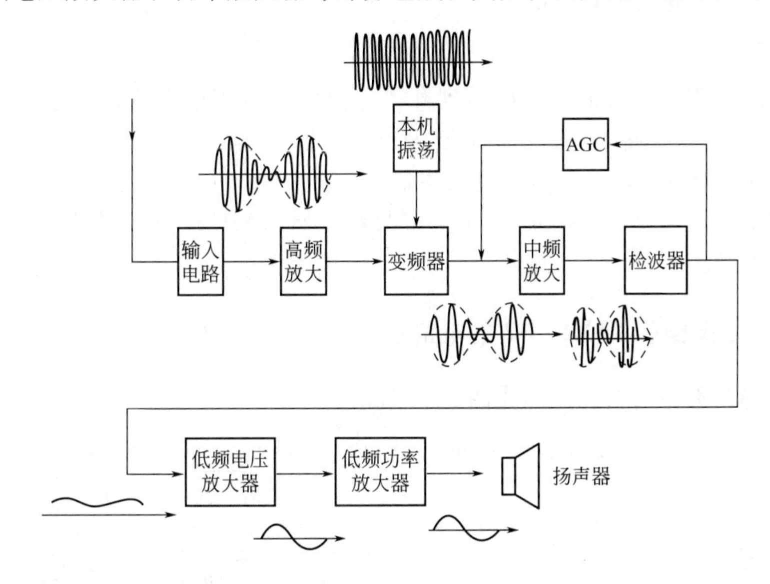

图 5-22　超外差式收音机简化方块图

1. 输入回路

由天线将空中的电磁波信号接收下来，并首先进入输入调谐回路。输入电路的任务是：

① 通过天线接收电磁波，使之变为高频电流；

② 选择信号。在众多的信号频率中，只有载波频率与输入调谐回路谐振频率相同的信号才能进入收音机输入电路。调谐频率为 $f_0=\dfrac{1}{2\pi\sqrt{LC}}$

2. 变频与本机振荡

从天线及输入电路送来的调幅信号和本机振荡器产生的等幅信号一起送到变频级，经过变频级产生一个新的频率，这一新的频率应是输入信号频率和本机振荡频率的差值，称为差频。

在超外差式收音机中，本机振荡的频率始终要比输入信号的频率高 465kHz，这个在变频过程中新产生的差频比原来输入的频率要低，比音频信号却要高得多，将其称为中频。

中频频率＝本机振荡频率－输入信号频率

3. 中频放大器

由于中频信号是载波频率固定的调制信号，其信号频率为 465kHz，它比高频信号更容易实现调谐和放大，可提高整机的选择性及灵敏度，保证其增益。中频回路 Q 值太低，选择性差；Q 值太高，通频带变窄，容易产生失真，故 Q 值一般为 40～60 较合适。

4. 检波与 AGC 电路（自动增益控制电路）

经中放后，中频调制信号进入检波器，检波器要完成两项任务：一是在尽可能减小失真的前提下，把中频信号还原成音频信号，即实现解调功能。二是将检波后的直流分量送回到中放，控制中放级的增益，使该级不发生削波失真。通常称为自动增益控制电路（AGC）电路。

5. 前置放大器

也称为电压放大级。从检波器输出的音频信号大约只有几毫伏到几十毫伏。前置放大器的任务就是将它放大几十至几百倍。

6. 功率放大器

前置电压放大器虽可使输出电压达到几伏。但由于电压放大器内阻很大，输出电流很小，不到1mA，其带负载能力很差，不能驱动扬声器工作。功率放大器的主要任务是提高输出电流，进而提高输出功率，以推动扬声器工作。

中国规定中频频率为：调幅为465kHz，调频为10.7MHz。超外差式收音机的特点是灵敏度高，选择性好。

四、 超外差式收音机 HX118-2 的电路分析

HX118-2 超外差收音机原理图如图 5-23 所示。

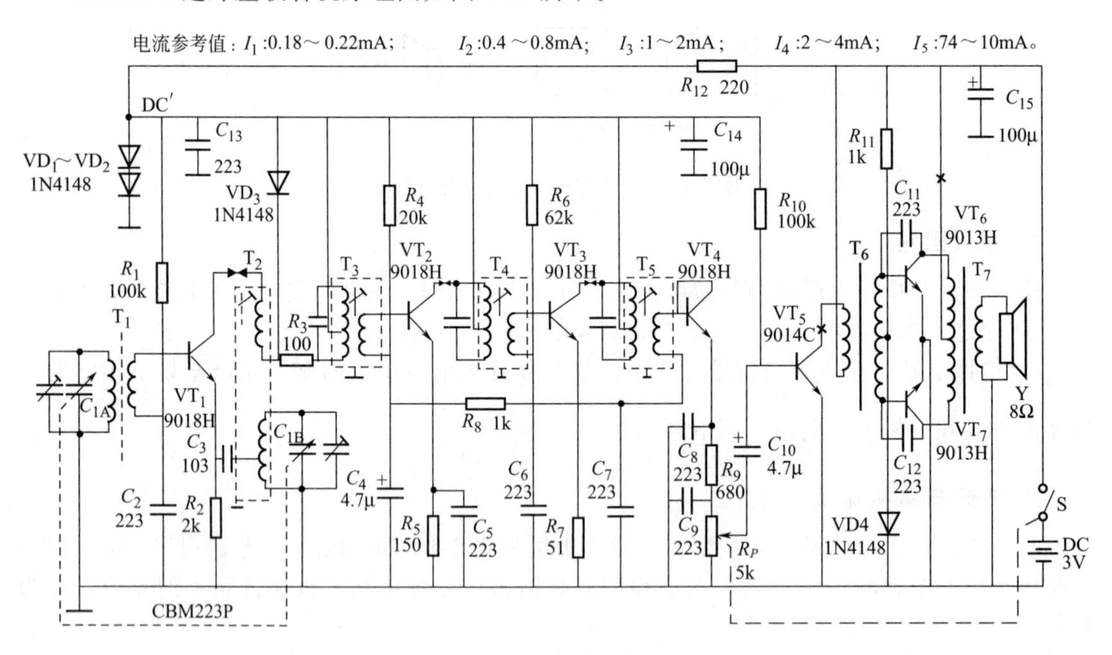

图 5-23 HX118-2 超外差收音机原理图

由图可见，整机中含有 7 只三极管，因此称为 7 管收音机。其中，三极管 VT_1 为变频管，VT_2、VT_3 为中放管，VT_4 为检波管，VT_5 为低频前置放大管，VT_6、VT_7 为低频功放管。

1. 磁性天线输入回路

从天线接收进来的高频信号首先进入输入调谐回路。输入回路的任务是：①通过天线收集电磁波，使之变为高频电流；②选择信号。在众多的信号中，只有载波频率与输入调谐回路相同的信号才能进入收音机。

输入回路由磁性天线 T_1、双联可变电容器 C_{1A} 构成。磁性天线（由线圈套在磁棒上构成）初级感应出较高的外来信号电压，经调谐回路选择后的信号电压感应给次级输入到变频级。双联可变电容器 C_{1A}、C_{1B}（两只可变电容器，共用一个旋转轴）可同轴同步调谐回路和本机振荡回路的谐振频率，使它们的频率差保持不变。

如图 5-24 由可变电容 C_{1A}、天线线圈 L_1 和天线微调电容 $C_{1\text{-}A}$ 组成。改变 C_{1A} 可以改变谐振频率，使之与某一高频载波发生谐振，在 L_1 上感应出的电动势最强，L_1 与 L_2 发生互感，由 L_2 将感应信号送入变频管 VT_1 的基极。输入回路的谐振频率为 $f_0=\dfrac{1}{2\pi\sqrt{L(C_{1A}+C_{1-A})}}$

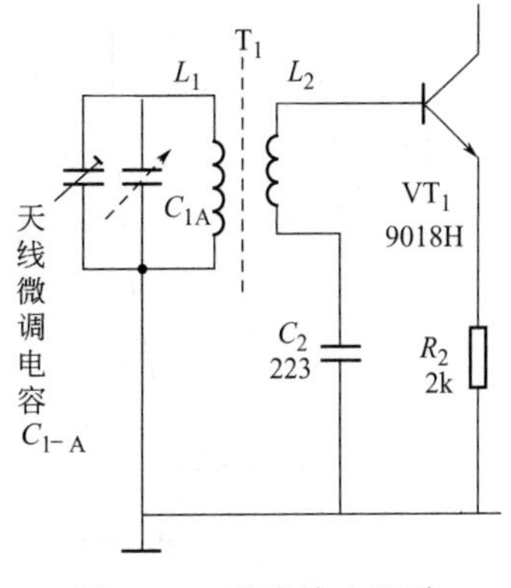

图 5-24　天线输入回路

2. 变频电路

它由混频、本机振荡和选频三部分电路组成。其作用是把天线接收下来的不同频率的高频信号变成一个固定频率（465kHz）的中频信号，送到中频放大电路。

如图 5-25 由变频管 VT_1、振荡线圈 T_2、双联同轴可变电容 C_{1B} 等元器件组成的共基调射型变压器反馈式本机振荡器，它能产生等幅高频振荡信号，振荡频率总是比输入的电台载波信号高出 465kHz。本振信号经电容 C_3 注入到变频管 VT_1 的发射极，而由天线和输入调谐回路接收到的高频信号由 T_1 耦合到变频管 VT_1 的基极，高频电台信号与本振信号在变频管 VT_1 中进行混频，混频后，由 VT_1 集电极输出各种频率的信号，VT_1 管集电极电流中将包含本振信号与电台信号的差频（465kHz）分量，经过中周 T_3（内含谐振电容），选出所需的中频（465kHz）分量，并耦合到中放管 VT_2 的基极。变频电路是超外差式收音机的关键部分。

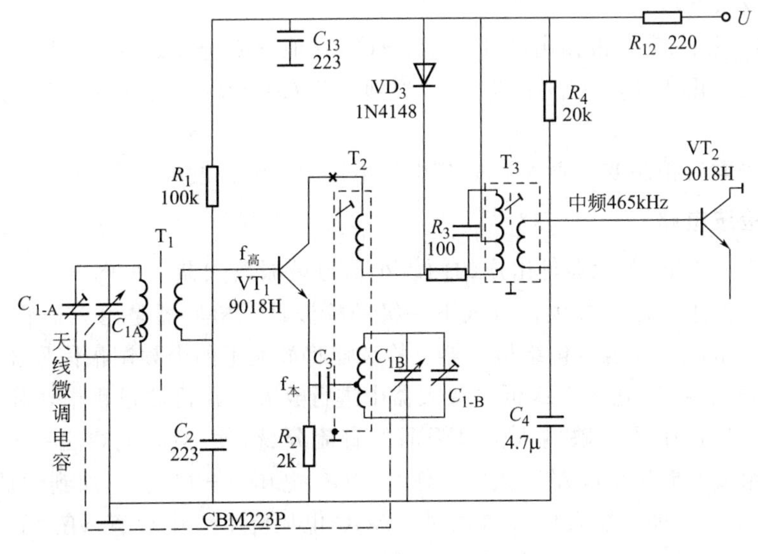

图 5-25　变频级电路原理图

以上三种频率之间的关系可以用下式表达：

本机振荡频率－输入信号频率＝中频（465kHz）

（1）变频原理　当三极管工作于输入特性曲线的转折区时，如图 5-26 所示，基极电流

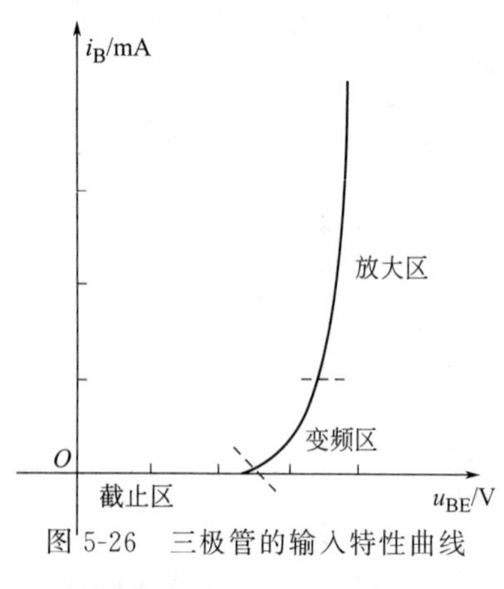

图 5-26 三极管的输入特性曲线

与发射结电压呈平方律特性，即 $i_B \propto U_{BE}^2$，如果本振信号加到变频管 VT_1 的发射极、高频已调波信号加在 VT_1 的基极，有

$$u_{BE}=u_B-u_E=u_{高}-u_{本}=U_{高m}\cos\omega_{高}t-U_{本m}\cos\omega_{本}t$$

$$\text{则 } i_B \propto KU_{BE}^2=K[U_{高m}\cos\omega_{高}t-U_{本m}\cos\omega_{本}t]^2$$

$$=K[U_{高m}^2\cos^2\omega_{高}t+U_{本m}^2\cos^2\omega_{本}t-2U_{高m}U_{本m}\cos\omega_{高}t\cos\omega_{本}t]$$

$$=K\left\{U_{高m}^2\frac{1+\cos2\omega_{高}t}{2}+U_{本m}^2\frac{1+\cos2\omega_{本}t}{2}-2U_{高m}U_{本m}\frac{1}{2}\left[\cos(\omega_{本}+\omega_{高})t+\cos(\omega_{本}-\omega_{高})t\right]\right\}$$

可见出现了 $2\omega_{高}$、$2\omega_{本}$、$\omega_{本}+\omega_{高}$、$\omega_{本}-\omega_{高}$ 等多种频率分量，电路要求中周 T_3 谐振在 465kHz，则只有 $\omega_{本}-\omega_{高}=465\text{kHz}$ 的频率成分可以输出，其他频率成分被抑制。

$$f_0=\frac{1}{2\pi\sqrt{L(C_{1A}+C_{1-A})}}$$

电路中，采用双连电容使 $C_{1A}=C_{1B}$，适当调节 $C_{1\text{-}A}$，$C_{1\text{-}B}$ 使本振频率跟踪高频信号频率，并保持 465kHz 的频率差。

(2) 变频级电路直流通路

① 电源 DC+→R_{12}→VD_1VD_2→地。DC′电源电压嵌位在 1.2V～1.4V 左右。

② VT_1 基极电路：DC′→R_1→T_1→VT_1(b)→(e)→R_2→地。

③ VT_1 集电极电路：DC′→VD_3→T_2→VT_1(c)→R_2→地。

(3) 变频级交流通路

① 输入回路：天线信号经 C_{1A}、T_1 谐振→耦合到 T_1 次级（上）→VT_1(b)→VT_1(e)→R_2→C_3→T_1 次级（下）。

② 输出回路：VT_1 集电极输出经 T_2→R_3→C_{14}→地→R_2→VT_1(e)。

本振交流电路：由于 T_2、C_{1B} 振荡经 C_3 加到 VT_1(e)→R_2→地→C_2→T_1(次级)→VT_1(b)。

两个交流信号同时控制变频管 VT_1，集电极电流形成混合波形。

3. 中放、检波电路

中放是由 VT_2、VT_3 等元器件组成的两级小信号谐振放大器，见图 5-27。通过两级中放将混频后所获得的中频信号放大，送入下一级的检波器。检波器是由三极管 VT_4（相当于二极管）等元件组成的大信号包络检波器。检波器将放大了的中频调幅信号还原为所需的音频信号，经耦合电容 C_{10} 送入后级低频放大器中进行放大。在检波过程中，除产生了所需的音频信号之外，还产生了反映输入信号强弱的直流分量，由检波电容之一 C_7 两端取出后，经 R_8、C_4 组成的低通滤波器滤波后，作为 AGC 电压（$-U_{AGC}$）加到中放管 VT_2 的基极，实现反向 AGC。即当输入信号增强时，AGC 电压降低，中放管 VT_2 的基极偏置电压降低，工作电流 I_E 将减小，中放增益随之降低，从而使得检波器输出的电平能够维持在一定的范围。图中电阻 R_3 是用来进一步提高抗干扰性能的，二极管 VD_3 是用以限制混频后中频信号振幅（即二次 AGC）。

(1) 一中放直流通路

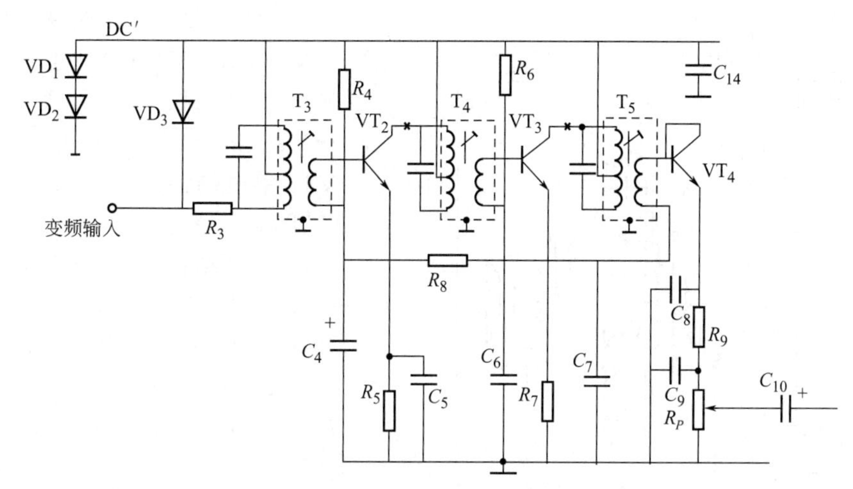

图 5-27　中放检波电路

基极：DC′→R_4→T_3→VT_2(b)→VT_2(e)→R_5→地。

另一路由 R_4→R_8→T_5→VT_4(b)→VT_4(e)→R_9→RP→地，作为检波直流。

集电极：DC′→T_4→VT_2(c)→VT_2(e)→R_5→地。

(2) 二中放直流通路

基极：DC′→R_6→T_4→VT_3(b)→VT_3(e)→R_7→地。

集电极：DC′→T_5→VT_3(c)→VT_3(e)→R_7→地。

(3) 一中放交流通路

输入回路：T_3 谐振在 465kHz→VT_2(b)→VT_2(e)→C_5→地→C_4→T_3(下)。

输出回路：集电极放大输出 VT_2(c)→T_4 谐振取 465kHz→C_{14}→地→C_5→VT_2(e)。

(4) 二中放交流通路

输入回路：T_4 次级→VT_3(b)→VT_3(e)→R_7→C_6→T_4(下)。

输出回路：集电极输出 VT_3(c)→T_5 初级谐振取 465kHz→C_{14}→地→R_7→VT_3(e)。

(5) 检波交流通路　由于 VT_4 的二极管作用，正半周导通，465kHz 中频信号通过 C_8、C_9 滤波→C_7→T_5（下）。

(6) 自动控制（AGC）交流通路　R_8 上原有直流与音频信号合成脉动直流→T_3→VT_2(b)(负反馈)。

4. 低放、功放电路

低放部分是由前置放大器和低频功率放大器组成，见图 5-28。由 VT_5 组成的变压器耦合式前置放大器将检波器输出的音频信号放大后，经输入变压器 T_6 送入功率放大器中进行功率放大。功率放大器是由 VT_6、VT_7 等组成变压器耦合式乙类推挽功率放大器，将音频信号的功率放大后，经输出变压器 T_7 耦合去推动扬声器发声。其中 R_{11}、VD_4 用来给功放管 VT_6、VT_7 提供合适的偏置电压，消除交越失真。

(1) 低放直流通路

基极：DC′→R_{10}→VT_5(b)→VT_5 (e)→地。

集电极：DC′+→T_6 初级→VT_5(c)→VT_5(e)→地。

(2) 功放直流通路

基极：DC+→R_{11}→VD_4→地。为 T_6 的次级中点提供 0.6～0.7V 的直流偏置电压。

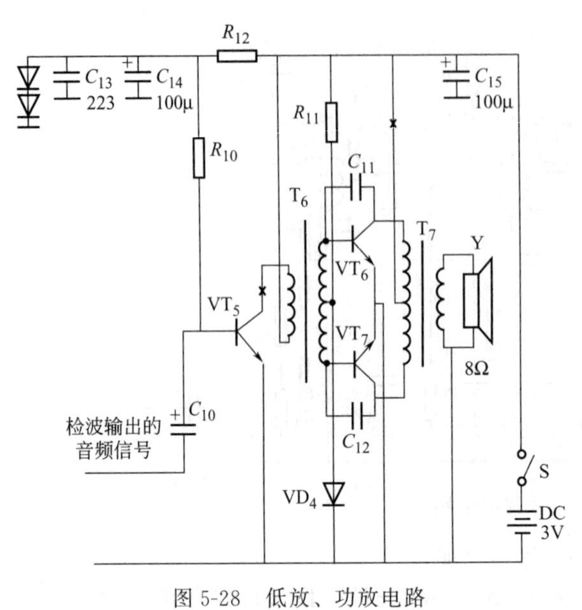

图 5-28　低放、功放电路

VT_6 发射结：T_6 次级中点→T_6(上)→VT_6(b)→VT_6(e)→地。

VT_7 发射结：T_6 次级中点→T_6(下)→VT_7(b)→VT_7(e)→地。

VT_6 集电结：DC+→T_7(上)→VT_6(c)→VT_6(e)→地。

VT_7 集电结：DC+→T_7(下)→VT_7(c)→VT_7(e)→地。

扬声器两端没有直流电流通过。

(3) 低放的交流通路

RP 中→C_{10}→VT_5(b)→VT_5(e)→R_P(下)。

集电极输出 VT_5(c)→T_6 初级→C_{15}→地→VT_5(e)。

(4) 功放的交流通路

音频信号为正半周时：VT_6 导通 VT_7 截止，T_6 次级瞬时电压极性为上+下-：T_6 次级（上）→VT_6(b)→VT_6(e)→C_{15}→R_{11}→T_6(中)。

VT_6 导通时集电极电流为：VT_6(c)→B_7(上)→T_7(中)→C_{15}→地→VT_6(e)。

音频信号为负半周时：VT_6 截止 VT_7 导通，T_6 次级瞬时电压极性为上-下+：T_6 次级（下)→VT_7(b)→VT_7(e)→C_{15}→R_{11}→B_6(中)。

VT_7 导通时集电极电流为：VT_7(c)→B_7(下)→T_7(中)→C_{15}→地→VT_7(e)。

自耦变压器 T_7 在正负半周的作用下形成电位差，扬声器通过交流电流发出声音。

本机由 3V 直流电压供电。为了提高功放的输出功率，因此，3V 直流电压经滤波电容 C_{15} 去耦滤波后，直接给低频功率放大器供电。而前面各级电路是用 3V 直流电压经过由 R_{12}、VD_1、VD_2 组成的简单稳压电路稳压后（稳定电压约为 1.4V）供电（即 DC′）。目的是用来提高各级电路静态工作点的稳定性。

5. HX108-2 型 7 管半导体调幅收音机的主要性能指标

① 频率范围：525～1605kHz；

② 输出功率：100mW（最大）；

③ 扬声器：ϕ57mm，8Ω；

④ 电源：3V（5 号电池二节）；

⑤ 体积：122mm×66mm×26mm。

五、 超外差式收音机的组装

（一）元件的选择及检测

收音机所用的可变电容的种类很多，这里使用的是差容双联 CBM223P。磁性天线的磁棒尺寸为 55mm×12.5mm×4.5mm。线圈的绕法及圈数见电路原理图。线圈全部用 ϕ0.13 的高强度漆包线绕制。中波振荡线圈 T_2 的磁帽为红色；三只中频变压器中均带有谐振电容器。第一中频变压器 T_3 中的磁帽为黄色，第二中频变压器 T_4 中的磁帽为白色，第三中频

变压器 T_5 中的磁帽为黑色。三极管全部为 NPN 型硅材料塑封管，其中 VT_1～VT_4 均选用 9018H；VT_5 选用 9014C，它们的 β 值应该在 150～200 之间；VT_6、VT_7 均选用 9013H，它们的 β 值不要小于 100。二极管为 1N4148。电阻全部为 1/8WC3 碳膜电阻。电容 C_4、C_{10}、C_{14}、C_{15} 是电解电容器；其余均为瓷片电容器。

元器件的检测参见本书第一章第三节常用电子元件和检测。

元器件及结构件清单见表 5-4，测量内容见表 5-5。

表 5-4 元器件及结构件清单

位 号	名 称 规 格	外 形
R_1	电阻 100k	R_1 100k 棕黑黄
R_2	2k	R_2 2k 红黑红
R_3	100	R_3 100Ω 棕黑棕
R_4	200k	R_4 20k 红黑橙
R_5	150	R_5 150Ω 棕绿棕
R_6	62k	R_6 62k 蓝红橙
R_7	51	R_7 51Ω 绿棕黑
R_8	1k	R_8 1k 棕黑红
R_9	680	R_9 680Ω 蓝灰棕
R_{10}	51k	R_{10} 51k 绿棕橙
R_{11}	1k	R_{11} 1k 棕黑红
R_{12}	220	R_{12} 220Ω 红红棕
R_{13}	24k	R_{13} 24k 红黄橙
R_P	电位器 5k	电位器1个
C_1	双连 CBM223P	双联CBM223P 1个
C_2、C_5、C_6 C_7、C_8、C_9、C_{11}、C_{12}、C_{13}	瓷片电容 0.022μF	223 9只
C_3	瓷片电容 0.01μF	103
C_{14}、C_{15}	电解电容 100μF	100μF
C_4、C_{10}	电解电容 4.7μF	4.7μF
磁棒	B5X13X55	

续表

位号	名称规格	外形
T_1	天线线圈	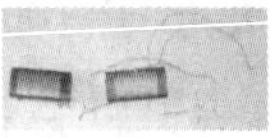
T_2	振荡线圈(红)	
T_3	中周(黄)	
T_4	中周(白)	
T_5	中周(黑)	
T_6	输入变压器(蓝绿)	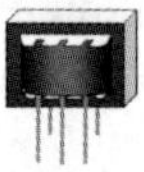
T_7	输出变压器(红)	
VD_1、VD_2、VD_3、VD_4	二极管 IN4148	
VT_1、VT_2、VT_3、VT_4	三极管 9018H	
VT_5	三极管 9014C	
VT_6、VT_7	三极管 9013H	
Y	21/4 扬声器 8	
结构件清单		
序号	名称规格数量	外形
1	前框 1	
2	后盖 1	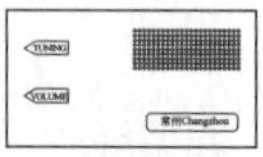
3	周率板 1	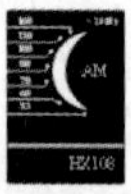

续表

序　　号	名　称　规　格	外　　形
4	调谐盘 1	
5	电位盘 1	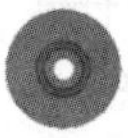
6	印制板 1	
7	正极片 2	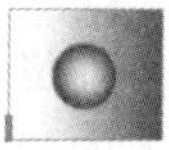
8	负极簧 2	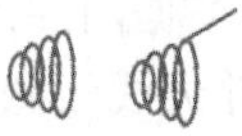
9	拎带 1	
10	沉头螺钉(M2.5×5)	双联螺钉 2 个
11	自攻螺钉(M2.5×5)	机芯自攻螺钉 1 个
12	电位器螺钉(M1.7×4)1	
13	连接线： 正极导线(9cm)1 负极导线(10cm)1 扬声器导线(10cm)2	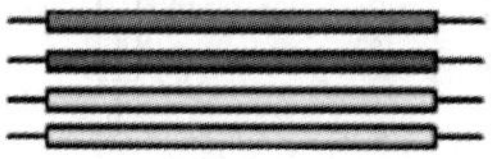

表 5-5　测量内容

类　　别	测　　量　　内　　容	万用表量程
电阻 R	电阻值	×10、×100、×1k
电容 C	电容绝缘电阻	×10k
三极管 h_{fe}	晶体管放大倍数 9018H(97～146) 9014C(200～600)、9013H(144～202)	h_{fe}
二极管	正、反向电阻	×1k
中周	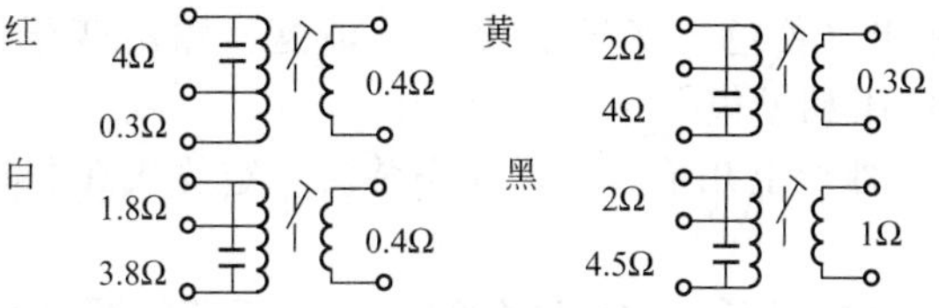 红 4Ω 0.3Ω 0.4Ω　黄 2Ω 4Ω 0.3Ω 白 1.8Ω 3.8Ω 0.4Ω　黑 2Ω 4.5Ω 1Ω 初次级为无穷大	×1
输入变压器(蓝色)	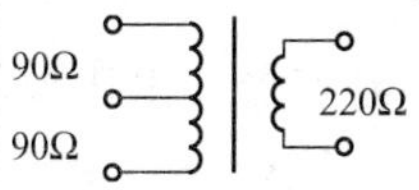 90Ω 90Ω 220Ω	×1

续表

类　别	测　量　内　容	万用表量程
输出变压器(红色)	0.9Ω 0.9Ω 0.4Ω 1Ω 0.4Ω　自耦变压器 无初次级	×1
磁性天线	初级线圈 5Ω　次级线圈阻值 1Ω	×1

（二）收音机装配与焊接

1. 元器件准备

首先根据元器件清单（表 5-4）清点所有元器件，并用万用表粗测元器件的质量好坏。再将所有元器件上的漆膜、氧化膜清除干净，然后进行搪锡（如元器件引线端子未氧化则省去此项），最后根据图 5-29 所示将电阻、二极管端子进行弯折。

注意：磁性天线线圈的线较细，刮去漆皮时不要弄断导线。

2. 组合件准备

① 将电位器拨盘装在 W-5K 电位器上，用 M1.7×4 螺钉固定。

② 将磁棒按图 5-30 所示套入天线线圈及磁棒支架。

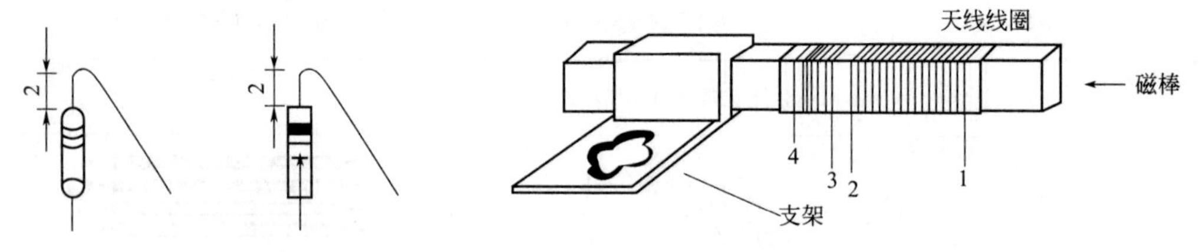

图 5-29　电阻、二极管端子弯折方式　　图 5-30　磁棒天线装配示意图

3. 插装与焊接

（1）插装　按照装配图（图 5-31）正确插入元件，其极性应符合图纸规定。

注意：

① 电阻全部为立式安装，所有电容器和三极管等的安装高度以中频变压器为准，不能过高。

② 二极管、三极管的极性以及色环电阻的识别。如图 5-32 所示。

③ 输入（绿或蓝色）、输出（黄色）变压器要辨认清楚。输出变压器的次级电阻不到 1Ω。与输入变压器初次级的电阻相差很大。

④ 由于振荡线圈与中周在外形上几乎一样，在安装时一定要认真选取。

[提请注意]

★：不同线圈是以不同的磁帽颜色来加以区分的。T_2→振荡线圈（红磁芯）、T_3→中周（黄磁芯）、T_4→中周 2（白磁芯）、T_5→中周 3（黑磁芯）。

★：所有中周里均有槽路电容，但振荡线圈中却没有。

所谓“槽路电容”，就是与线圈构成的并联谐振时的电容器，由于放置位置在中周的槽路中，故称这为“槽路电容”。

（2）焊接　焊接的方法可参见本书第一章第四节电子电路的焊装与调试。焊点表面要光

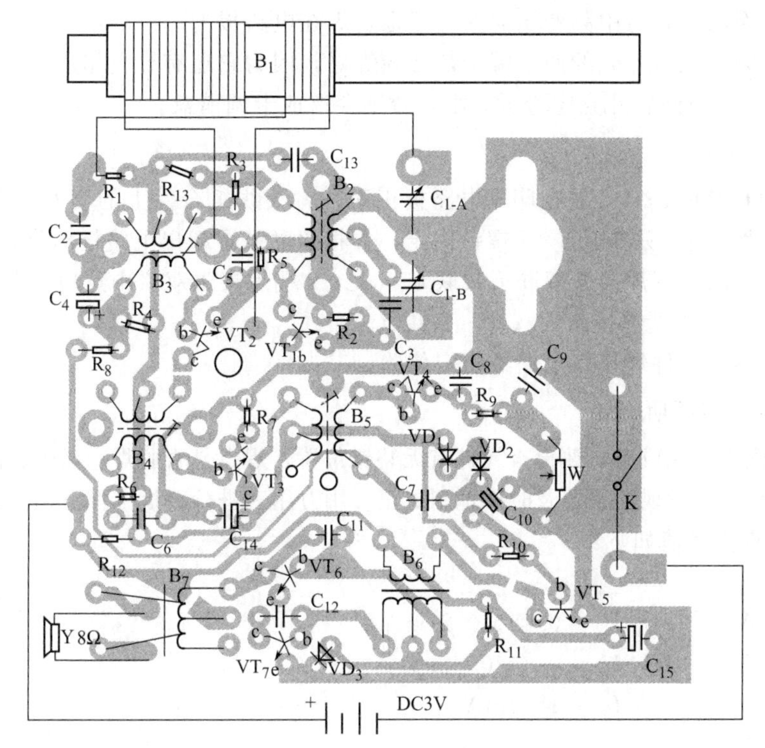

图 5-31　HX118-2 型收音机装配图

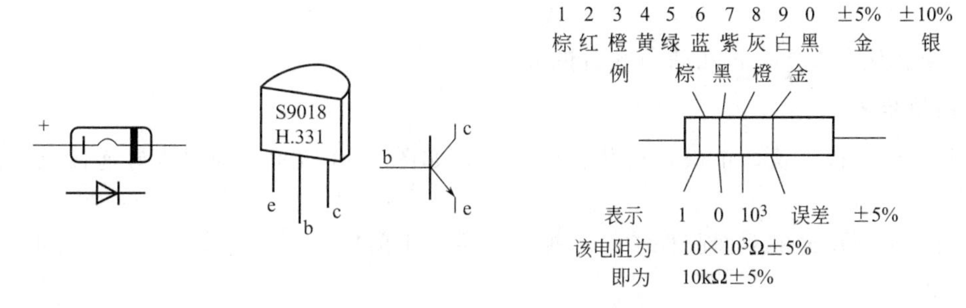

图 5-32　二极管、三极管及色环电阻的识别

滑、清洁，并要有足够的机械强度，大小最好不要超出焊盘，不能有虚焊、搭焊、漏焊保证良好的导电性。

元器件焊接顺序：

① 电阻器、元片电容器、二极管；

② 晶体管三极管；

③ 中周、输入输出变压器；

④ 电位器、电解电容；

⑤ 双联、天线线圈；

⑥ 电池夹引线、喇叭引线。

元器件为先小后大，先轻后重。

特别提示：每次焊接完一部分元件，均应检查一遍焊接质量及是否有错焊、漏焊，发现问题及时纠正。这样可保证焊接收音机的一次成功而进入下道工序。

注意：

① 振荡线圈的外壳与中频变压器的外壳也要焊在电路板上。

② 第一中频变压器外壳的两个端子都必须焊好，因为它还有导电作用。

③ 红中周 T_2 插件后外壳应弯折焊牢，否则会造成卡调谐盘。

4. 装大件

① 将双联 CBM-223P 安装在印刷电路板正面，将天线组合件上的支架放在印刷电路板反面双联上，然后用 2 只 M2.5×5 螺钉固定，并将双联端子超出电路板部分，弯折后焊牢。

② 天线线圈的 1 端焊接于双联天线联 $C_{1\text{-}A}$ 上，2 端焊接于双联中点地线上，3 端焊接于 VT_1 基极（b）上，4 端焊接于 R_1、C_2 公共点。

③ 将电位器组合件焊接在电路板指定位置。

5. 开口检查与试听

收音机装配焊接完成后，请检查元件有无装错位置，焊点是否脱焊、虚焊、漏焊。所焊元件有无短路或损坏。发现问题要及时修理、更正。用万用表进行整机工作点、工作电流测量。

各级工作点参考值如下：

$U_{CC}=3V$

$U_{c1}=1.35V$　　$I_{c1}=0.18\sim0.22mA$

$U_{c2}=1.35V$　　$I_{c2}=0.4\sim0.8mA$

$U_{c3}=1.35V$　　$I_{c3}=1\sim2mA$

$U_{c4}=1.4V$

$U_{c5}=2.4V$　　$I_{c5}=2\sim4mA$

$U_{c6、7}=3V$　　$I_{c6、7}=4\sim10mA$

如检查都满足要求，即可进行收台试听。

6. 前框准备

① 将电池负极弹簧、正极片安装在塑壳上，如图 5-33 所示，同时焊好连接点及黑色、红色引线。

② 将周率板反面的双面胶保护纸去掉，然后贴于前框，注意要安装到位，并撕去周率板正面保护膜。

③ 将喇叭 Y 安装于前框，用一字小螺丝刀导入压脚，再用烙铁热铆三只固定端。如图 5-34 所示。

④ 将拎带套在前框内。

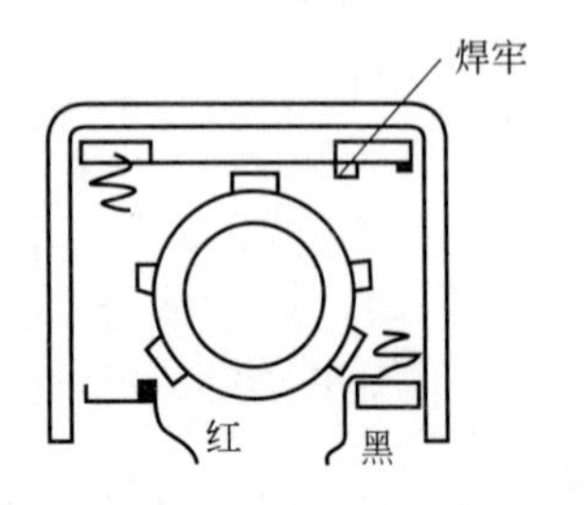

图 5-33 电池簧片安装示意图

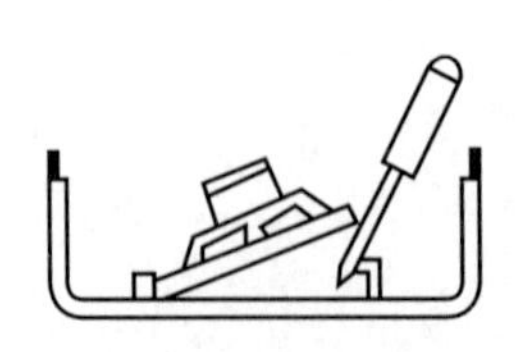

图 5-34 喇叭安装示意图

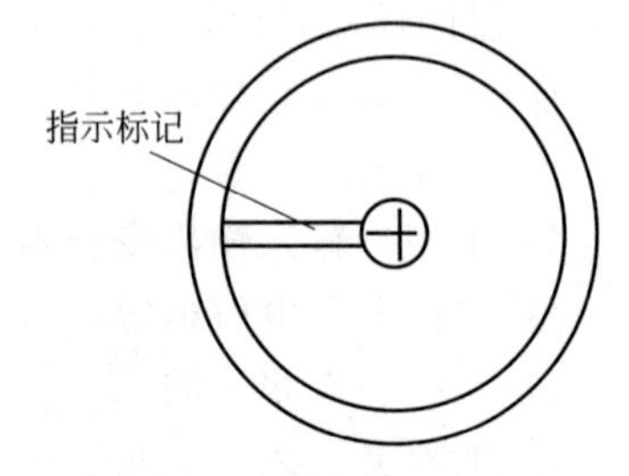

图 5-35 调谐盘安装示意图

⑤ 将调谐盘安装在双联轴上，如图 5-35 所示，用 M2.5×5 螺钉固定，注意调谐盘方向。

⑥ 根据装配图，分别将二根白色或黄色导线焊接在喇叭与线路板上。

⑦ 将正极（红）、负极（黑）电源线分别焊在线路板指定位置。

⑧ 将组装完毕的机芯按图 5-36 所示装入前框，一定要到位。

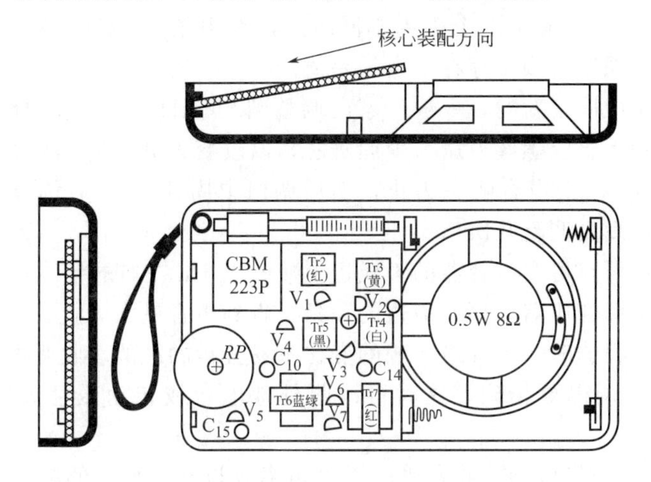

图 5-36　机芯安装示意图

7. 后盖装配

在完成统调好机器后，放入 2 节 5 号电池进行试听，收听到高、中、低端都有台即可将后盖盖好，完成收音机的组装。

六、 HX108-2 型外差式收音机整机调试

新装的收音机，必须通过调试才能满足性能指标的要求。参见第一章第四节电子电路焊装与调试。收音机调试的目的是提高收音机的选择性（收台多），提高收音机的灵敏度。

收音机调试的方法有两种：一种是徒手调试。另一种是利用设备仪器调试。其调整内容有：调整各级晶体管的工作点，调整中频频率，调整覆盖（即对刻度），统调（调整频率跟踪即灵敏度）。

（一） 徒手调试

1. 静态调试

目的：使各级三极管都处在工作状态（VT_2～VT_7 处于放大状态，VT_1 处于放大、振荡状态）。

方法：测开口电流 I_1、I_2、I_3、I_5、I_7 的值

接入电源（注意＋、－极性），将频率盘拨到 530kHz 无台区，在收音机开关不打开的情况下首先测量整机静态工作总电流，应小于 25mA。然后将收音机开关打开，在每一个开口处串接一个电流表，分别测开口电流 I_1、I_2、I_3、I_5、I_7 的值，并与参考值相比对，如果电流过大说明电路中有短路，或者某只三极管的引线端子焊错，应仔细检查。若各集电极电流符合要求后，用焊锡把测试点连接起来；测量时注意防止表笔将要测量的点与其相邻点短接。

注意：该项工作很重要，在收音机开始正式调试前该项工作必须要做。

2. 动态调试

（1）调整中频频率（调中周）　中频放大级是决定超外差收音机灵敏度和选择性的关键。中频频率在出厂时都已调好，且中频变压器一般不易失谐，故只有在非调不可时，如修理中

更换了中频变压器，中放管等元件时才去调整它。

目的：调整中频频率的目的是使三个中周变压器（中频调谐回路）的谐振频率调整为固定的中频频率465kHz。实际上三个中周不同时工作在中频465kHz频率上，要保证信号的通频带宽度，三个中周振荡频率存在一定的差值。

方法：由于所用中周是新的，一般厂家已调整到465kHz。调试时打开收音机，在高端接收某一个电台，用无感应螺丝刀调节中周磁芯，以改变其电感量。调整顺序是由后级往前级，即先调黑中周 T_5 调到声音响亮为止，然后调白中周 T_4，最后调黄中周 T_3。由于前、后级之间相互影响，反复调整几次。

当收不到台时，可在可变电容器的天线边上接一根1m左右的导线作天线，以增加耦合度。先调最后一只中频变压器，再调前边的一只，直到声音最大为止。由于有自动增益电路的控制，以及当声音很响时，人耳对音响的变化不易分辨的缘故。收听本地电台当声音已经调到很响时往往不易调得更精确，这时可改收外地电台或转动磁性天线方向以减小输入信号。

（2）调频率覆盖（对刻度） 收音机的接收频率应与刻度盘上的频率标志相一致，调整时可以先调中波后调短波。

目的：使双连电容全部旋入至全部旋出时，收音机所接收的信号频率范围正好是整个中波段535～1605kHz。

方法：调整振荡回路的电感、电容。

① 调低端：先在535～700kHz范围内选一个电台，例如选郑州人民广播电台549kHz作低频端调试信号，使参考调谐盘指针指在549kHz的位置，调整振荡线圈 T_2（红色）的磁芯，收到这个电台，并调到声音较大。这样，当双联全部旋进容量最大时的接收频率约为525～530kHz附近，低端刻度就对准了。

② 调高端。在1400～1600kHz范围内选一个已知频率的电台。例1377kHz，再将调谐盘指针在周率板刻度1377kHz的位置，调节振荡回路中微调电容（即双联顶部左上角的微调电容 $C_{1\text{-}B}$，见图5-37），收到这个电台并将声音调大。这样，当双联全部旋出容量最小时，接收频率必定在1620～1640kHz附近，高端位置就对准了。

由于高、低端的频率在调整中会互相影响，所以低端调电感磁芯、高端调电容的工作要反复调几次才能最后调准。

（3）调统调（调灵敏度，跟踪调整）

目的：使本机振荡频率与输入回路频率的差值恒为中频465kHz。

方法：调整输入回路的电感、电容。在收音机频率范围内的高、中、低三点进行跟踪，即三点统调。常取低频端600kHz附近、中频1000kHz附近、高频端1500kHz附近实现同步，其余各点近似跟踪。具体方法是在本振和输入调谐回路分别并联一个微调电容 $C_{1\text{-}B}$ 和 $C_{1\text{-}A}$ 作为补偿电容。

① 低端统调。将收音机调到600kHz附近的一个电台上，调整输入回路天线线圈在磁棒上的位置，使声音最响，达到低端统调目的。

② 高端统调：将收音机调到频率高的电台（例1500kHz附近），调节输入回路中的微调电容（双联上天线连的微调电容 $C_{1\text{-}A}$，见图5-37），使声音最响，达到高端统调目的。

由于高、低端之间相互影响，反复调整几次。当高低端都统调了以后，一般来说中间频率也自然跟踪了。

统调完毕后，输入回路线圈在磁棒上的位置要用蜡封上，以固定位置。另外应注意，统调时，最好用外地电台的播音来进行，因本地电台信号较强，产生的自动增益控制作用较强，会使输出的音量变化迟钝，因而不易调得准确。

注意：收音机本机振荡调谐回路和输入回路采用电容量变化相同的双联电容进行调谐。但实际上，由于两回路跟踪的频率覆盖系数不相等，两个电容的容量变化值不相同。所以不能实现理想的频率跟踪，见图 5-38。

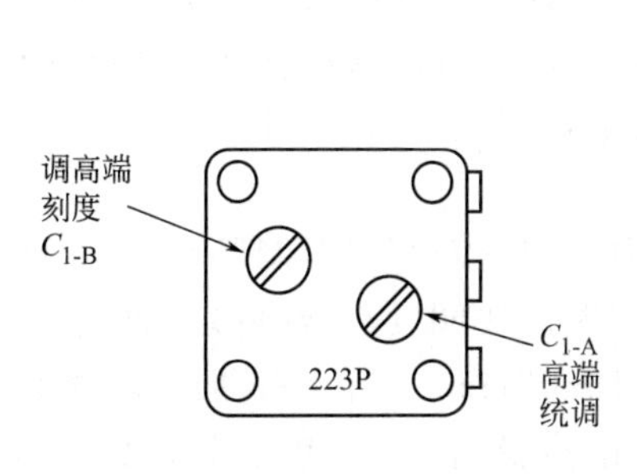

图 5-37　双联上的微调电容

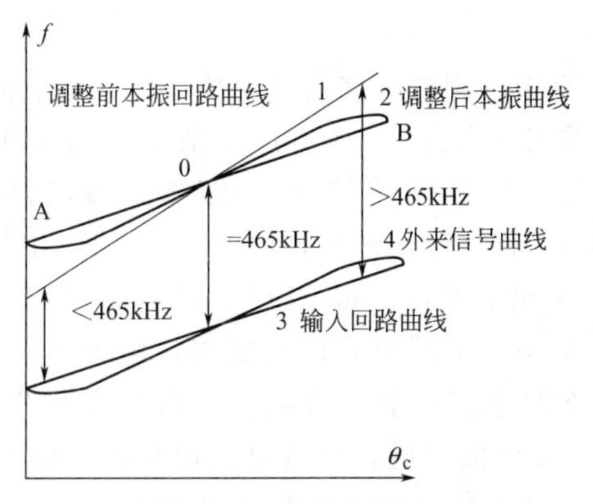

图 5-38　跟踪曲线图

为了实现良好三点跟踪，常在本振回路中串联一个 C_P 电容称为垫整电容，在低频端提升本振回路的频率。在本振回路中并联一个补偿电容，在高频端降低本振回路的频率。从而使本振回路和输入回路的差值都等于 465kHz。

3. 如何测试收音机是否已统调好

用铜铁棒来检验收音机是否已统调好。铜铁棒的制作方法：取一支废笔杆，一端嵌入铜棒或铝棒，也可以用直径 1～2mm 铜线在笔杆上绕 3～5 匝的铜环，另一头嵌入 20mm 的高频磁芯，也可用断磁棒代替，这样一支电感量测试棒就制作成功了，见图 5-39。

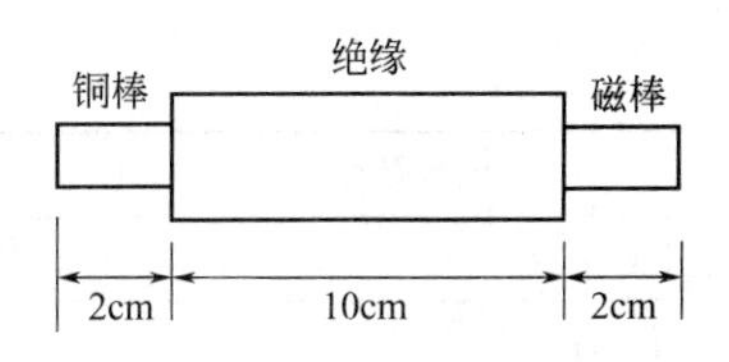

图 5-39　铜棒的制作

检验时：把双联电容旋到统调点（高频端、低频端均可）附近的一个电台频率上，然后把铜铁棒靠近磁性天线 T_1。如果铜端靠近 T_1 使声音增加，说明 T_1 的电感量大了(因为铜是良导体，当铜棒靠近输入回路时，铜棒上产生感应电流，此电流反作用于输入回路，使输入回路的总电感量小)，这时应把线圈向磁棒的端头移动，如移到头还是声音增大，则说明 T_1 的初级圈数多了，应该拆下几圈以减小电感量；反之，若磁棒端靠近 T_1（会使 T_1 的电感量增加）使声音增大，则说明 T_1 的电感量小了，可把线圈往磁棒中间移动或增加几圈；如果铜铁棒无论哪头靠近 T_1 都使声音变小，说明统调是合适的。

（二）在仪器设备下的调整

1. 仪器设备

常用仪器设备有：稳压电源（200mA、3V）；XFG-7 高频信号发生器；示波器（一般示波器即可）；DA-16 毫伏表（或同类仪器）；圆环天线（调 AM 用）；无感应螺丝刀。

2. 调试步骤

① 在元器件装配焊接无误及机壳装配好后，将机器接通电源，应在中波段内能收到本地电台后，即可进行调试工作。仪器连接方框图如图 5-40 所示。

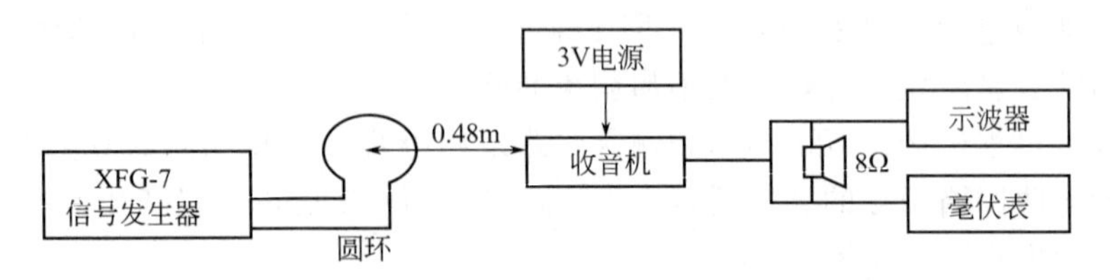

图 5-40 仪器连接方框图

② 中放调试。首先将双联电容旋至最低频率点，XFG-7 信号发生器置于 535kHz 频率处，输出场强为 10mV/M，调制频率为 1000Hz，调幅度为 30%。收音机收到信号后，示波器应有 1000Hz 信号波形，用无感应螺丝刀依次调节黑 T_5、白 T_4、黄 T_3 三个中周，且反复调节，使其输出最大，此时，465kHz 中频即调好。

③ 频率覆盖。将 XFG-7 置于 520kHz，输出场强为 5mV/M，调制频率 1000Hz，调幅度 30%。双联电容调至低端，用无感应螺丝刀调节振荡线圈 T_2（红色），收到信号后，再将双联电容旋至最高端，XFG-7 信号发生器置于 1620kHz，调节双联振荡联微调电容 $C_{1\text{-}B}$，收到信号后，再重复将双联电容旋至低端，调振荡线圈 T_2（红色），以此类推。高低端反复调整，直至低端频率为 520kHz，高端频率为 1620kHz 为止，频率覆盖调节到此结束。

④ 统调。将 XFG-7 置于 600kHz 频率，输出场强为 5mV/M 左右，调节收音机，收到 600kHz 信号后，调整输入回路天线线圈在磁棒上的位置，使输出最大。然后将 XFG-7 旋至 1400kHz，调节收音机，直至收到 1400kHz 信号后，调双联微调电容 $C_{1\text{-}A}$，使输出为最大，重复调节 600kHz 和 1400kHz 统调点，直至二点均为最大为止，至此统调结束。

在中频、覆盖、统调结束后，机器即可收到高、中、低端电台，且频率与刻度基本相符。至此，放入 2 节 5 号电池进行试听，在高、中、低端都能收到电台后，即可将后盖盖好。

郑州地区广播频率分配如表 5-6 所示。

表 5-6 郑州地区广播频率表

电台名称	频 率	电台名称	频 率
中央 1 台	1377kHz	中央 2 台	630kHz
河南台	675kHz	河南交通台	900kHz
河南经济	972kHz	河南文艺台	1143kHz
河南信息台	603kHz	郑州台	549kHz
郑州经济	711kHz	郑州文艺	1008kHz

七、 HX108-2 型外差式收音机常见故障及检测方法

检修收音机是一项很细致的工作。检查故障，一般应按下列原则进行。

1. 先外后内， 一般应按下列原则进行

有故障的收音机，应先从外表上检查，检查是否有机壳摔坏，度盘拉线断线、插接件损坏或接触不良、磁棒断裂等。另一方面，要根据收音机反映出的故障现象，如“无声”、有“沙、沙”杂音而收不到电台、啸叫、失真等来初步分析可能是什么毛病，然后动手检查电路、元件。

2. 先易后难

应先从容易找到故障的地方检查，如电源断线，某一元件引线是否断线等。

3. 先粗后精，逐步压缩

首先粗略找出故障的部位，然后逐步缩小，最后找出故障元件。例如，先找出是低频部分还是高频部分；若是低频部分，再找出是前置级还是功放级；若是功放级，再找是放音元件还是输出放大级电路。

外差式收音机常见故障现象可分为：无声、灵敏度低、音小、失真、杂音（噪声）大、啸叫、混台（选择性低）等，现分别介绍如下。

（一）无声

无声可分为两种：一种是完全无声；另一种是有一点“哈哈”声但收不到电台。

前一种故障可能出在电源、扬声器、输出变压器等元件。

后一种故障如当调整音量控制时，“哈哈”声不变，则故障多出现在低放级。若调整音量，开大时“哈哈”声大，关小时“哈哈”声小，则故障多出在检波级以前。

1. 检查电源电压和电流

若测电源电流太大，按下面步骤逐步检测，滤波电容器→B_3 的初级线圈是否与其铁芯短路→V_6、V_7 内部是否被击穿短路。

另外，印制电路板各铜箔导线间若留有过多的焊锡使某点接地，也可能使供电电流增大。

VT_1、VT_2、VT_3 管被击穿或穿透电流过大也会造成总电流增大的现象。

如果测出的电源总电流为零，多半为电源的引线已断或者电源开关本身接触不良。若这一部分检测完好，应检查到电源负极间的印制电路板导线是否断裂。

2. 检查低频放大级

如果测总电流正常，音量控制已开大，而收音机仍旧无声，而且当电池与电池夹相接触时，扬声器完全听不到“喀啦”声，那么该现象多半是低频放大部分工作不正常所致。

（二）灵敏度降低

收音机接收无线电波的能力减弱，能接收的电台数量减少，但收近地电台时的音量却并不显著减低。

灵敏度减低的原因主要是输入电路的效率，变频级的增益、中放级的增益或检波级的效率变低引起的。

1. 变频级（包括输入电路）

① 磁性天线中初级线圈的多股线有一部分断线，使调谐回路 Q 值降低。

② 磁性天线初级线圈全部断线或引线脱焊。这时不但灵敏度降低，而且选择性也降低，有混台、干扰现象。

③ 磁性天线线圈位置移动，破坏了统调。这时可能出现某一端灵敏度显著比另一端低。检查时可将收音机调到低频端的一个电台，试移动线圈在磁棒上的位置。若移动后电台声音增大，说明统调可能已破坏，应重新统调。

④ 输入或本振微调电容器 $C_{1\text{-}A}$，$C_{1\text{-}B}$变值，这时可把收音机调到高频端的一电台上，试调 $C_{1\text{-}A}$如声音增大，说明统调已乱，应重新统调。

⑤ 偏置电路中的高频旁路电容器开路。

⑥ 还可能是三极管本身放大能力下降，这时只能拆下测试。

2. 中频放大级

中频放大级增益降低是使整机灵敏度降低最常见的原因。

① 中频变压器失调。由于机械振动，中频变压器磁芯的位置可能产生移位。另外，有些磁性材料不良，其磁芯可能产生老化现象。

② 中频放大级偏置电路中的高频旁路电容器开路或失效，也会导致中放增益降低。可用容量差不多的好电容器并联试验。

③ 发射极旁路电容器开路、失效。这时，在放大器内引入电流负反馈，因而也会使中放增益降低。

④ 中频变压器受潮，Q 值严重降低。

⑤ 中频变压器线圈，部分短路。这时不但该级增益低，且调整磁芯对增益不起作用。

⑥ 中放三极管基极偏压降低，可能是偏置变值。

⑦ 中放管性能变坏，电流放大系数下降。

3. 检波级

检波级影响灵敏度的主要元件是三极管 VT_4、电容 C_7。当三极管 VT_4 性能下降时，会影响检波效果。

当电容 C_7 开路或失效时，没有中频通路，也会导致检波效率的降低。

（三） 音量小

如果收音机能收到的电台数目没有很显著的减少，但放音音量减小很多，故障原因多在低放级及扬声器上。

① 低放发射极旁路电容器开路或失效，从而引入电流负反馈。

② 耦合电容器失效或容量减小。

③ 高频旁路电容器漏电，将音频信号分流。

④ 输入变压器线圈部分短路。

⑤ 放大管直流工作状态不正常。例如偏压降低。

⑥ 放大管电流放大系数下降。

（四） 失真

失真指扬声器发出的声音与原来播送时的声音不一样。失真从主观听觉上来分有以下几种。

1. 发音混浊， 不易听清楚

故障的原因可能是：

① 各放大管（尤其是低放各级）的偏置电压不对；

② 功放两管特性不平衡，使正、负半周不对称引起失真；

③ 输入变压器某一边断线，会造成单边工作而失真。

2. 发音沙哑

故障的原因可能是：

① 扬声器音圈碰磁芯，或音圈与磁芯间有杂物；

② 扬声器纸盆破裂，可更换，或用胶水或棉纸修复；

③ 各低放管基极偏置电压严重失常时，也会产生沙哑现象。

3. 发音间断、漏音的原因

除上述低放各管基极严重失常外，强信号阻塞是发音间断的原因。“阻塞”是指信号太强，使后极放大管产生信号失真。个别收音机中也有由于自动增益控制电路设计不当或出故障后，使一中放阻塞现象。

（五）杂音

收音机杂音要分清是为外来干扰，还是机内故障。可将收音机输入电路短路，例如将磁性天线初级线圈短路，若杂音消失，则于机器本身无关。若短路后仍有杂音，就是机内故障。

产生杂音的常见原因如下：

① 假焊可轻轻拨动可疑的元件听扬声器中有无反应，如有，说明该元件焊接不良；

② 各变压器（最多的是输入）及磁性天线中的线圈似断非断；

③ 各电容器内部时断时连或漏电也会产生杂音；

④ 各电阻器内部接触不良，如其两金属引出线与碳膜接触不良，同样能产生杂音。

此外，晶体管收音机还常发现一种连续性的较平稳“哈哈”声，这是由于晶体管本身的固有杂音，一般很难绝对消除。

（六）啸叫

啸叫的原因，一般是由于自激振荡。此外由于干扰调制而形成的差拍也能产生啸叫。

① 如果晶体管收音机在调谐时，啸叫声不变化，则故障是低放级所造成，而且与音量控制电位器位置有关。开得大，叫声大，开得小，叫声小。其产生的原因多为电源滤波电容器 C_{15} 开路或容量不足所造成的。另外，更换输入变压器时，将接头接反也可能产生自激。

② 如果在调谐时，整个刻度盘上都有啸叫声，特别在收听电台的两旁更为显著，但当调整到强电台位置时叫声消除，那么此故障就是中放自激。

③ 有时在调电台中，当调到波段的高端时，出现啸叫，而低端无啸叫，则可能是由于本机振荡过强而引起的。可以采取增大 R_1 阻值，减少集电极电流，以免振荡过强而引起啸叫。

④ 有时啸叫只限于中波段的低端，当有了电台时，即产生差拍的啸叫，其故障主要有两个原因：

• 中波天线调谐回路严重失调，以致 465kHz 以上的假象频率串入机内，而造成差拍在低频段形成啸叫。只需重新统调，即可解决。

• 中频变压器频率调得太高，使输入调谐回路对中频的衰减不大，引起中频自激。解决的方法是：只要将中频变压器频率校准至 465kHz 即可。

⑤ 有些晶体管收音机的啸叫只限于 930kHz 和 1395kHz 附近，而且只有在这两频率附近有电台时，才产生啸叫，它是由于检波器的谐波泄漏造成的。解决方法是可将检波及附属元件用铝皮或铜皮加以屏蔽即可。

（七）机振

它是由于机械上的原因引起的。音量放大后，扬声器的机械振动使收音机其他元件随之振动。例如双联可变电容器、中频变压器、磁性天线等受到振动，其参数将发生相应的变动，会导致本机振荡频率或中放增益随之变化。这种变化经过一些非线性元件后，将变成音频信号，产生正反馈形成振荡，称为机振。

机振的现象：音量开大时产生，开小即消失，且在短波段更为显著。

解决方法：对机械振动敏感的高频元件如双联可变电容，用橡皮或泡沫塑料等减振物与机壳或机板隔开；高频部分引线尽可能短，且加以固定；磁性天线的线圈用胶或蜡封固；本振线圈磁芯用细橡皮条或蜡紧固；扬声器与机壳间垫上减振垫圈。

（八）选择性不良

选择性不良一般也叫混台，即在收听时分不开台，有时会在一个地方出现两个或两个以上的电台。引起选择性低的原因有以下几种。

① 磁性天线调谐回路线圈断线，信号输入就失去选择作用。这时，除选择性较低外，灵敏度也将降低，可用万用表测量该线圈的直流电阻来判断。

② 本机振荡停振。此时几乎满刻度盘都是本地强电台的声音，可检查本机振荡部分。

③ 中频变压器失谐，可重调中频变压器。

④ 中频变压器的回路电容断线或开焊。这时调中频变压器磁芯对音量无显著变化，且越向里调，声音有加大的趋势。

⑤ 高频及中频偏置电路中的旁路电容器（C_4、C_5、C_6）失效或断路，这时除灵敏度降低外，也会使有关调谐回路的 Q 值降低，致使选择性变坏。

（九）汽船声

收音机有时会发出“卜、卜、卜”的声音，像汽船声。若有此故障，首先应检查一下电池，若电池废旧，内阻太大，可能引起汽船声音。

如果电池良好，此故障多半是由于电源滤波电容失效或容量减小，在公共电源电路中产生不良耦合，引起了极低频率的自激振荡。发现这种故障，可用替代法逐个检测这几个电容。

其次，也可能是低频放大电路中某一负反馈电路开路，造成增益而引起自激。

如果修理中更换输入变压器时，把两臂线头接反，也可能引起汽船声。

HX108-2 型外差式收音机的检测实例

检测收音机时，一般由后级向前检测，先检查低功放级，再检查中放和变频级。

1. 整机静态总电流测量

静态总电流＜25mA 无信号时，若大于 25mA，则该机出现短路或局部短路，无电流则电源没接上。

2. 工作电压测量（总电压 3V）

① VD_1 正极，VD_2 负级两端电压的在 1.3V±0.1V，大于 1.4V 或小于 1.2V，均不正常。

② 大于 1.4V，二极管 4148 可能极性接反或损坏。

③ 小于 1.3V 或无电压，可检测：

- 3V 电源是否接上；
- R_{12} 电阻 220Ω 是否接好；

• 中周（特别是白中周与黄中周）初级与其外壳短路。

3. 变频级无工作电流

① 天线线圈次级是否接好。

② VT_1(9018)三极管已损坏，或未按要求接好。

③ 红中周次级不通，R_3 100Ω 虚焊，或错焊了大值电阻。

④ 电阻 R_1(100k)和 R_2(2k)接错或虚焊。

4. 一中放无工作电流

① VT_2 晶体管坏或引线端子(E、B、C)插错

② R_4(20k)电阻未焊好。

③ 黄中周次级开路。

④ C_4(4.7μF)电解电容短路。

⑤ R_5(150Ω)开路或者虚焊。

5. 一中放电流大 1.5~2mA(标准是 0.4~0.8mA)

① R_8(1k)电阻未接好或连接 1k 的铜箔有断裂现象。

② C_5(223)电容短路，或 R_5(150Ω)电阻接成 51Ω。

③ 电位器坏，测量不出阻值，R_9(680Ω)未接好。

④ 检波管 VT_4（9018）坏，或引线端子插错。

6. 二中放无工作电流

① 黑中周初级开路。

② 黄中周次级开路。

③ 晶体管坏或引线端子接错。

④ R_7(51Ω)电阻未焊好。

⑤ R_6(65k)电阻未焊好。

7. 二中放工作电流太大(> 2mA)

R_6(62k)接错，阻值远小于 62k。

8. 低放级无工作电流

① 输入变压器（蓝）初级开路。

② VT_5 三极管坏或引线端子接错。

③ 电阻 R_{10}(51k)未焊好。

9. 低放级电流太大(大于 6mA)

R_{10}(51k)装错，阻值太小。

10. 功放级无电流(VT_6、VT_7 管)

① 输入变压器次级不通。

② 输出变压器不通。

③ VT_6、VT_7 三极管坏，或引线端子未焊好。

④ R_{11}(1k)电阻未接好。

11. 功放级电流太大(大于 20mA)

① 二极管 VD_4 坏或极性接反，引线端子未焊好。

② R_{11}(1k)电阻装错了，用了很小的电阻(远小于 1k)。

12. 整机无声

① 3V 电源是否接上。

② VD_1 正极，VD_2 负极两端电压是否是 1.3V±0.1V。

③ 有无静态电流≤25mA。

④ 各级电流是否正常：变频级：0.2mA±0.02mA；
一中放：0.6mA±0.2mA；
二中放：1.5mA±0.5mA；
低放：3mA±1mA；
功放：4mA±10mA（15mA 左右属正常）。

⑤ 用万用表×1 挡检查 叭，阻值为 8Ω。表棒接触喇叭引出接头时，应有“喀喀”声，若没有，说明喇叭已坏（测量时应将喇叭焊下，不可连机测量）。

⑥ 黄中周 B_3 外壳未焊好。

⑦ 音量电位器未打开。

13. 变频部分是否起振

用 MF47 型万用表直流 2.5V 挡正表棒接 VT_1 发射极，负表棒接地，然后用手摸双联振荡联（即连接 B_2 端），万用表指针应向左摆动，说明电路工作正常，否则说明电路中有故障。变频级工作电流不宜太大，否则噪声大。

14. 中频部分故障

中周 B_3 外壳两端子未接地，产生啃叫，收不到电台。

中频变压器序号位置搞错，结果是灵敏度和选择性降低，有时有自激。

15. 低频部分故障

输入、输出位置搞错，虽然工作电流正常，但音量很低，VT_6、VT_7 集电极（C）和发射极（E）搞错，工作电流调不上，音量极低。

16. 整机无声（用 MF47 型万用表检查故障方法）

用万用表 Ω×1 挡黑表棒接地，红表棒从后级往前级寻找，对照原理图，从喇叭开始，顺着信号传播方向逐级往前碰触，喇叭应发出“喀喀”声。当碰触到哪级无声时，则故障就在该级，可测量工作点是否正常，并检查有无接错、焊错、塔焊、虚焊等。若在整机上无法查出该元件的好坏，则可拆下检查。

九、 考核方式与成绩评定

考核进行理论考核，占 40%；实际操作考核，占 60%。成绩满分 100 分。考核具体内容与标准见表 5-7。

表 5-7 考核内容与标准

考核内容	所占分值	考 核 标 准
焊接	20 分	①焊点大小适中； ②基本形状规范； ③无虚焊现象

续表

考核内容	所占分值	考　核　标　准
工艺	20 分	①元件装配高度符合要求； ②焊接牢固美观、焊点光滑； ③导线长度合适、加工符合规范； ④板面整洁； ⑤机械构件牢固结实
元器件	20 分	①会识别元器件符号； ②能对应元器件的实物； ③会检测元器件质量
调试	20 分	①台位准确无误(与标准值相差不超过 1cm)； ②台数齐全(7 个以上)，无串台现象； ③高低端音量平衡
理论	20 分	①熟练掌握各级的交、直流通路； ②元器件的作用； ③掌握原理方框图，各级信号频率和波形

注意：实训前必须进行安全教育（人身安全、设备用电安全、设备操作安全），并且应进行安全知识考核，不满 100 分者不准参加实训。

十、 实训报告要求

实训报告应包括主要指标，电路工作原理，装配工艺，测试说明，调试工艺，实训体会等。

十一、 思考题

根据图 5-23 所示的 HX118-2 型 7 管超外差收音机的原理图，回答下列问题。

① 收音机由哪几部分组成？简述各部分作用并标明各级信号的频率及波形？

② 如果收到某电台的频率为 1385kHz，则此时本振频率为多少？

③ 简述变频级的作用，走通变频级的交直流通路。如何检查其工作点以及判断起振的方法？

④ T_3、T_4 和 T_5 是什么器件，正常工作时其初级调谐回路应谐振在什么频率上？

⑤ T_1 的初级调谐回路的谐振频率和 VT_1 管发射级振荡调谐回路的谐振频率之间具有什么样的关系？

⑥ 图中的本振电路和混频电路各是什么形式的电路？

⑦ 画出中放电路的交、直流通路，说明中周 T_4、T_5 直流供电方式为什么采用中间抽头？

⑧ 如果 VT_6 或 VT_7 其中有一管极间开路损坏，扬声器中有没有声音，为什么？

⑨ 低放属于什么类型放大器，试述其直流通路、交流通路。

⑩ 功放级在电路中起何作用？说明其工作过程。

⑪ 收音机装配完毕需要进行哪些调试？简述调试方法。

附　　录

附录1　电阻器的型号命名方法

第一部分		第二部分		第三部分		第四部分
用字母表示主称		用字母表示材料		用数字或字母表示分类		用数字表示序号
符号	意义	符号	意　义	符号	意　义	
R	电阻器	T	碳膜	1,2	普通	
		P	硼碳膜	3	超高频	
		U	硅碳膜	4	高阻	
		H	合成膜	5	高温	
		I	玻璃釉膜	6	高湿	
		J	金属膜(箔)	7	精密	
		Y	氧化膜	8	电阻:高压;电位器:特殊	
W	电位器	S	有机实芯	9	特殊	
		N	无机实芯	G	高功率	
		X	线绕	T	可调	
		C	沉积膜	X	电阻:小型	
		G	光敏	L	电阻:测量用	
				W	电位器:微调	
				D	电位器:多圈	

附录2　电容器的型号命名方法

第一部分:主称		第二部分:介质材料		第三部分:类别					第四部分:序号
字母	含义	字母	含义	数字或字母	含　义				
					瓷介电容器	云母电容器	有机电容器	电解电容解	
C	电容器	A	钽电解	1	圆形	非密封	非密封	箔式	用数字表示序号,以区别电容器的外形尺寸及性能指标
		B	聚苯乙烯等非极性有机薄膜(常在“B”后面再加一字母,以区分具体材料。例如“BB”为聚丙烯,“BF”为聚四氟乙烯)	2	管形	非密封	非密封	箔式	
				3	叠片	密封	密封	烧结粉,非固体	
		C	高频陶瓷	4	独石	密封	密封	烧结粉,固体	

续表

<table>
<tr><th colspan="2">第一部分：主称</th><th colspan="2">第二部分：介质材料</th><th colspan="5">第三部分：类别</th><th rowspan="3">第四部分：序号</th></tr>
<tr><th rowspan="2">字母</th><th rowspan="2">含义</th><th rowspan="2">字母</th><th rowspan="2">含义</th><th rowspan="2">数字或字母</th><th colspan="4">含 义</th></tr>
<tr><th>瓷介电容器</th><th>云母电容器</th><th>有机电容器</th><th>电解电容器</th></tr>
<tr><td rowspan="17">C</td><td rowspan="17">电容器</td><td>D</td><td>铝电解</td><td rowspan="2">5</td><td rowspan="2">穿心</td><td rowspan="2"></td><td rowspan="2">穿心</td><td rowspan="2"></td><td rowspan="17">用数字表示序号，以区别电容器的外形尺寸及性能指标</td></tr>
<tr><td rowspan="2">E</td><td rowspan="2">其他材料电解</td></tr>
<tr><td>6</td><td>支柱等</td><td></td><td></td><td></td></tr>
<tr><td>G</td><td>合金电解</td><td></td><td></td><td></td><td></td><td></td></tr>
<tr><td>H</td><td>纸膜复合</td><td>7</td><td></td><td></td><td></td><td>无极性</td></tr>
<tr><td>I</td><td>玻璃釉</td><td>8</td><td>高压</td><td>高压</td><td>高压</td><td></td></tr>
<tr><td>J</td><td>金属化纸介</td><td rowspan="2">9</td><td rowspan="2"></td><td rowspan="2"></td><td rowspan="2">特殊</td><td rowspan="2">特殊</td></tr>
<tr><td rowspan="3">L</td><td rowspan="3">涤纶等极性有机薄膜，常在“L”后面再加一字母，以区分具体材料。例如：“LS”为聚碳酸酯</td></tr>
<tr><td>G</td><td colspan="4">高功率型</td></tr>
<tr><td>T</td><td colspan="4">叠片式</td></tr>
<tr><td>N</td><td>铌电解</td><td rowspan="2">W</td><td colspan="4" rowspan="2">微调型</td></tr>
<tr><td>O</td><td>玻璃膜</td></tr>
<tr><td>Q</td><td>漆膜</td><td rowspan="2">J</td><td colspan="4" rowspan="2">金属化型</td></tr>
<tr><td>T</td><td>低频陶瓷</td></tr>
<tr><td>V</td><td>云母纸</td><td rowspan="3">Y</td><td colspan="4" rowspan="3">高压型</td></tr>
<tr><td>Y</td><td>云母</td></tr>
<tr><td>Z</td><td>纸介</td></tr>
</table>

附录3 半导体分立器件的型号命名法

1. 型号组成原则

半导体分立器件的型号五个组成部分的基本意义如下。

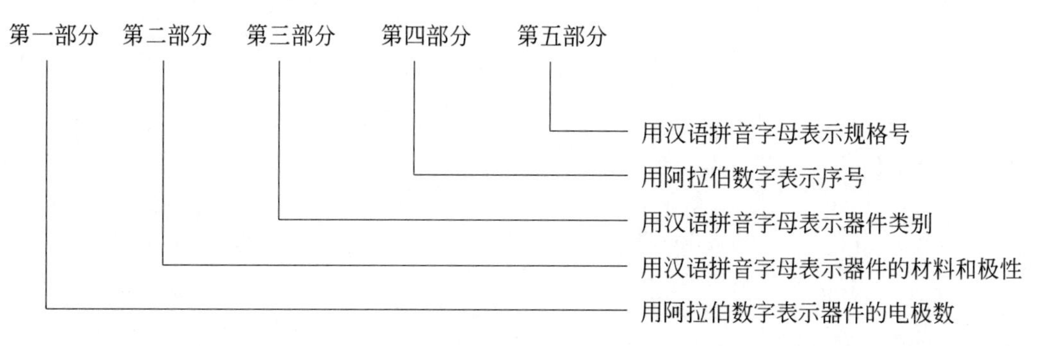

一些半导体分立器件的型号由一～五部分组成，另一些半导体分立器件的型号仅由三～五部

分组成。如场效应器件、半导体特殊器件、复合管、激光型器件的型号由第三、四、五部分组成。

2. 型号组成部分的符号及其意义

第一部分		第二部分		第三部分		第四部分	第五部分
用阿拉伯数字表示器件的电极数		用汉语拼音字母表示器件的材料和极性		用汉语拼音字母器件类别		用阿拉伯数字表示序号	用汉语拼音字母表示规格号
符号	意义	符号	意义	符号	意义	意义	意义
2	二极管	A	N 型，锗材料	P	小信号管	反应了极限参数、直流参数、交流参数等的差别	反应了承受反向击穿电压的程度。如规格号为 A，B，C，D…，其中 A 承受的反向电压最低，B 次之……
		B	P 型，锗材料	V	混频检波管		
		C	N 型，硅材料	W	电压调整管和电压基准管		
				C	变容管		
3	三极管	D	P 型，硅材料	Z	整流管		
		A	PNP 型，锗材料	L	整流堆		
		B	NPN 型，锗材料	S	隧道管		
		C	PNP 型，硅材料	K	开关管		
		D	NPN 型，硅材料	X	低频小功率晶体管（fa＜3MHz　P_c＜1W）		
		E	化合物材料	G	高频小功率晶体管（fa≥3MHz　P_c＜1W）		
				D	低频大功率晶体管（fa＜3MHz　P_c＞1W）		
				A	高频大功率晶体管（fa≥3MHz　P_c＜1W）		
				T	闸流管		
				T	体效应管		
				B	雪崩管		
				J	阶跃恢复管		

参 考 文 献

[1] 张惠敏．数字电子技术．第 2 版．北京：化学工业出版社，2009.
[2] 张惠敏．电子技术．第 2 版．北京：化学工业出版社，2013.
[3] 陈志红，张惠敏．电子工艺与电子 CAD. 北京：化学工业出版社，2013.
[4] 孙建设．模拟电子技术．第 2 版．北京：化学工业出版社，2009.
[5] 阎石．数字电子技术基础．第 5 版．北京：高等教育出版社，2006.
[6] 康华光．电子技术基础（模拟部分）．第 4 版．北京：高等教育出版社，2000.
[7] 门宏．怎样识读电路原理图．北京：人民邮电出版社，2010.
[8] 吕国泰．电子技术．北京：高等教育出版社，2001.
[9] 陈有卿．新型实用分立元件电子制作 138 例．北京：人民邮电出版社，1999.
[10] 朱清慧．PROTEUS 教程—电子线路设计、制板与仿真．北京：清华大学出版社，2009.
[11] 黄智伟．基于 N1 Multisim 的电子电路计算机仿真设计与分析．北京：电子工业出版社，2008.
[12] 侯建军．数字逻辑与系统．北京：中国铁道出版社，1999.
[13] 孙余凯．电子技术基础与技能实训教程．北京：电子工业出版社，2006.
[14] 曹振平．电子技术实训．北京：电子工业出版社，2009.
[15] 赵文博．常用集成电路速查手册．北京：机械工业出版社，2010.
[16] 黄继昌．常用电子元器件实用手册．北京：人民邮电出版社，2009.
[17] 杨兴瑶．新编实用电子电路 500 例．北京：化学工业出版社，2008.